ANIMALES

DK | Penguin Random House

DK Reino Unido:
Edición sénior Jenny Sich
Edición de arte sénior Stefan Podhorodecki
Edición Scarlett O'Hara, Rona Skene
Asistencia editorial Vicky Richards
Gestión del desarrollo de diseño de cubierta Sophia MTT
Edición de cubierta Claire Gell
Producción (preproducción) Dragana Puvacic
Producción Rita Sinha
Edición ejecutiva Francesca Baines
Dirección ejecutiva de arte Philip Letsu
Dirección editorial Andrew Macintyre
Subdirección de publicaciones Liz Wheeler
Dirección de arte Karen Self
Dirección de diseño Philip Ormerod
Dirección de publicaciones Jonathan Metcalf

DK India:
Edición sénior Rupa Rao
Edición de arte sénior Anjana Nair
Edición de arte Amit Varma, Alpana Aditya, Tanvi Sahu
Asistencia editorial Charvi Arora
Maquetación sénior Shanker Prasad, Vishal Bhatia, Harish Aggarwal
Maquetación Ashok Kumar
Documentación gráfica sénior Sumedha Chopra
Ilustración Arun Pottirayil
Diseño de cubierta Dhirendra Singh
Edición ejecutiva de cubierta Saloni Singh
Dirección de preproducción Balwant Singh
Dirección de producción Pankaj Sharma
Dirección de documentación gráfica Taiyaba Khatoon
Edición ejecutiva Kingshuk Ghoshal
Edición ejecutiva de arte Govind Mittal

Capítulo «Ciencia animal» a cargo de Tom Jackson, Tim Harris

Publicado originalmente en Gran Bretaña en 2016
por Dorling Kindersley Limited,
80 Strand, London WC2R 0RL
Parte de Penguin Random House

Título original: *Knowledge Encyclopedia. Animal!*
Primera edición: 2019

Copyright © 2016 Dorling Kindersley Limited
© Traducción al español:
2017 Dorling Kindersley Limited

Servicios editoriales: Tinta Simpàtica
Traducción: Ruben Giró i Anglada

ISBN: 978-1-4654-8682-0

Impreso y encuadernado en China

www.dkespañol.com

DK
ANIMALES

Escrito por John Woodward
Asesoramiento Dr. Kim Dennis-Bryan

Ilustración Val @ Advocate-Art, Andrew Beckett @ Illustration Ltd, Adam Benton, Peter Bull, Dynamo Ltd, Andrew Kerr, Jon @ KJA, Arran Lewis, Peter Minister, Stuart Jackson-Carter – SJC Illustration

CONTENIDOS

AVES

MAMÍFEROS

Escalas y tamaños

Los tamaños especificados en el libro son **promedios máximos**. A modo de escala, los animales aparecen junto a un humano adulto medio, una mano de humano adulto o medio pulgar. Los animales se miden del modo siguiente: peces, anfibios y reptiles, desde la cabeza hasta la cola; aves, del pico a la cola; mamíferos, cabeza y cuerpo (sin la cola).

1,8 m

20 cm

2 cm

¿Qué es un animal?

La vida animal está formada por una enorme diversidad de formas y conductas. Muchos animales nos resultan familiares, porque también nosotros somos animales. Entendemos, por instinto, las necesidades de un gato, por ejemplo, y cómo responde a su entorno. Pero hay otros animales con modos de vida que nos son más difíciles de comprender, o criaturas como los corales, que parecen comportarse como plantas. ¿Qué tienen en común el coral y el gato? ¿Y con nosotros? ¿Por qué son animales y no otra forma de vida?

LOS SIETE REINOS DE LA VIDA

Actualmente los científicos dividen la vida en la Tierra en siete «reinos». Cuatro reinos, arqueas, bacterias, algas y protozoos, se componen sobre todo de organismos microscópicos, por lo que apenas los vemos, aunque la vida no existiría sin ellos. Los otros tres son las plantas, los hongos y los animales. Las plantas crean su propio alimento con la energía de la luz, los hongos absorben las materias en descomposición y los animales se mueven en busca de otros organismos de los que alimentarse.

Arqueas
Son unicelulares y viven en hábitats extremos, calientes y ácidos o en el interior de animales.

SEIS CARACTERÍSTICAS CLAVE

Los animales se presentan en miles de formas, tamaños y anatomías, desde gusanos microscópicos hasta ballenas colosales. Aun así, todos comparten características clave, como la pieza básica para dar forma al cuerpo, la prioridad para crecer y reproducirse, la capacidad de notar el entorno y la movilidad.

PULGA DE AGUA

Cuerpos multicelulares

Las arqueas, las bacterias y la mayoría de los protistas son pequeños organismos unicelulares que contienen lo necesario para la vida.
El cuerpo de todos los animales se compone de muchas células como estas, organizadas en diferentes tipos de tejidos y órganos. Incluso esta pulga de agua (un crustáceo de agua dulce) tiene órganos diferenciados, aunque mida solo 5 mm.

Energía y comida

Los seres vivos necesitan energía. Con la energía de la luz del sol, las plantas fabrican tejidos que almacenan la energía. Los animales se comen estos tejidos, o los tejidos de otros seres vivos, y se quedan la energía y los agentes químicos necesarios para crecer o moverse.

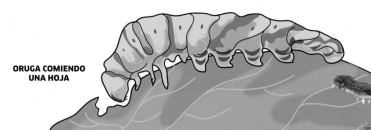

ORUGA COMIENDO UNA HOJA

A buscar comida

Todos los animales comen organismos, vivos o muertos. La mayoría disponen de órganos digestivos para procesar los tejidos y convertirlos en nutrientes. Aunque algunos animales acuáticos filtran partículas de comida del agua, la mayoría tienen boca para coger y tragar los alimentos.
Los animales tienen sentidos agudos y casi todos se mueven. Así les es más fácil encontrar comida y atraparla.

EL TIBURÓN PEREGRINO FILTRA EL AGUA

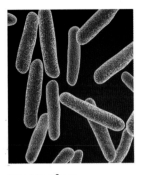

Bacterias
Son abundantes. Muchas ayudan a mantener vivos otros organismos, y otras causan enfermedades.

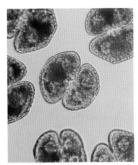

Algas
Como las plantas, usan la luz para producir alimento. Su estructura es simple y suelen vivir en el agua.

Plantas
Compuestas por muchas células, suelen vivir en el suelo y utilizan la energía solar para crecer.

Protozoos
Más complejos que las bacterias, se mueven y se alimentan como animales microscópicos.

Hongos
Ya sean unicelulares o pluricelulares, obtienen la energía de plantas y animales muertos.

Animales
Multicelulares, tienen músculos y nervios que les permiten moverse, reaccionar y alimentarse.

Intercambio de gases
Los animales necesitan oxígeno para liberar la energía de la comida, en un proceso que produce dióxido de carbono. Los insectos tienen tubos en el cuerpo para que sus músculos y órganos tengan aire, puedan absorber el oxígeno y liberar el dióxido de carbono. En casi todo el resto de animales, este intercambio se produce en las branquias o en los pulmones, que se encargan de repartir los gases por el cuerpo.

Branquias externas

EL AJOLOTE RESPIRA POR LAS BRANQUIAS

Sistemas sensoriales
Casi todos los animales cuentan con redes de células nerviosas en la piel que responden al tacto. Los animales más avanzados tienen órganos que detectan la luz, el calor, el olor, el sabor, el sonido, la presión e incluso la actividad eléctrica. Su cerebro memoriza estos patrones de estímulos y hace que los animales aprendan de la experiencia y vuelvan a identificarlos. En general, los sentidos de cualquier animal, como el águila, se concentran en la cabeza, cerca de la boca y el cerebro.

EL PIGARGO CABECIBLANCO TIENE UNA VISTA EXCELENTE

A moverse
Salta a la vista lo más destacado de los animales: su movilidad. Algunos, como el mejillón o la bellota de mar, viven en rocas y no se mueven, o al menos eso parece; sin embargo, se abren y se cierran, y filtran agua a través del cuerpo. Casi todo el resto de animales puede arrastrarse, nadar, caminar, correr e incluso volar. Así pueden encontrar comida, escapar de sus enemigos y encontrar pareja.

EL GUEPARDO, UNO DE LOS ANIMALES TERRESTRES MÁS RÁPIDOS

Evolución y extinción

La gran diversidad de vida animal es el resultado de un proceso continuo de evolución: cambios a lo largo del tiempo para adaptarse al entorno. A medida que el mundo cambia, los animales más adaptados para sobrevivir se multiplican, mientras que otros se extinguen, desaparecen para siempre.

VARIACIÓN INDIVIDUAL

Cuando los animales se aparean, los hijos heredan las características de los padres. Así, por ejemplo, algunos tienen el color de la madre, mientras que otros tienen el del padre... o un tono mezclado. Si se produce una mutación (cambio) y aparece un color inesperado, es posible que este individuo tenga una ventaja: que se camufle mejor.

SELECCIÓN NATURAL

La selección natural es el proceso por el cual los más adaptados sobreviven y tienen más descendencia. Es decir, los que tienen una adaptación útil cada vez son más numerosos que los que no la tienen, y así se va evolucionando. Por ejemplo, en plena revolución industrial británica proliferó una variante oscura de la mariposa del abedul, pero solo en sitios con árboles ennegrecidos por la contaminación industrial: tenía mejor camuflaje y se ocultaba mejor de los pájaros.

Alas del color de la corteza con hollín

MARIPOSA DEL ABEDUL, VARIEDAD OSCURA

Alas del color de la corteza con líquenes

MARIPOSA DEL ABEDUL, VARIEDAD CLARA

ANTEPASADOS PERDIDOS

La vida cambia constantemente a medida que aparecen nuevas especies y que otras desaparecen. El registro fósil es muy incompleto, por lo que es imposible saber de qué animal proviene otro animal, y cuanto más se retrocede, más complicado es. Los científicos buscan similitudes entre animales, pero que se parezcan no significa que estén relacionados.

MÁS DEL 90 % DE LAS ESPECIES QUE HAN EXISTIDO EN LA HISTORIA ESTÁN HOY EXTINGUIDAS.

Ramas del árbol genealógico
Estos animales antiguos no son antepasados directos del elefante moderno. Sin embargo, se considera que comparten un antepasado común, por lo que todos forman parte de la misma rama del árbol genealógico.

GOMPHOTHERIUM

MEORITHERIUM

PHIOMA

DEINOTHERIUM

NUEVOS DESAFÍOS

Cuando un animal cambia de hábitat se enfrenta a problemas nuevos, y lo que antes era útil tal vez ya no lo sea. Las aves que aparecen en islas sin predadores no necesitan volar para escapar. Volar consume mucha energía, por lo que las aves que no vuelen van a poder prosperar. Con el tiempo aparecen especies no voladoras, como este cormorán mancón de las Galápagos.

Alas cortas sin función alguna

CORMORÁN MANCÓN

MUNDO EN CAMBIO

Los seres vivos se adaptan a la perfección al entorno... y entonces el entorno cambia solo. Esto es lo que le pasa al oso polar: vive gran parte del año sobre el hielo marino ártico, pero el cambio climático derrite el hielo. El oso polar está tan especializado para vivir sobre el hielo que no puede adaptarse, por lo que es posible que termine por extinguirse.

EXTINCIÓN MASIVA

A veces, un cataclismo hace cambiar el mundo de manera tan radical que pocos animales sobreviven. Hace 66 millones de años, un asteroide o un cometa chocó contra la Tierra y provocó la extinción masiva de los dinosaurios gigantes y pterosaurios voladores. Entre los supervivientes estaban los antepasados de los mamíferos y aves modernos.

ELEFANTE ASIÁTICO

REGISTRO FÓSIL

Todo lo que sabemos sobre los animales extinguidos se deduce a partir de los fósiles: restos de organismos muertos que han sobrevivido a los procesos normales de descomposición. Tras quedar enterrados en barro o arena y convertirse en roca, casi todos los fósiles conservan caparazones y huesos. Los minerales de la roca convierten el tejido animal en piedra. Otros fósiles conservan impresiones de animales de cuerpo blando, o tejidos blandos como plumas.

Liaoxiornis
Los primeros dinosaurios
voladores tenían dientes y
cola larga de hueso, pero en
el Cretáceo evolucionaron las
primeras aves auténticas.

PALEÓGENO
66-23 Ma
Algunos mamíferos pequeños sobrevivieron a
la catástrofe que destruyó a los dinosaurios.
Dieron pie a los grandes herbívoros y
cazadores que sustituyeron a los gigantes
extintos.
Uintatherium
El Uintatherium, un herbívoro corpulento,
era del tamaño de un rinoceronte moderno.

CRETÁCEO
145-66 Ma
Durante el Cretáceo
se vivió la evolución
de los dinosaurios más
espectaculares y grandes,
pero se acabó con la
extinción masiva de los
dinosaurios gigantes.

Tyrannosaurus
El dinosaurio más famoso,
el T. rex, vivió al final
del Cretáceo.

Archaeopteryx
Hacia el final del Jurásico
un grupo de dinosaurios
con plumas desarrolló
alas para volar. Esta
especie es una de
las primeras que
conocemos.

Clave
- Tierra primigenia
- Era paleozoica
- Era mesozoica
- Era cenozoica

Historia animal

**En la mayor parte de la historia, durante
4.600 millones de años, solo había organismos
microscópicos, como las bacterias. Hace 600
millones de años apareció una nueva forma de vida:
los primeros animales. Aparecieron en los océanos,
porque contienen todos los elementos necesarios para
producir las sustancias complejas básicas para la vida.
Hace 430 millones de años aparecieron los primeros
animales terrestres, que han colonizado desde
entonces casi todos los hábitats de la Tierra.**

Tiempo geológico

Los científicos dividen la historia de la Tierra
en eras, que a su vez se dividen en periodos.
Dichos periodos son la base de esta cronología,
medida en millones de años (Ma). Durante este
larguísimo espacio de tiempo, los procesos de
evolución y extinción han creado y destruido
una enorme diversidad animal.

CARBONÍFERO
358-298 Ma
Durante el Carbonífero, la vida
se expandió a gran velocidad:
se formaron grandes bosques
con plantas primitivas.
Proliferaron los insectos y
las arañas, un festín para
los grandes anfibios.

Ichthyostega
Uno de los primeros animales
de cuatro patas, el Ichthyostega,
presentaba características
propias de los peces, como una
aleta en la cola o escamas.

Rolfosteus
Este pez del final del Devónico
rompía el caparazón del
marisco con sus mandíbulas.

DEVÓNICO
419-358 Ma
En el Devónico
aparecieron muchos
peces marinos nuevos.
Hace 375 Ma, algunos animales
con cuatro extremidades óseas
empezaron a vivir parcialmente en
la Tierra. Eran los primeros anfibios: los
antepasados de los vertebrados terrestres.

PRECÁMBRICO
De 4.600 millones a 541 Ma
Durante todo este tiempo las
únicas formas de vida fueron
organismos unicelulares. Al final
empezaron a formar colonias
y hace unos 600 millones
de años evolucionaron
hasta formar los primeros
animales multicelulares.

Mares volcánicos
El vapor de agua de los
volcanes antiguos creó los
océanos, donde apareció
la primera forma de vida.

Dickinsonia
Estos animales primigenios parecen
medusas o gusanos y carecen de partes
duras, por eso casi no encontramos fósiles.

NEÓGENO

23-2 Ma
Durante el Neógeno aparecieron muchos de los mamíferos modernos, como algunos temibles carnívoros adaptados para cazar a los grandes herbívoros.

Thylacosmilus
Este cazador de dientes de sable vivió en Sudamérica hace unos 3 millones de años.

CUATERNARIO

De 2 Ma hasta hoy
Este periodo incluye grandes glaciaciones separadas por fases más cálidas, como en la que vivimos. El dominio humano ha causado la extinción de muchos animales.

Mamut lanudo
Era un pariente del elefante asiático moderno. Estaba adaptado para vivir en climas fríos. Se extinguió hace 3700 años.

JURÁSICO

201-145 Ma
Los dinosaurios dominaron este periodo: enormes herbívoros, grandes predadores y otros más pequeños y con plumas, antepasados de los pájaros.

Morganucodon
Un ejemplo de los primeros mamíferos: este insectívoro peludo del tamaño de un ratón apareció hace unos 225 millones de años.

Isanosaurus
Este dinosaurio herbívoro que andaba a cuatro patas también podía ponerse de pie para alcanzar los árboles más altos.

Meganeura
Este insecto parecido a una libélula tenía una envergadura de 75 cm.

Lepidodendron
Plantas como esta, de hasta 30 m, proporcionaban alimento y cobijo a los animales.

PÉRMICO

298-252 Ma
Durante el Pérmico, los anfibios dieron paso a reptiles con escamas que podían vivir en todos los hábitats terrestres templados.

Dimetrodon
Este animal se relaciona con los antepasados de los mamíferos.

TRIÁSICO

252-201 Ma
El periodo Pérmico acabó con una extinción masiva. Pero, al final del periodo Triásico posterior, habían aparecido los primeros dinosaurios junto con los pterosaurios voladores y los primeros mamíferos.

Cooksonia
Una de las primeras plantas con tallo. Estas plantas servían de alimento para los primeros animales terrestres: invertebrados que parecían escorpiones y ciempiés.

SILÚRICO

443-419 Ma
Durante el Silúrico aparecieron peces óseos con mandíbulas móviles. Durante este periodo la vida pasó del mar a la tierra con las primeras plantas verdes.

El animal terrestre más antiguo conocido es un milpiés que vivió hace
428 millones de años.

Sacabambaspis
Los peces primigenios no tenían mandíbulas móviles, como las lampreas modernas; ni aletas pectorales o pélvicas, por lo que no debían de nadar muy bien.

CÁMBRICO

541-485 Ma
A principios de este periodo se produjo un aumento en la diversidad de la vida animal. Muchos tenían caparazón, de los que era más fácil que se formaran fósiles en comparación con los animales de cuerpo blando anteriores.

Marrella
La Marrella, de caparazón duro y espinoso, vivía en el lecho marino hace 500 Ma. Tenía patas articuladas como un cangrejo y una longitud inferior a 2 cm.

ORDOVÍCICO

485-443 Ma
Durante el periodo Ordovícico aparecen los peces primigenios, los primeros vertebrados, en los océanos. Vivían con otros animales como los trilobites. Pero, una extinción masiva acabó con muchos ellos al final de este periodo.

REINO ANIMAL

El reino animal

Se ha dado nombre y descripción científica a casi 1,4 millones de especies de animales vivos. Pertenecen a 35 grupos principales, cada uno de ellos conocido como filo. Un único filo, los cordados, incluye a todos los vertebrados: peces, anfibios, reptiles, aves y mamíferos. El resto corresponde a los invertebrados: animales sin esqueleto interno. El filo de los artrópodos contiene más especies que el resto de filos juntos.

INVERTEBRADOS

Invertebrados
El término invertebrados no es una clasificación científica, sino que describe todos los animales sin esqueleto interno articulado. Existen más de 30 filos con invertebrados en el reino animal. Aquí aparecen algunos de los grupos principales.

ESPONJAS
FILO

El más simple de los animales, no dispone de órganos especializados, solo es un conjunto de células parecidas.

CNIDARIOS
FILO

Animales acuáticos con tentáculos urticantes como medusas, corales, hidras y anémonas marinas.

EQUINODERMOS
FILO

Este grupo incluye erizos de mar, estrellas de mar, pepinos de mar y ofiuras.

ARTRÓPODOS
FILO

MIRIÓPODOS
SUPERCLASE

Todos los ciempiés y milpiés viven en tierra, y muy especialmente en lugares húmedos.

CRUSTÁCEOS
SUPERCLASE

Son todos acuáticos, salvo la cochinilla. Existen muchos tipos, como los cangrejos y los bogavantes.

ARÁCNIDOS
CLASE

Incluyen arañas, escorpiones y garrapatas, todas con cuatro pares de patas. Algunos, con veneno.

INSECTOS
CLASE

Los insectos tienen tres pares de patas y casi todos tienen alas; es el grupo animal más grande.

BRIOZOOS
FILO

Los denominados «musgos marinos» viven en colonias y filtran los alimentos del agua.

NEMATODOS
FILO

Estos gusanos finos viven en hábitats diversos, incluso dentro de otros animales.

PLATELMINTOS
FILO

Estos animales en forma de cinta absorben la comida a través de la piel.

MOLUSCOS
FILO

Casi todos son marinos, como caracoles, almejas, pulpos y similares.

ANÉLIDOS
FILO

Este filo incluye lombrices de tierra y de mar.

Se cree que de todas las especies animales de la Tierra,

menos del 20%

se han descrito y clasificado científicamente.

Relaciones entre animales

Los diferentes tipos de animales se clasifican en diversos grupos según las características que comparten. Algunos grupos se relacionan claramente con otros, lo que permite a los científicos ordenarlos en una especie de «árbol genealógico», que muestra el vínculo entre grupos según el último antepasado común. No obstante, este árbol está en revisión permanente.

CLASIFICACIÓN

Todos los seres vivos que han sido descritos se clasifican en un sistema de grupos jerarquizados. Cada grupo de organismos similares forma parte de un grupo mayor, y cada tipo de grupo tiene su nombre.

CORDADOS
FILO

Cordados
Los cordados son animales con una cuerda dorsal o columna vertebral a lo largo del cuerpo. Aquí están todos los vertebrados y también los tunicados acuáticos (ascidias y salpas) y acranios.

PECES SIN MANDÍBULA
CLASE

PECES CARTILAGINOSOS
CLASE

PECES ÓSEOS
CLASE

ANFIBIOS
CLASE

Este grupo está compuesto por las lampreas, y podría incluir también los peces bruja.

El esqueleto de tiburones, rayas y quimeras es de cartílago y no de hueso.

Incluye los peces de aletas radiadas y los de aletas carnosas, que se relacionan con los primeros cuadrúpedos.

Aquí encontramos ranas, sapos, tritones y otros animales que viven en tierra pero que se aparean en el agua.

MAMÍFEROS
CLASE

AVES
CLASE

REPTILES
CLASE

Estos vertebrados, por lo general peludos, incluyen a los humanos y a los animales más grandes.

Los pájaros, que se distinguen por sus plumas, son el principal grupo de vertebrados voladores.

Este grupo de animales de sangre fría y con escamas incluye a los lagartos y las serpientes.

Reino
Todos los animales pertenecen al reino animal. Los otros reinos son las plantas, hongos y otros tres, principalmente de organismos microscópicos.

Filo
El reino animal se divide en filos, los grupos principales de animales. Un filo se puede dividir en dos o más subfilos.

Clase
Por lo general, cada filo contiene diversas clases. Algunas de estas clases se agrupan para formar superclases.

Orden
Cada clase contiene diversos órdenes. Por ejemplo la clase Mammalia (mamíferos) contiene el orden Carnivora (carnívoros).

Familia
Un orden como los Carnivora está compuesto por diversas familias. Una familia de carnívoros es la Felidae, que incluye a todos los felinos.

Género
Cada familia se divide en grupos más pequeños, denominados género. El género *Panthera* abarca todos los grandes felinos.

Especie
Cada género es un grupo de especies individuales. Cada especie tiene un nombre científico de dos partes, como *Panthera uncia*, el leopardo de las nieves.

INVERTEBRADOS

La mayoría de los animales no son mamíferos, reptiles o pájaros, sino que son invertebrados: animales sin esqueleto interno articulado. Muchos viven en los océanos, pero la mayoría vive en tierra firme. Entre ellos están los animales más numerosos y con más éxito de todos: los insectos.

¿QUÉ ES UN INVERTEBRADO?

Un invertebrado es cualquier animal sin esqueleto interno articulado. El término incluye una gran diversidad de animales, desde los gusanos microscópicos hasta el calamar gigante. Lo único que comparten es que no tienen esqueleto vertebrado. Algunos tienen cuerpos blandos, mientras que otros tienen caparazón. Los más abundantes son la enorme variedad de crustáceos, insectos, arañas y similares con esqueletos externos duros articulados: los artrópodos.

En franca minoría

Todos juntos, los invertebrados suman como mínimo el 97 % de todas las especies animales que hay en la Tierra. Los vertebrados pueden contar con los animales más grandes, pero están en clara minoría.

3 % Vertebrados

97 % Invertebrados

TIPOS DE INVERTEBRADO

Existen 35 grupos principales de especies en el reino animal, denominados filo. Los vertebrados forman parte de un único filo; los 34 restantes están compuestos por invertebrados. A continuación, algunos ejemplos.

Esponjas
Estos organismos acuáticos son los animales más simples. Se componen de células, pero no cuentan con órganos especializados. Se alimentan filtrando la comida del agua.

Anélidos
Este filo incluye la lombriz de tierra y diversas especies marinas. Tiene un cuerpo compuesto por diversos segmentos idénticos de piel blanda.

Moluscos
Este gran filo está formado por caracoles y almejas, además de pulpos y animales parecidos. Casi todos viven en el mar y muchos tienen caparazones calcáreos.

Equinodermos
Equinodermo significa «piel espinosa», un nombre adecuado para un filo que incluye los erizos de mar; también incluye la estrella de mar y el pepino de mar.

Ctenóforos
Estos organismos transparentes van a la deriva por el océano, atrapan otros animales y los absorben. Nadan agitando unas estructuras que parecen peines.

Cnidarios
Incluye las anémonas marinas, los corales y las medusas. Todos viven en el agua y utilizan sus tentáculos para capturar animales pequeños.

Artrópodos
El filo más importante está compuesto por animales con esqueletos externos duros con patas articuladas. Dichos esqueletos les permiten vivir en tierra firme o en agua.

ARTRÓPODOS

Más del 80 % de todas las especies animales conocidas son artrópodos, casi todos insectos. También incluyen crustáceos, milpiés y otros miriópodos, y arácnidos como escorpiones y arañas.

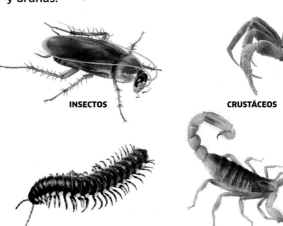

INSECTOS

CRUSTÁCEOS

MIRIÓPODOS

ARÁCNIDOS

Un artrópodo por dentro

Los artrópodos están compuestos por diversos segmentos, envueltos por una piel dura que hace las veces de esqueleto. A veces la piel se refuerza con minerales calcáreos a modo de armadura. Pueden moverse gracias a la piel fina y flexible entre los segmentos.

Protección vital
Un duro caparazón protege los órganos internos.

Músculos internos
Los músculos de la pinza están dentro del esqueleto.

CAMARÓN PISTOLA

Patas articuladas

DE PIES A CABEZA

Los invertebrados presentan una gran variedad de formas. Algunos tienen la disposición habitual de cabeza, con el cerebro dentro y los órganos sensoriales bien desarrollados, un cuerpo equipado con patas y una cola. Estos suelen presentar simetría bilateral: las partes derecha e izquierda del cuerpo son iguales, como si se reflejaran en un espejo. En cambio, hay otros con tipos diferentes de simetría; y las esponjas, que no tienen simetría alguna.

Insecto
La mariquita presenta simetría bilateral: tiene una cabeza diferenciada y un cuerpo compuesto por el tórax, tres pares de patas y el abdomen.

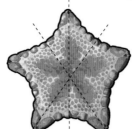

Estrella de mar
Las estrellas de mar y similares presentan simetría radial: tienen el cuerpo dispuesto alrededor de un punto central.

Pulpo
Los planos de los calamares, pulpos y demás son algo complicados: los tentáculos les salen directamente de la cabeza y tienen los órganos en un manto en forma de bolsa.

Almeja
En su concha, los moluscos bivalvos no tienen una disposición corporal clara: no tienen cabeza ni cerebro, solo órganos sensoriales muy básicos.

CUERPOS Y CONCHAS

Los cuerpos blandos de algunos invertebrados no necesitan apoyo en forma de esqueleto. Mantienen la forma con los músculos y los líquidos corporales. Pero estos cuerpos son vulnerables y se protegen con conchas. El exoesqueleto duro de los artrópodos proporciona soporte y protección.

Blandengue
La lombriz de tierra arrastra el cuerpo por el suelo, por lo que no necesita un esqueleto duro. Del mismo modo, el cuerpo de ciertos invertebrados acuáticos reposa sobre el agua. La lombriz se mueve estirando la cabeza hacia delante y después se contrae para tirar de la cola.

LOMBRIZ DE TIERRA

CARACOL

Concha protectora
Los caracoles de tierra tienen el cuerpo blando y la concha dura. Ante cualquier amenaza, se esconden dentro de su concha. Eso también les permite sobrevivir a las sequías, porque evitan perder la humedad.

Exoesqueleto duro
El esqueleto externo de esta araña contiene su cuerpo y también da forma a sus colmillos venenosos, pero le impide crecer, así que de vez en cuando debe cambiarlo. El nuevo esqueleto es blando y tarda en endurecerse, por lo que la araña se vuelve muy vulnerable.

ARAÑA CANGREJO

INVERTEBRADOS ACUÁTICOS

Muchos invertebrados viven en los océanos. El agua los sostiene y les aporta comida constante. Los animales terrestres tienen que buscar comida; sin embargo, a los invertebrados acuáticos el agua les trae la comida.

ORTIGA DE MAR

El lugar idóneo
Las costas marinas son ricas en alimento, y por eso se forman colonias enormes de invertebrados en las rocas. Los mejillones filtran el agua por el cuerpo y se quedan las partículas comestibles. Hay comida de sobra para todos.

MEJILLONES

Raíces profundas
Esta anémona pasa casi toda su vida unida a una roca. No necesita moverse, pues el agua le trae pequeños animales que puede capturar con sus largos tentáculos.

GORGONIA NARANJA

Bien cerrados con la marea baja

Cada yema es un pólipo

Colonias: todos juntos
Muchas colonias de invertebrados se componen de animales sueltos, pero otras consisten en animales juntos, como las yemas en las ramas de un árbol. La gorgonia está compuesta por minúsculos pólipos de alimentación que comparten el esqueleto.

Las ortigas del Pacífico **no distinguen imágenes, pero detectan la luz y la oscuridad** mediante sus ocelos.

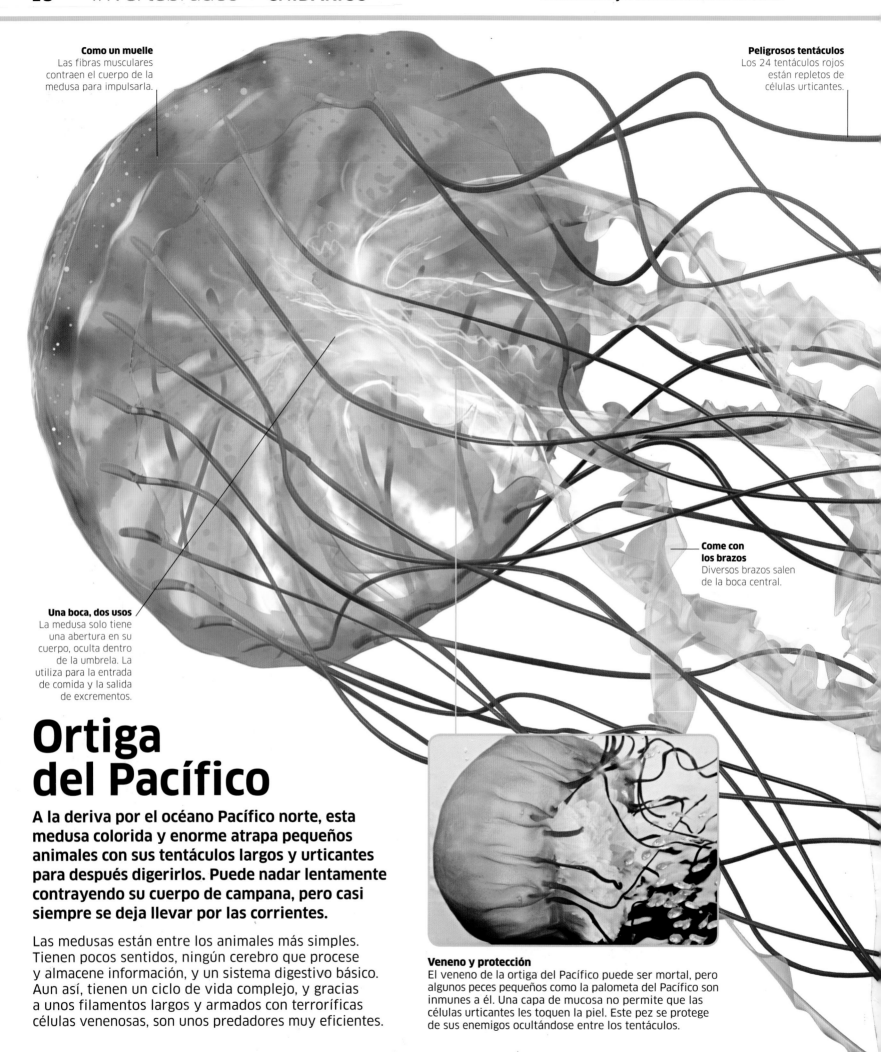

Como un muelle
Las fibras musculares contraen el cuerpo de la medusa para impulsarla.

Peligrosos tentáculos
Los 24 tentáculos rojos están repletos de células urticantes.

Come con los brazos
Diversos brazos salen de la boca central.

Una boca, dos usos
La medusa solo tiene una abertura en su cuerpo, oculta dentro de la umbrela. La utiliza para la entrada de comida y la salida de excrementos.

Ortiga del Pacífico

A la deriva por el océano Pacífico norte, esta medusa colorida y enorme atrapa pequeños animales con sus tentáculos largos y urticantes para después digerirlos. Puede nadar lentamente contrayendo su cuerpo de campana, pero casi siempre se deja llevar por las corrientes.

Las medusas están entre los animales más simples. Tienen pocos sentidos, ningún cerebro que procese y almacene información, y un sistema digestivo básico. Aun así, tienen un ciclo de vida complejo, y gracias a unos filamentos largos y armados con terroríficas células venenosas, son unos predadores muy eficientes.

Veneno y protección
El veneno de la ortiga del Pacífico puede ser mortal, pero algunos peces pequeños como la palometa del Pacífico son inmunes a él. Una capa de mucosa no permite que las células urticantes les toquen la piel. Este pez se protege de sus enemigos ocultándose entre los tentáculos.

4,5 m es la **longitud** que pueden alcanzar **los filamentos** de la ortiga del Pacífico.

Aunque pique, la ortiga del Pacífico **es la presa** de peces grandes, aves marinas y la **tortuga laúd gigante.**

19

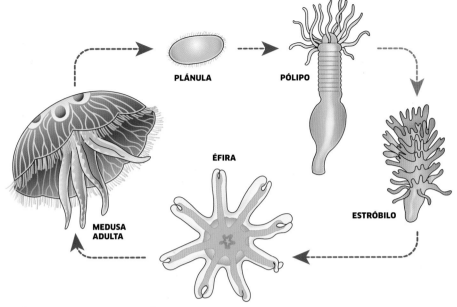

PLÁNULA

PÓLIPO

ÉFIRA

MEDUSA ADULTA

ESTRÓBILO

Un ciclo de vida complejo

La medusa adulta produce pequeñas larvas denominadas plánulas, que se convierten en pólipos en forma de flor y se unen a una superficie sólida. Todos se convierten en estróbilos, un conjunto de medusas en miniatura denominadas éfiras que se separan para convertirse en medusas adultas.

Células venenosas

Los tentáculos y los brazos de las medusas están cubiertos por unas células microscópicas llamadas cnidoblastos. Cada célula tiene un hilo hueco con pinchos y una punta afilada y venenosa, todo dentro de una cápsula. Si la presa lo roza, se abre la tapa de la cápsula. El hilo se dispara e inyecta una dosis de veneno en la víctima.

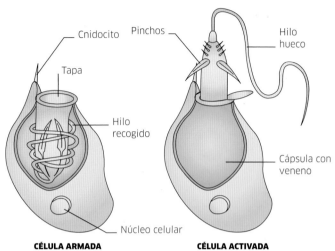

Cnidocito

Pinchos

Hilo hueco

Tapa

Hilo recogido

Cápsula con veneno

Núcleo celular

CÉLULA ARMADA

CÉLULA ACTIVADA

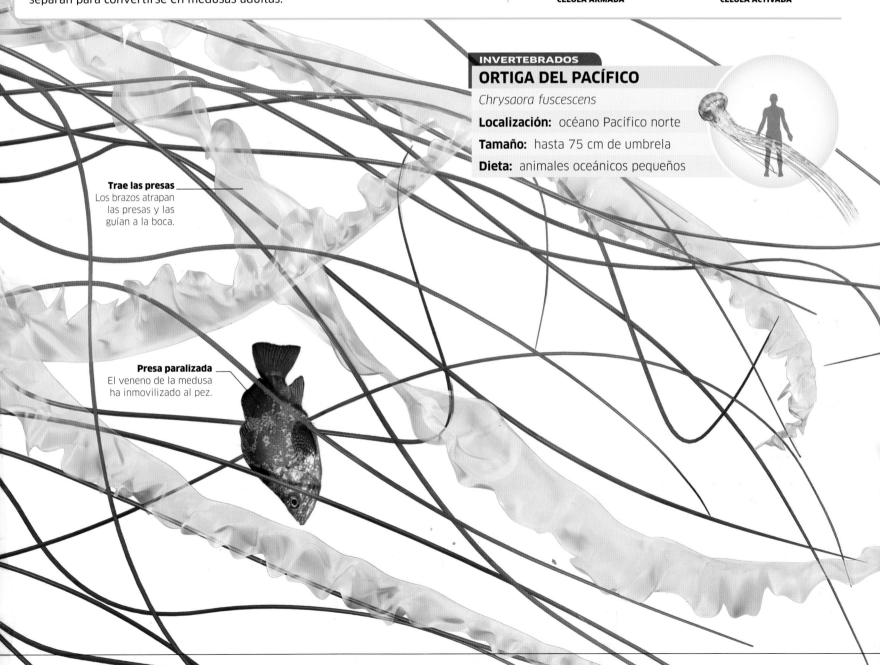

INVERTEBRADOS

ORTIGA DEL PACÍFICO

Chrysaora fuscescens

Localización: océano Pacífico norte

Tamaño: hasta 75 cm de umbrela

Dieta: animales oceánicos pequeños

Trae las presas
Los brazos atrapan las presas y las guían a la boca.

Presa paralizada
El veneno de la medusa ha inmovilizado al pez.

ORTIGA DE MAR
Anemonia viridis
Localización: Mediterráneo, Atlántico
Tamaño: hasta 8 cm de altura

La ortiga de mar se puede ver a menudo en pozas de marea costeras, con sus tentáculos largos para cazar animales pequeños. Las algas microscópicas que viven en sus tentáculos la dotan de su color verde; dichas algas utilizan la energía del sol para crear azúcares, que alimentan a la anémona.

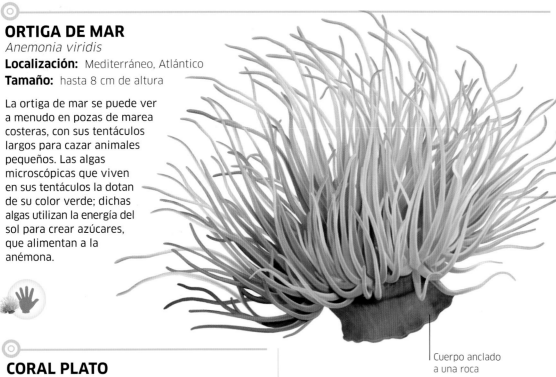

Cuerpo anclado a una roca

ANÉMONA FRESA
Actinia fragacea
Localización: océano Atlántico NE
Tamaño: hasta 10 cm de altura

Como muchas otras anémonas de mar, esta vive en orillas rocosas, donde la marea baja la deja fuera del agua dos veces por día. Sobrevive ocultando sus tentáculos en su cavidad corporal, donde conserva la humedad hasta que vuelve a subir la marea.

Tentáculos ocultos durante la marea baja

CORAL PLATO
Ctenactis echinata
Localización: región indo-pacífica
Tamaño: hasta 25 cm de longitud

Los corales solitarios son parecidos a las anémonas, con cuerpos cilíndricos u ovales y tentáculos pequeños alrededor de una boca central. Esta es una de las especies de corales que produce arrecifes, con un esqueleto calizo hecho con los minerales absorbidos del agua.

Cnidarios

Las medusas, los corales, las anémonas de mar y similares son cnidarios: animales acuáticos con cuerpos blandos y a veces con células urticantes para cazar. Muchos son bonitos, y algunos mortales.

Los cnidarios tienen un cuerpo gelatinoso envuelto por dos capas de células: una por fuera y otra que hace de cobertura del estómago. A veces tiene una corona de tentáculos móviles. Algunos cnidarios son medusas a la deriva, mientras que otros son pólipos (un cilindro hueco envuelto de tentáculos) que pasan su vida anclados a las rocas marinas. Algunos corales y anémonas de mar forman colonias de pólipos interconectados que comparten los nutrientes que recogen.

CORAL CEREBRO
Diploria labyrinthiformis
Localización: mar del Caribe
Tamaño: hasta 2 m de ancho

Este coral, de aspecto similar al de un cerebro humano, es un coral duro, formado por miles de pólipos de corales interconectados. Cada uno tiene su conjunto de tentáculos para recoger comida, y además se beneficia de las algas microscópicas en los tejidos que utilizan energía solar para fabricar más comida.

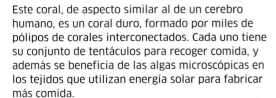

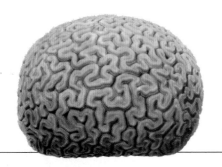

GORGONIA NARANJA
Swiftia exserta
Localización: océano Atlántico O
Altura: hasta 2 m

Este es un coral colonial con pólipos unidos a un esqueleto de material córneo y flexible. La colonia crece plana y ramificada, y recoge comida de las corrientes oceánicas que pasan a través de las ramas.

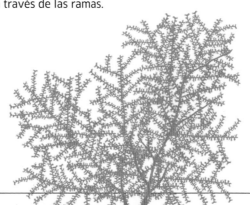

PLUMA PÚRPURA DE MAR
Virgularia sp.
Localización: Atlántico NE, Mediterráneo
Altura: hasta 50 cm

Las plumas de mar están compuestas por diversos pólipos unidos a un pólipo central mucho mayor que forma un tallo, y consiguen la comida como las gorgonias. Recibe su nombre por asemejarse a una pluma.

Los corales han creado la **estructura viviente más grande** de la Tierra: la **Gran Barrera de Coral** de Australia, que tiene **2.300 km** de longitud.

100 años o más es la **edad** a la que pueden llegar las **plumas de mar.**

21

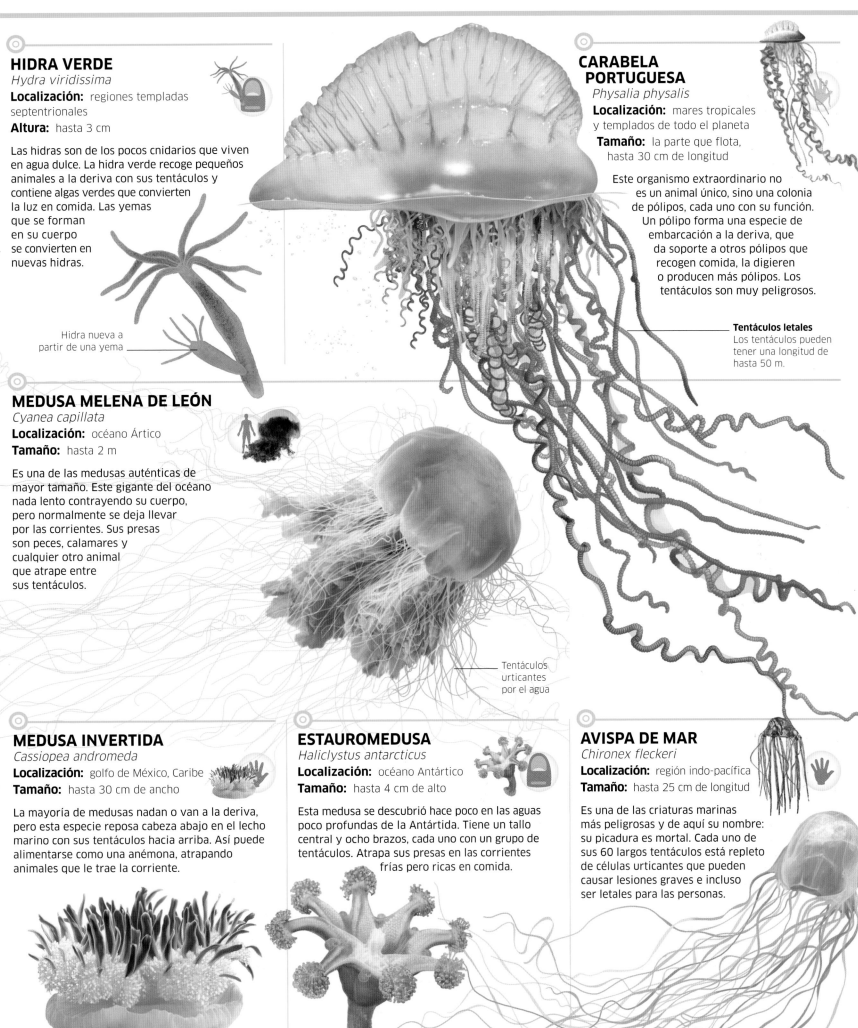

HIDRA VERDE
Hydra viridissima

Localización: regiones templadas septentrionales

Altura: hasta 3 cm

Las hidras son de los pocos cnidarios que viven en agua dulce. La hidra verde recoge pequeños animales a la deriva con sus tentáculos y contiene algas verdes que convierten la luz en comida. Las yemas que se forman en su cuerpo se convierten en nuevas hidras.

Hidra nueva a partir de una yema

CARABELA PORTUGUESA
Physalia physalis

Localización: mares tropicales y templados de todo el planeta

Tamaño: la parte que flota, hasta 30 cm de longitud

Este organismo extraordinario no es un animal único, sino una colonia de pólipos, cada uno con su función. Un pólipo forma una especie de embarcación a la deriva, que da soporte a otros pólipos que recogen comida, la digieren o producen más pólipos. Los tentáculos son muy peligrosos.

Tentáculos letales
Los tentáculos pueden tener una longitud de hasta 50 m.

MEDUSA MELENA DE LEÓN
Cyanea capillata

Localización: océano Ártico

Tamaño: hasta 2 m

Es una de las medusas auténticas de mayor tamaño. Este gigante del océano nada lento contrayendo su cuerpo, pero normalmente se deja llevar por las corrientes. Sus presas son peces, calamares y cualquier otro animal que atrape entre sus tentáculos.

Tentáculos urticantes por el agua

MEDUSA INVERTIDA
Cassiopea andromeda

Localización: golfo de México, Caribe

Tamaño: hasta 30 cm de ancho

La mayoría de medusas nadan o van a la deriva, pero esta especie reposa cabeza abajo en el lecho marino con sus tentáculos hacia arriba. Así puede alimentarse como una anémona, atrapando animales que le trae la corriente.

ESTAUROMEDUSA
Haliclystus antarcticus

Localización: océano Antártico

Tamaño: hasta 4 cm de alto

Esta medusa se descubrió hace poco en las aguas poco profundas de la Antártida. Tiene un tallo central y ocho brazos, cada uno con un grupo de tentáculos. Atrapa sus presas en las corrientes frías pero ricas en comida.

AVISPA DE MAR
Chironex fleckeri

Localización: región indo-pacífica

Tamaño: hasta 25 cm de longitud

Es una de las criaturas marinas más peligrosas y de aquí su nombre: su picadura es mortal. Cada uno de sus 60 largos tentáculos está repleto de células urticantes que pueden causar lesiones graves e incluso ser letales para las personas.

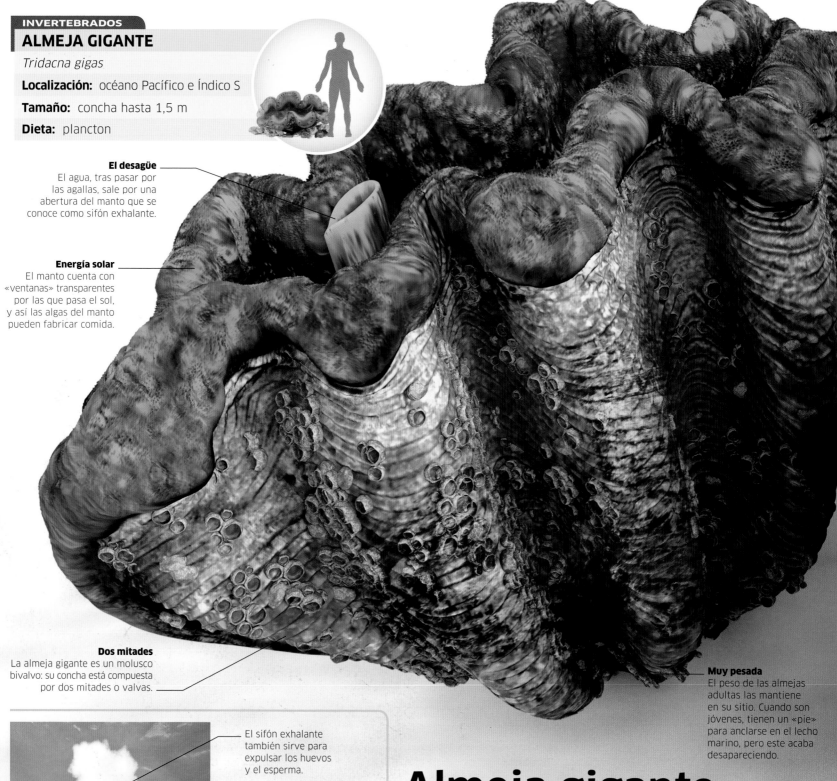

INVERTEBRADOS

ALMEJA GIGANTE

Tridacna gigas

Localización: océano Pacífico e Índico S

Tamaño: concha hasta 1,5 m

Dieta: plancton

El desagüe
El agua, tras pasar por las agallas, sale por una abertura del manto que se conoce como sifón exhalante.

Energía solar
El manto cuenta con «ventanas» transparentes por las que pasa el sol, y así las algas del manto pueden fabricar comida.

Dos mitades
La almeja gigante es un molusco bivalvo: su concha está compuesta por dos mitades o valvas.

Muy pesada
El peso de las almejas adultas las mantiene en su sitio. Cuando son jóvenes, tienen un «pie» para anclarse en el lecho marino, pero este acaba desapareciendo.

El sifón exhalante también sirve para expulsar los huevos y el esperma.

Desove

Las almejas gigantes no se desplazan, así que se reproducen desovando todas a la vez. Cada almeja produce huevos y esperma. Lo libera todo en el agua, donde otra almeja cercana puede fertilizarlo. Primero sale el esperma para reducir el riesgo de autofecundación. Las larvas que eclosionan de los huevos fecundados se irán a la deriva.

Almeja gigante

La espectacular almeja gigante es el molusco vivo más pesado. Es un pariente colosal de berberechos, mejillones y ostras. Su vida consiste en reposar en la arena de algún arrecife de coral y crecer año tras año.

Los primeros días de vida de la almeja gigante son como larva a la deriva, sin concha, en el océano Indo-Pacífico tropical. Rápidamente se convierte en una minirréplica de sus padres y se queda en un arrecife. Para alimentarse cuela el plancton del agua que bombea a través del cuerpo; tiene millones de algas microscópicas en el tejido blando del manto fabricando comida con la luz del sol, que le proporcionan dos tercios de sus nutrientes.

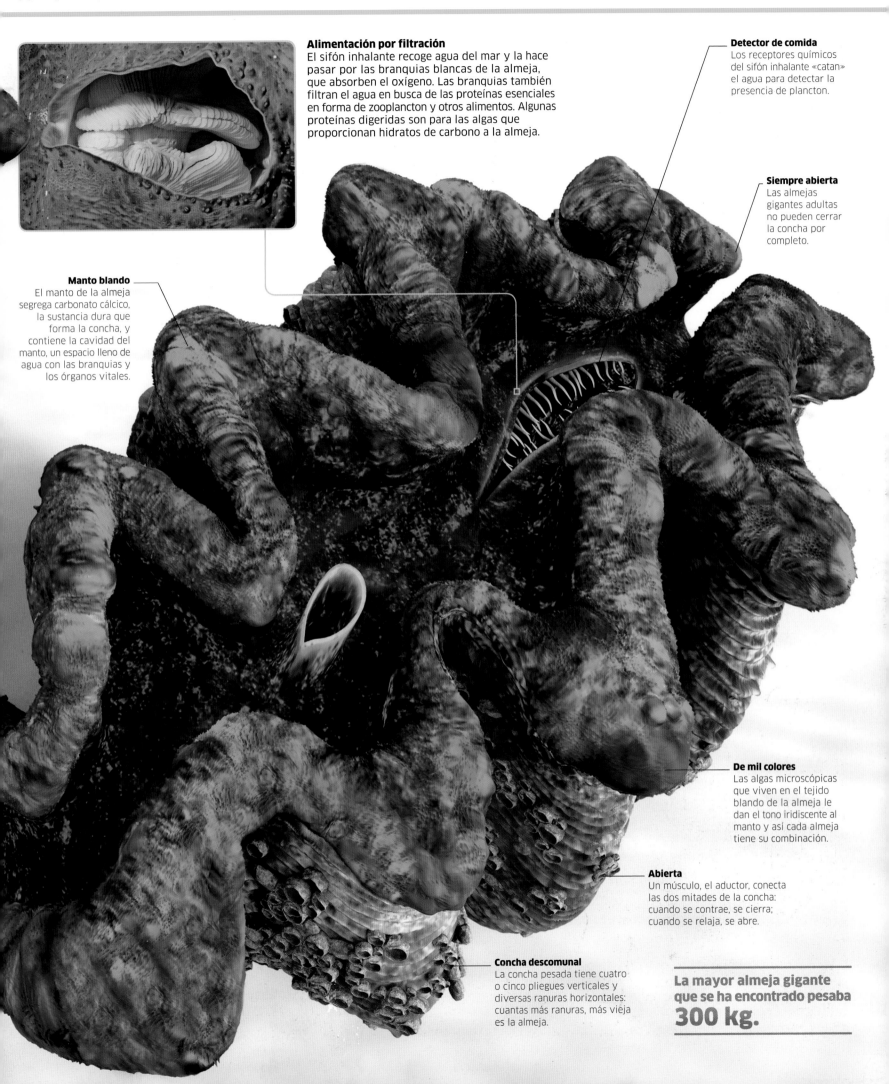

Como otros **moluscos bivalvos**, la almeja gigante **produce perlas** en su concha.

100 años **puede llegar a vivir** una almeja gigante.

6.000 millones **de huevos** llega a liberar en toda su vida **una almeja gigante adulta.**

23

Alimentación por filtración
El sifón inhalante recoge agua del mar y la hace pasar por las branquias blancas de la almeja, que absorben el oxígeno. Las branquias también filtran el agua en busca de las proteínas esenciales en forma de zooplancton y otros alimentos. Algunas proteínas digeridas son para las algas que proporcionan hidratos de carbono a la almeja.

Detector de comida
Los receptores químicos del sifón inhalante «catan» el agua para detectar la presencia de plancton.

Siempre abierta
Las almejas gigantes adultas no pueden cerrar la concha por completo.

Manto blando
El manto de la almeja segrega carbonato cálcico, la sustancia dura que forma la concha, y contiene la cavidad del manto, un espacio lleno de agua con las branquias y los órganos vitales.

De mil colores
Las algas microscópicas que viven en el tejido blando de la almeja le dan el tono iridiscente al manto y así cada almeja tiene su combinación.

Abierta
Un músculo, el aductor, conecta las dos mitades de la concha: cuando se contrae, se cierra; cuando se relaja, se abre.

Concha descomunal
La concha pesada tiene cuatro o cinco pliegues verticales y diversas ranuras horizontales: cuantas más ranuras, más vieja es la almeja.

La mayor almeja gigante que se ha encontrado pesaba
300 kg.

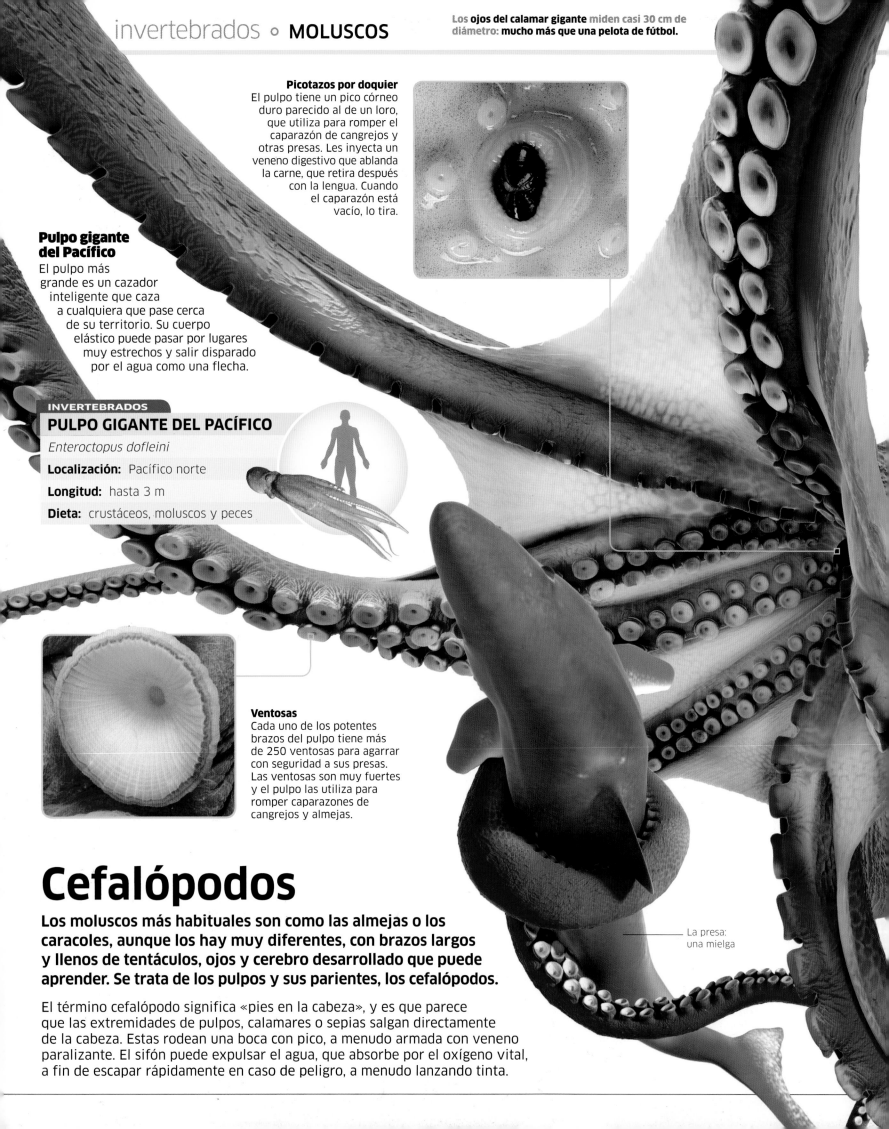

Los **ojos del calamar gigante** miden casi 30 cm de diámetro: **mucho más que una pelota de fútbol.**

Picotazos por doquier

El pulpo tiene un pico córneo duro parecido al de un loro, que utiliza para romper el caparazón de cangrejos y otras presas. Les inyecta un veneno digestivo que ablanda la carne, que retira después con la lengua. Cuando el caparazón está vacío, lo tira.

Pulpo gigante del Pacífico

El pulpo más grande es un cazador inteligente que caza a cualquiera que pase cerca de su territorio. Su cuerpo elástico puede pasar por lugares muy estrechos y salir disparado por el agua como una flecha.

INVERTEBRADOS

PULPO GIGANTE DEL PACÍFICO

Enteroctopus dofleini

Localización: Pacífico norte

Longitud: hasta 3 m

Dieta: crustáceos, moluscos y peces

Ventosas

Cada uno de los potentes brazos del pulpo tiene más de 250 ventosas para agarrar con seguridad a sus presas. Las ventosas son muy fuertes y el pulpo las utiliza para romper caparazones de cangrejos y almejas.

La presa: una mielga

Cefalópodos

Los moluscos más habituales son como las almejas o los caracoles, aunque los hay muy diferentes, con brazos largos y llenos de tentáculos, ojos y cerebro desarrollado que puede aprender. Se trata de los pulpos y sus parientes, los cefalópodos.

El término cefalópodo significa «pies en la cabeza», y es que parece que las extremidades de pulpos, calamares o sepias salgan directamente de la cabeza. Estas rodean una boca con pico, a menudo armada con veneno paralizante. El sifón puede expulsar el agua, que absorbe por el oxígeno vital, a fin de escapar rápidamente en caso de peligro, a menudo lanzando tinta.

NAUTILO
Nautilus pompilius
Localización: Pacífico occidental
Longitud: hasta 20 cm de caparazón

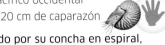

El nautilo, conocido por su concha en espiral, flota en el agua. Para subir y bajar, ajusta la cantidad de gas en las cámaras de la concha. Cuenta con 90 tentáculos y ojos sin cristalino.

SEPIA
Sepia officinalis
Localización: Atlántico oriental
Longitud: hasta 45 cm

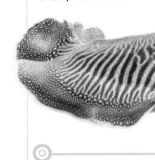

La sepia es especialista en cazar en lechos marinos poco profundos: nada lenta y atrapa las presas con dos tentáculos extensibles. Tiene la piel repleta de células nerviosas de colores, capaces de cambiar de patrón para mostrar su humor, ocultarse o distraer a los predadores.

CALAMAR OPALESCENTE
Doryteuthis opalescens
Localización: Pacífico oriental
Longitud: hasta 30 cm

Los calamares se parecen a las sepias: comparten las mismas técnicas de alimentación y pigmentación. Pero con su propulsión a chorro, están más preparados para alcanzar una mayor velocidad. Esta especie caza peces, cangrejos y otros cefalópodos.

CALAMAR GIGANTE
Architeuthis dux
Localización: profundidades del Atlántico

Longitud: hasta 13 m

Este cefalópodo gigantesco y tímido apenas ha sido visto con vida. Ha aparecido en algunas ocasiones varado en la costa. Es el animal con los ojos más grandes, que utiliza para detectar presas en las tinieblas del océano.

Ojos de mamífero
Sus grandes ojos son tan sofisticados como los de un mamífero.

CALAMAR VAMPIRO
Vampyroteuthis infernalis
Localización: profundidades oceánicas de todo el planeta
Longitud: hasta 28 cm

Su nombre se debe a su color rojo sangre y no a sus costumbres. Vive en las profundidades oceánicas, a oscuras, y come despojos e invertebrados que atrapa con las ventosas de los tentáculos.

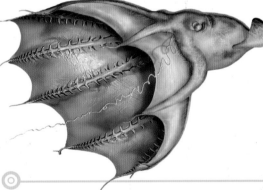

PULPO MAYOR DE ANILLOS AZULES
Hapalochlaena lunulata
Localización: arrecifes de coral del Indo-Pacífico
Longitud: hasta 10 cm

Igual que algunos pulpos, esta especie pequeña y colorida utiliza veneno para inmovilizar cangrejos, peces y demás. Este veneno es extremadamente tóxico, y por ello es uno de los animales más letales del planeta.

Sifón
Para desplazarse, expulsa agua por esta abertura.

En su tinta
La abertura del saco de tinta está cerca de la base del sifón. El pulpo puede disparar nubes de tinta para desorientar a los predadores.

Brazos elásticos
El pulpo tiene ocho tentáculos muy flexibles.

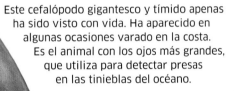

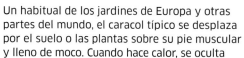

QUITÓN
Tonicella lineata
Localización: costas del Pacífico norte
Longitud: hasta 5 cm

Los quitones tienen su grupo propio. Se desplazan por las rocas como los caracoles. Su caparazón se divide en ocho placas. No tienen ojos ni tentáculos, pero unas células del caparazón reaccionan a la luz. Se alimentan de algas marinas.

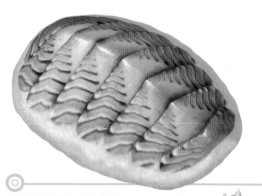

CARACOL
Helix aspersa
Localización: por todo el planeta
Longitud de la concha: hasta 4,5 cm

Un habitual de los jardines de Europa y otras partes del mundo, el caracol típico se desplaza por el suelo o las plantas sobre su pie muscular y lleno de moco. Cuando hace calor, se oculta en su concha.

CARACOL CUERNO DE CARNERO
Planorbis rubrum
Localización: Europa, norte de África
Longitud de la concha: hasta 2 cm

Muchos caracoles viven en charcas, lagos y ríos. Esta especie es la más colorida entre los caracoles cuerno de carnero: buscan comida bajo el agua y respiran aire fuera del agua.

CARACOL PALA
Lobatus gigas
Localización: mar del Caribe
Longitud de la concha: Hasta 35 cm

El caracol pala es un caracol marino gigante que se alimenta de prados marinos y macroalgas en los mares tropicales. Es conocido por su concha grande y rosácea.

NUDIBRANQUIO MANTÓN ESPAÑOL
Flabellina iodinea
Localización: océano Pacífico
Longitud: hasta 7 cm

Es una babosa marina: un gasterópodo sin concha. Muchos de ellos, como esta especie del Pacífico, cazan animales con veneno, de quienes conservan las células urticantes en sus tentáculos para defenderse.

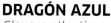

DRAGÓN AZUL
Glaucus atlanticus
Localización: océanos Pacífico, Atlántico e Índico
Longitud: hasta 3 cm

Esta babosa marina flota cabeza abajo por la superficie del agua, donde caza animales a la deriva, como las medusas venenosas.

CONO TEXTIL
Conus textile
Localización: región indo-pacífica
Longitud de la concha: hasta 15 cm

Tubo de respiración
El sifón bombea agua a las branquias.

La boca crece hasta límites insospechados.

Presa
Se traga la presa entera, paralizada.

La preciosa concha de este caracol marino tropical oculta un arma letal: un pequeño arpón venenoso. El cono lo usa para paralizar a sus presas, pero el veneno es tan potente que puede matar a una persona.

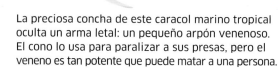

507 años de edad tenía un tipo de **almeja comestible** hallada en el **Atlántico norte** en 2006. Fue el **animal vivo más antiguo**.

110.000 especies **de moluscos** han recibido **nombre y descripción científica**.

27

Moluscos

Entre estos animales, la mayoría marinos, encontramos los invertebrados más coloridos y diversos. Disponen de caparazón para proteger su cuerpo blando, y algunos pueden sobrevivir al aire cuando baja la marea.

Hay tres grandes grupos de moluscos. Los cefalópodos (pp. 24-25) incluyen los pulpos y sus parientes. Los gasterópodos, caracoles y babosas, son animales móviles que se arrastran sobre un pie muscular; muchos persiguen y matan sus presas. Los bivalvos, con dos conchas, viven en orificios o pegados a las rocas y filtran la comida del agua.

ESCAFÓPODO
Antalis vulgaris
Localización: océano Atlántico norte
Longitud: hasta 5 cm

Los escafópodos son otro grupo de moluscos diferentes a los gasterópodos o bivalvos. Perforan el lecho marino blando, de arena o lodo, con unos tentáculos minúsculos, buscando fragmentos de comida y pequeños animales.

Cabecita
Con la cabeza y los tentáculos perforan el sedimento.

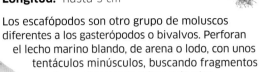
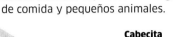

Tentáculos para comer
Los tentáculos largos recogen comida.

ALMEJA PELUDA
Limaria hians
Localización: costa del Atlántico noreste
Longitud de la concha: hasta 4 cm

Este bivalvo presenta un espectacular sinfín de tentáculos naranja. Así logra alejar a los predadores gracias a una sustancia pegajosa y ácida.

En los arrecifes poco profundos al oeste de Escocia viven hasta **100 millones de almejas peludas.**

MEJILLÓN
Mytilus edulis
Localización: océanos Atlántico y Pacífico
Longitud de la concha: hasta 10 cm

Este molusco bivalvo, criado en grandes cantidades como alimento, se adhiere a las rocas con unos hilos muy fuertes. Se alimenta filtrando las partículas comestibles del agua.

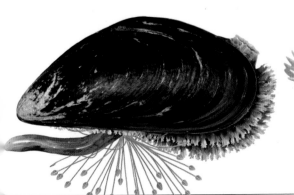

BERBERECHO ESPINOSO
Acanthocardia aculeata
Localización: mar Mediterráneo
Longitud de la concha: hasta 10 cm

Como muchos bivalvos, esta pequeña almeja vive enterrada en la arena. Bombea agua a través del cuerpo para conseguir oxígeno y comida. Cuando busca protección, cierra sus conchas con fuerza.

VOLANDEIRA
Aequipecten opercularis
Localización: océano Atlántico norte
Longitud de la concha: hasta 11 cm

Las volandeiras son bivalvos poco comunes, pues nadan: abriendo y cerrando las conchas para hacer salir el agua, huyen disparadas del peligro.

Ojitos
Tienen ojos en la base de los tentáculos.

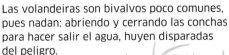

Los bogavantes son **azules en vida**. Solo adquieren el típico color **rojo anaranjado** cuando se **cocinan**.

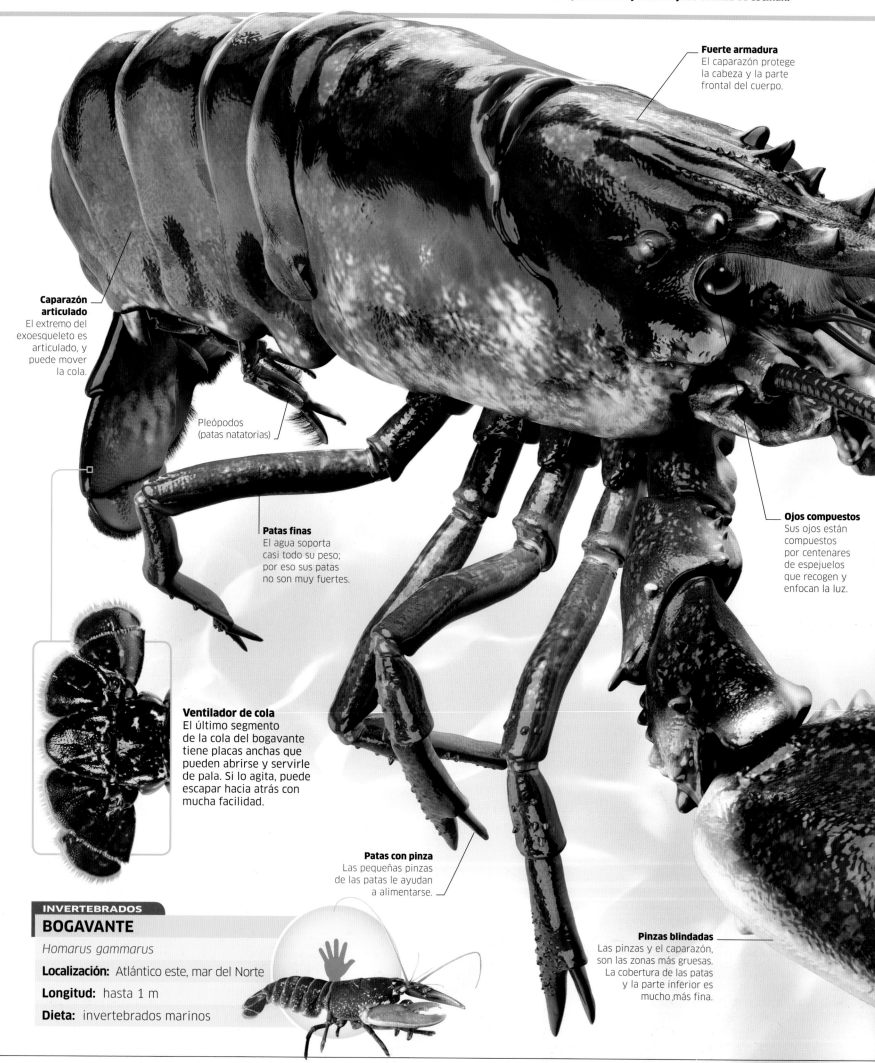

Fuerte armadura
El caparazón protege la cabeza y la parte frontal del cuerpo.

Caparazón articulado
El extremo del exoesqueleto es articulado, y puede mover la cola.

Pleópodos (patas natatorias)

Patas finas
El agua soporta casi todo su peso; por eso sus patas no son muy fuertes.

Ojos compuestos
Sus ojos están compuestos por centenares de espejuelos que recogen y enfocan la luz.

Ventilador de cola
El último segmento de la cola del bogavante tiene placas anchas que pueden abrirse y servirle de pala. Si lo agita, puede escapar hacia atrás con mucha facilidad.

Patas con pinza
Las pequeñas pinzas de las patas le ayudan a alimentarse.

Pinzas blindadas
Las pinzas y el caparazón, son las zonas más gruesas. La cobertura de las patas y la parte inferior es mucho más fina.

INVERTEBRADOS
BOGAVANTE
Homarus gammarus

Localización: Atlántico este, mar del Norte

Longitud: hasta 1 m

Dieta: invertebrados marinos

Pinza para cortar
Los bogavantes siempre tienen una pinza mayor que la otra. La pinza más pequeña está afilada para poder cortar las presas.

Un bogavante alimentándose de una estrella.

Largas antenas
El bogavante las usa para avanzar al tacto en la oscuridad.

Anténulas
Los dos pares de antenas pequeñas, o anténulas, detectan olores en el agua.

Si el bogavante pierde una **pinza, una pata o una antena,** estas le vuelven a crecer.

Pinza para romper
Una de sus pinzas es enorme, para agarrar y romper las presas.

Bogavante

El bogavante, con su gran armadura, se esconde en grietas del lecho marino rocoso, a la espera de cualquier presa. Aunque pese mucho, se mueve rápido para atrapar sus víctimas con sus potentes pinzas.

El bogavante es un tipo de crustáceo: un animal con el cuerpo dentro de un caparazón articulado, o exoesqueleto. Muchos crustáceos cuentan con un caparazón flexible, pero los caparazones más duros de bogavantes o cangrejos se refuerzan con minerales calcáreos y son una formidable armadura ante cualquier enemigo.

Larvas a la deriva

Las hembras de bogavante liberan miles de huevos en el agua, que eclosionan como pequeñas larvas y van a la deriva durante un mes, comiendo animales pequeños. Al final, cada larva se convierte en un diminuto bogavante que acaba en el lecho marino.

PULGA DE AGUA
Daphnia magna
Localización: Norteamérica
Longitud: hasta 5 mm

Las pequeñas pulgas de agua viven en charcas y arroyos, donde forman parte de la alimentación de los peces. Su caparazón es transparente a menudo, por lo que sus órganos internos son visibles.

BELLOTA DE MAR
Balanus glandula
Localización: costas del Atlántico norte
Longitud: hasta 2 cm

Aunque parecen moluscos, las bellotas de mar son parientes de las gambas. Cuando maduran, viven en rocas, les crece la concha y recogen comida con sus finas extremidades.

Dulce concha
La concha calcárea les da protección.

PIOJO DE LOS PECES
Argulus foliaceus
Localización: Europa, Asia, América
Longitud: hasta 7 mm

Los piojos de los peces son parásitos: criaturas que viven de otros animales. Utilizan sus dos ventosas para pegarse a un pez, le perforan las escamas con su boca afilada y chupan la sangre. También nadan para buscar nuevas víctimas.

COPÉPODO
Calanus glacialis
Localización: aguas árticas
Longitud: hasta 5 mm

Los copépodos viven por miles de millones en los océanos, donde se alimentan de algas. Acumulan grandes reservas de grasa para el frío, por lo que son una fuente de alimentación vital para los peces, aves marinas o ballenas gigantes.

Antenas curvas
Las antenas les sirven como remos para moverse en el agua.

GAMBA MANTIS PAVO REAL
Odontodactylus scyllarus
Localización: región indo-pacífica
Longitud: hasta 18 cm

Las gambas mantis son unos predadores únicos. Algunas tienen pinzas con puntas afiladas para arponear a los peces. Las pinzas de esta parecen puños: los utilizan para propinar puñetazos y matar las presas al instante.

Visión en 3D
Sus ojos saltones son ideales para ver a las presas.

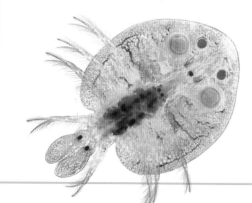

Pinzas asesinas
Sus enormes pinzas propinan el golpe más rápido del reino animal.

COCHINILLA
Armadillidium vulgare
Localización: Eurasia, Norteamérica
Longitud: hasta 18 mm

Bola defensiva
Se protege de los ataques haciéndose una bola.

La cochinilla, o «bicho bola», es uno de los pocos crustáceos terrestres. Su armadura segmentada le ayuda a conservar la humedad vital para su cuerpo, pero aun así no puede sobrevivir en sitios muy secos, por lo que cuando hace calor se esconde en lugares húmedos.

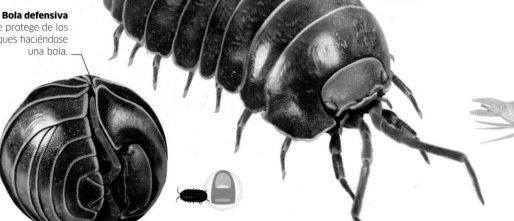

ANFÍPODO DE AGUAS PROFUNDAS
Eurythenes gryllus
Localización: océano Antártico
Longitud: hasta 15 cm

Los anfípodos son parientes de las gambas y viven en todos los mares y en agua dulce. Estos viven en las tinieblas de las profundidades oceánicas, donde se alimentan de restos de animales muertos.

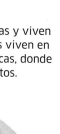

70.000 es el número aproximado de especies de crustáceos.

El mayor crustáceo conocido es el **cangrejo gigante japonés**, cuyas **pinzas** pueden alcanzar los **4 m.**

31

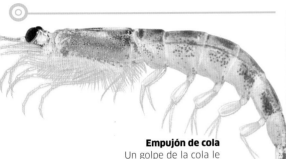

GAMBA BOXEADORA
Stenopus hispidus
Localización: región indo-pacífica
Longitud: hasta 6 cm

La gamba boxeadora es una limpiadora nata: se alimenta de parásitos y copos de piel muerta de los peces, que podrían comérsela con facilidad, pero sus servicios son de una gran ayuda para hacerle daño.

Empujón de cola
Un golpe de la cola le ayuda a nadar.

KRIL ANTÁRTICO
Euphausia superba
Localización: océano Antártico
Longitud: hasta 6 cm

El kril, de aspecto similar a las gambas, vive en bancos a merced de las corrientes oceánicas y come plancton. El kril antártico es la especie más abundante, y es la comida principal de pingüinos, focas y ballenas, incluido el animal más grande del planeta: la colosal ballena azul.

CANGREJO SEÑAL
Pacifastacus leniusculus
Localización: Norteamérica
Longitud: hasta 18 cm

Este crustáceo vive en ríos y lagos, donde come animales y plantas. Es autóctono de Norteamérica. Se introdujo en Europa, donde ha ocupado grandes territorios. Se considera una plaga.

Crustáceos

Los crustáceos son invertebrados con armadura y extremidades articuladas. Los más conocidos son los cangrejos y las gambas. Casi todos son marinos, pero algunos están adaptados para la vida terrestre.

Los crustáceos forman parte del gran grupo de los artrópodos. Su cuerpo no tiene huesos y se protegen con una piel muy dura: su esqueleto externo. Se mueven gracias a las articulaciones que unen las secciones rígidas de su caparazón.

Ojos elevados
Los grandes ojos cornudos se ocultan en el caparazón cuando descansa.

Ocho patas
Utiliza las patas para correr de lado.

CANGREJO ERMITAÑO
Pagurus bernhardus
Localización: Europa NE
Tamaño: concha ocupada, hasta 35 cm

En vez de fabricarse su propia armadura, el cangrejo ermitaño ocupa la concha de otro molusco. A medida que crece, abandona la concha y se busca una nueva más grande.

CANGREJO FANTASMA CORNUDO
Ocypode ceratophthalma
Localización: región indo-pacífica
Tamaño: Hasta 8 cm de caparazón

Este cangrejo tiene branquias como un pez, pero si las mantiene húmedas con agua del mar, puede respirar aire y conseguir comida durante la marea baja. Es muy rápido y, al ser del color de la arena, desaparece como un fantasma cuando se para.

A salvo
Ante cualquier ataque, el cangrejo se protege dentro.

Alicates sin piedad
Lo rompe todo con sus grandes pinzas.

1.200 km² es el **área** que puede cubrir una **nube de langostas.**

Langosta peregrina

Pese a ser conocida por volar en grandes nubes que destruyen con voracidad cualquier hoja verde y toda planta comestible a su paso, la langosta peregrina es solitaria e inofensiva la mayor parte de su vida.

Las langostas peregrinas son un tipo de saltamontes. Como todos ellos, suelen comer hierba y plantas. Pero cuando la comida escasea y la población se dispara, cambian de conducta y de color, y se convierten en un ejército imparable, normalmente en forma de nube gigante a la caza de comida.

Insaciable

La afilada boca de la langosta puede comer hojas, hierbas, semillas y otros vegetales duros. Cada ejemplar consume diariamente su propio peso en comida, por lo que una gran nube puede llegar a arrasar cualquier campo cultivado.

Gran ojo compuesto

A estirones

Las langostas son insectos con una piel dura como esqueleto. Cambian de piel cinco veces durante su crecimiento. En las cinco primeras etapas no tienen alas, solo saltan, mientras que en su etapa final adulta pueden volar. Si están solas, son de color verde.

Alas en desarrollo

SALTAMONTES

Patas articuladas
Las patas están compuestas por secciones rígidas con articulaciones flexibles.

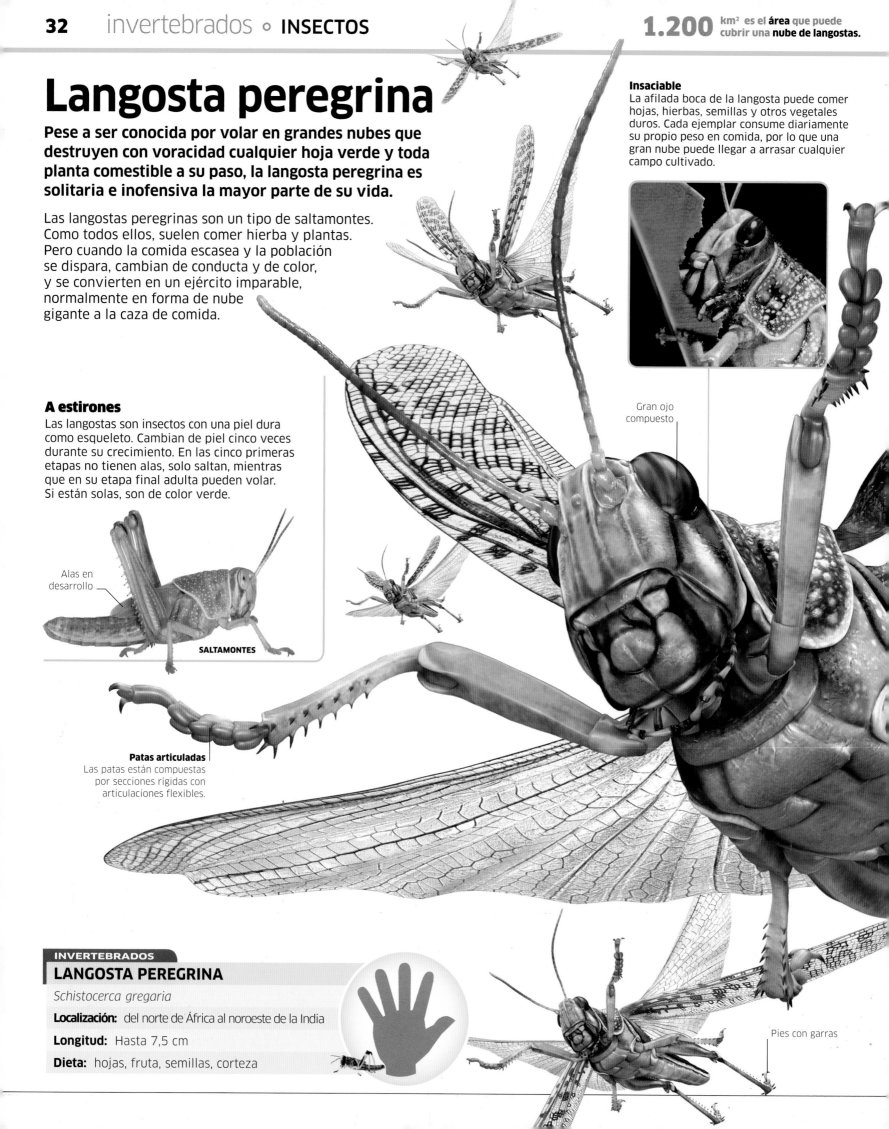

LANGOSTA PEREGRINA

Schistocerca gregaria

Localización: del norte de África al noroeste de la India

Longitud: Hasta 7,5 cm

Dieta: hojas, fruta, semillas, corteza

Pies con garras

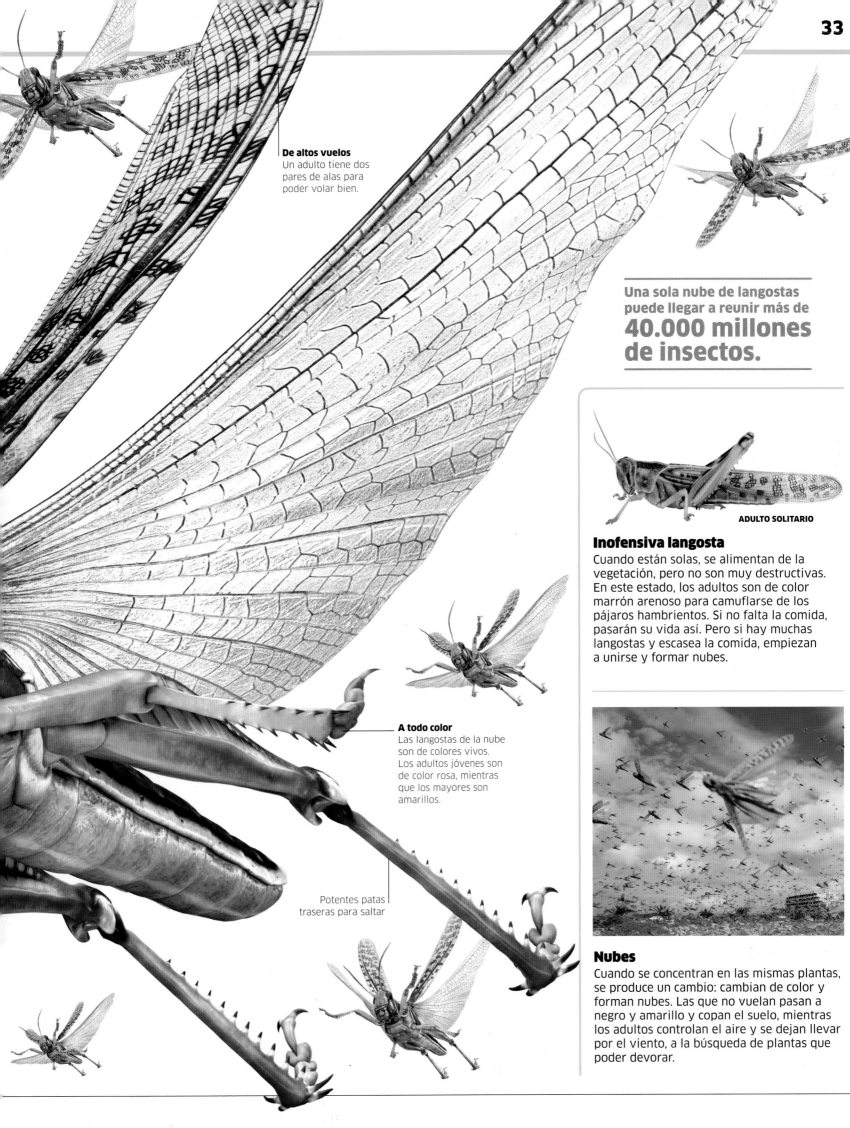

De altos vuelos
Un adulto tiene dos
pares de alas para
poder volar bien.

Una sola nube de langostas
puede llegar a reunir más de
40.000 millones
de insectos.

ADULTO SOLITARIO

Inofensiva langosta
Cuando están solas, se alimentan de la
vegetación, pero no son muy destructivas.
En este estado, los adultos son de color
marrón arenoso para camuflarse de los
pájaros hambrientos. Si no falta la comida,
pasarán su vida así. Pero si hay muchas
langostas y escasea la comida, empiezan
a unirse y formar nubes.

A todo color
Las langostas de la nube
son de colores vivos.
Los adultos jóvenes son
de color rosa, mientras
que los mayores son
amarillos.

Potentes patas
traseras para saltar

Nubes
Cuando se concentran en las mismas plantas,
se produce un cambio: cambian de color y
forman nubes. Las que no vuelan pasan a
negro y amarillo y copan el suelo, mientras
los adultos controlan el aire y se dejan llevar
por el viento, a la búsqueda de plantas que
poder devorar.

30.000 cristalinos tiene el ojo de una libélula.

Las libélulas llevan en la Tierra al menos 325 millones de años.

Libélula emperador

La libélula emperador, con su despliegue de colores, gran velocidad y espectacular agilidad en el aire, es uno de los insectos más cautivadores. Es un enemigo mortal para las moscas y los mosquitos: los caza en el aire y se los come en pleno vuelo.

Las libélulas y sus parientes, los caballitos del diablo, tienen cuerpos largos y ojos grandes. La libélula emperador es una de las libélulas más feroces: insectos grandes y potentes especializados en patrullar por el aire en busca de presas en lugar de atacar por sorpresa. Normalmente caza en charcas, lagos y arroyos; vuela por la superficie para atrapar presas voladoras con sus patas especializadas.

Ojazos
La libélula tiene unos enormes ojos compuestos, con miles de cristalinos microscópicos. Los tiene por toda la cabeza, como un casco, lo que le brinda una visión de 360 grados. Puede detectar presas en cualquier lugar y es muy difícil pillarla por sorpresa.

Alas especiales
Al contrario que otros insectos, las alas de la libélula baten de manera independiente. Esta característica la tienen algunos de los primeros insectos voladores, y supone una flexibilidad excepcional en el aire: puede volar hacia delante a gran velocidad, mantenerse en el aire e incluso volar atrás o de lado.

INVERTEBRADOS
LIBÉLULA EMPERADOR

Anax imperator

Localización: Europa, Asia central, norte de África

Longitud: hasta 8 cm

Dieta: insectos voladores

Nadie se escapa
Con pinzas curvas y afiladas al final de cada pata, ninguna presa se escapa.

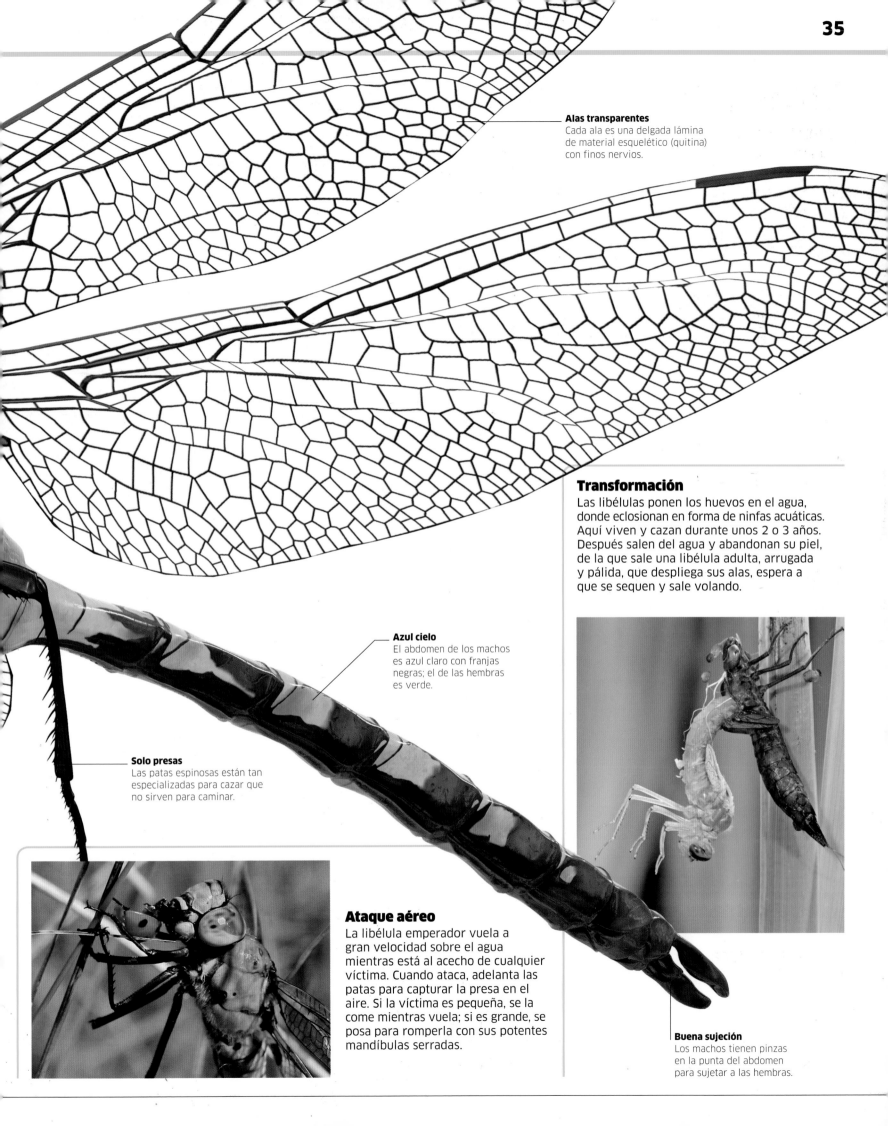

Alas transparentes
Cada ala es una delgada lámina de material esquelético (quitina) con finos nervios.

Transformación

Las libélulas ponen los huevos en el agua, donde eclosionan en forma de ninfas acuáticas. Aquí viven y cazan durante unos 2 o 3 años. Después salen del agua y abandonan su piel, de la que sale una libélula adulta, arrugada y pálida, que despliega sus alas, espera a que se sequen y sale volando.

Azul cielo
El abdomen de los machos es azul claro con franjas negras; el de las hembras es verde.

Solo presas
Las patas espinosas están tan especializadas para cazar que no sirven para caminar.

Ataque aéreo

La libélula emperador vuela a gran velocidad sobre el agua mientras está al acecho de cualquier víctima. Cuando ataca, adelanta las patas para capturar la presa en el aire. Si la víctima es pequeña, se la come mientras vuela; si es grande, se posa para romperla con sus potentes mandíbulas serradas.

Buena sujeción
Los machos tienen pinzas en la punta del abdomen para sujetar a las hembras.

Escarabajos

Casi un cuarto de todas las especies de animales conocidas son escarabajos y por eso se les considera los triunfadores del planeta. Se reconocen al instante por la protección dura y brillante de las alas.

Las protecciones de las alas, o élitros, como los llaman los científicos, son un par de alas duras que cubren las más delicadas cuando no se utilizan. Así, los escarabajos pueden merodear entre el follaje, escarbar túneles o incluso bucear sin perder la capacidad de volar. Y lo pueden hacer en una inmensidad de hábitats, donde comen cualquier tipo de alimentos, desde néctar de flores hasta restos de animales muertos.

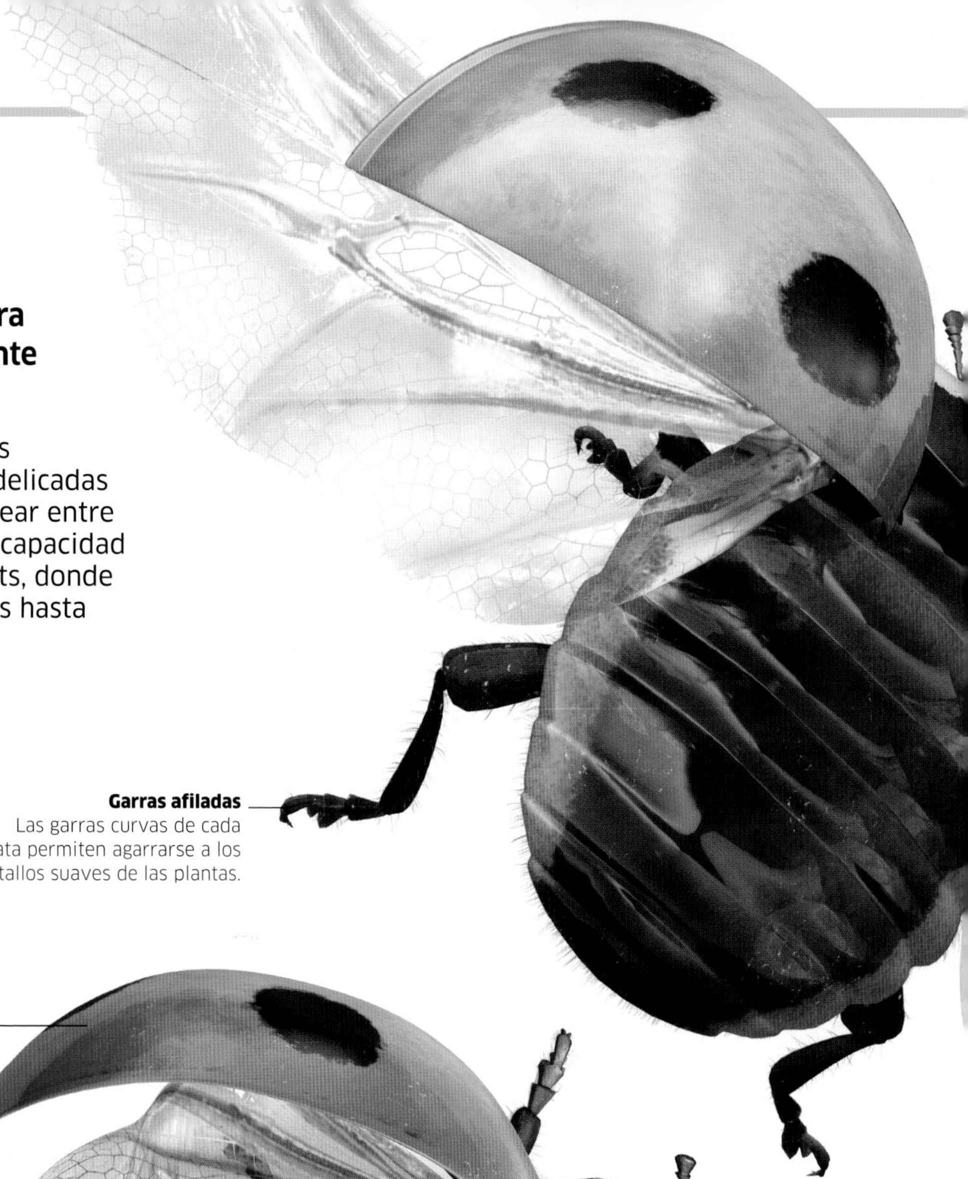

Garras afiladas
Las garras curvas de cada pata permiten agarrarse a los tallos suaves de las plantas.

De par en par
Las protecciones se abren para volar, y dan algo más de sustentación.

Sangre mala
En caso de ataque, la mariquita secreta un líquido amarillo nocivo por las articulaciones. El diseño colorido de su caparazón advierte a pájaros y otros enemigos de que sabe mal.

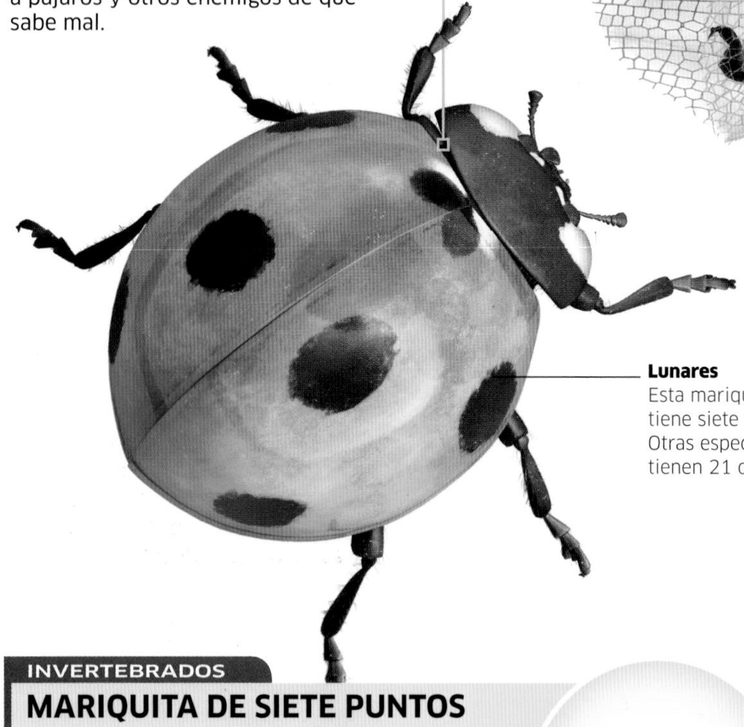

Lunares
Esta mariquita tiene siete lunares. Otras especies tienen 21 o más.

Una mariquita adulta puede comer hasta 75 pulgones en un solo día.

MARIQUITA DE SIETE PUNTOS

Coccinella septempunctata

Localización: Europa, Norteamérica

Longitud: hasta 1 cm

Dieta: pulgones

TAMAÑO REAL

Alas plegadas
Las alas, grandes y delicadas, se despliegan con gran rapidez.

El **escarabajo fósil más antiguo** tiene más de **300 millones de años**.

El **escarabajo más pesado del mundo** es el **escarabajo Goliat. Pesa hasta 100 g.**

370.000 son las **especies conocidas de escarabajos.**

37

Mariquita de siete puntos

Este escarabajo pequeño y colorido vive en jardines y bosques, y es un predador voraz. Tanto los adultos como su versión joven, sin alas, cazan insectos blandos pequeños, especialmente los áfidos como el pulgón.

Antenas
Las antenas cortas detectan olores y movimientos del aire.

GORGOJO DE LAS AVELLANAS
Curculio nucum
Localización: Europa
Longitud: hasta 9 mm

Su espectacular hocico tiene un mandíbula en la punta, que la hembra utiliza para perforar una avellana y poner un huevo dentro de ella. Así la larva tendrá comida cuando nazca.

ESCARABAJO DE ORO
Chrysina resplendens
Localización: América Central
Longitud: hasta 2 cm

Cuando la armadura de este escarabajo tropical americano refleja la luz parece metálica. Su hábitat natural es la selva tropical.

ESCARABAJO TIGRE DE SEIS MANCHAS
Cicindela sexguttata
Localización: Norteamérica
Longitud: hasta 1,5 cm

En proporción a su tamaño, este feroz cazador es más rápido que cualquier animal: en un segundo, cubre 125 veces su longitud. Sus presas son otros insectos en bosques de hoja ancha.

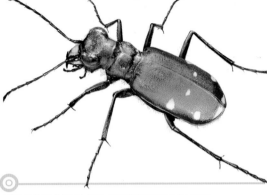

ESCARABAJO ENTERRADOR
Nicrophorus americanus
Localización: EE. UU.
Longitud: hasta 4 cm

Este escarabajo es uno de muchos parecidos que buscan cadáveres de animales más grandes, entre la hierba o matorrales, y los entierran. Entonces las hembras ponen huevos en los despojos para que sus hijos tengan comida cuando eclosionen.

CIERVO VOLANTE
Lucanus cervus
Localización: Europa
Longitud: hasta 7,5 cm

Ganchos de escalada
Los escarabajos pueden escalar la corteza de los árboles gracias a sus garras en forma de gancho.

Postureo
Pese a su tamaño, las mandíbulas no muerden con fuerza.

Alas ocultas
Las protecciones ocultan unas alas largas para volar cuando busca pareja.

Las llamativas mandíbulas del macho no son para cazar, sino para luchar con otros machos. También se utilizan durante el cortejo para impresionar a las hembras.

ESCARABAJO BUCEADOR
Dytiscus marginalis
Localización: Europa, norte de Asia
Longitud: hasta 3,5 cm

Este cazador acuático vive en charcas, lagos y ríos, y come peces pequeños y otras presas gracias a sus patas peludas. Lleva una reserva de aire bajo las protecciones de las alas para poder respirar.

Mosquito de la malaria

El animal más letal del planeta no es un tiburón o una serpiente, sino un pequeño mosquito que chupa sangre: el mosquito de la malaria. Los parásitos de su cuerpo son responsables de matar como mínimo a un millón de personas cada año.

Los mosquitos son moscas finas de dos alas con una costumbre irritante: las hembras chupan la sangre de animales más grandes en búsqueda de los nutrientes necesarios para hacer huevos. Hay mosquitos molestos por todo el mundo. Pero algunas especies tropicales del género *Anopheles* contagian enfermedades graves, y la más letal de ellas: la malaria. El parásito de la malaria infecta los glóbulos rojos de la víctima y le provoca una fiebre que puede ser mortal.

Vampiro

La hembra vuela de noche y detecta sus víctimas por el aliento y el calor corporal. A menudo aterriza y pica sin ser detectada, lo que le permite saciarse de sangre de la víctima. Tras ese menú, el abdomen se llena de huevos en dos o tres días. Entonces pone los huevos en el agua.

Escutelo
Una coraza dura, el escutelo, cubre el tórax del mosquito.

Alas

Posición para comer
Cuando come, el mosquito levanta las patas traseras.

Abdomen barrigón
El cuerpo puede hincharse para que quede el triple del peso del mosquito en sangre.

Pelos sensibles
Detectan movimientos del aire y advierten de peligros. Cualquier movimiento estimula las terminaciones nerviosas de la base capilar.

INVERTEBRADOS
MOSQUITO DE LA MALARIA
Anopheles gambiae

Localización: África

Longitud: hasta 8 mm

Dieta: néctar y sangre

TAMAÑO REAL

200 millones de personas **contraen malaria** cada año **en el mundo.**

Un **mosquito** hembra adulto solo vive **dos semanas,** como mucho.

Hay **3.500 especies conocidas** de mosquitos, pero solo unas **30 son portadores** de malaria.

39

Antenas finas
Esta hembra tiene antenas con hilos. Los inofensivos machos tienen antenas más sensibles, con plumas, para detectar las hembras.

Palpos sensibles
Los palpos largos tienen sensores para detectar sus víctimas.

Algunas especies de mosquitos tropicales contagian otras enfermedades: **fiebre amarilla, virus del Nilo Occidental o dengue.**

Ojos modificados
Los científicos intentan modificar algunos de sus genes para que no contagien la malaria. Para identificar a los modificados, les ponen los ojos verdes.

Patas finas
Como cualquier insecto adulto, los mosquitos tienen seis patas.

Funda protectora
Cuando el mosquito perfora la piel de la víctima para comer, la funda se aparta.

Herramienta de precisión
Esta imagen en falso color revela la cantidad de estiletes afilados en la punta de la probóscide cuando sale de la funda protectora. La punta sensible de la funda puede detectar una vena debajo de la piel de la víctima.

Probóscide larga
La boca del mosquito, con su forma de pajita, sirve para sorber sangre o el néctar de las flores.

La **mariposa más grande**, la mariposa alas de pájaro, tiene una **envergadura** de hasta 27 cm.

MARIPOSA DE CRISTAL
Greta oto
Localización: América Central
Envergadura: hasta 6 cm

La mayoría de mariposas tienen las alas cubiertas de escamas de color, pero esta mariposa de la selva tropical de América Central solo tiene escamas en el borde de las alas; el resto es transparente, como el cristal. Así consigue ser casi invisible ante sus predadores.

MONARCA
Danaus plexippus
Localización: Europa, Américas, Australasia
Envergadura: hasta 11 cm

La grande y poderosa monarca es famosa por sus vuelos migratorios: en Norteamérica, sube hacia el noreste durante el verano, y después vuelve atrás hacia California y México para pasar el invierno.

Ojo con los colores
El naranja brillante avisa a los pájaros de que son tóxicas.

MARIPOSA LUNA
Actias luna
Localización: Norteamérica
Envergadura: hasta 11,5 cm

Como otras mariposas y polillas, la vida de adulto de la mariposa luna es muy corta. Pasa casi toda su vida en forma de oruga; el adulto, con sus preciosas alas, vive solo una semana: el tiempo justo para aparearse y poner huevos. No come, sino que vive de los nutrientes que almacenó cuando era oruga.

Mariposas y polillas

Las mariposas, con su vuelo grácil y sus alas grandes y a veces de colores brillantes, están entre los insectos más atractivos. Sus rivales directos son las polillas: parientes cercanos que comparten el mismo estilo de vida a base de néctar.

Aunque se parecen mucho, las mariposas vuelan de día, al contrario que las polillas, que lo hacen de noche y pasan el día ocultas de los pájaros con su camuflaje. Todas empiezan siendo orugas blandas con un apetito voraz antes de convertirse en adultos alados de vida breve.

ESFINGE COLIBRÍ
Macroglossum stellatarum
Localización: Eurasia, Norteamérica
Envergadura: hasta 4,5 cm

La esfinge colibrí vive en bosques y campos, y tiene la extraña costumbre de volar de día. Su nombre se debe al modo que tiene de detenerse en pleno vuelo para libar néctar dulce, como un colibrí tropical. Puede volar muy lejos para buscar comida.

Caña para el néctar
Una larga lengua (probóscide) para libar las flores.

CATOCALA NUPCIAL
Catocala nupta
Localización: Europa
Envergadura: hasta 8 cm

La mayoría de polillas vuelan de noche y se ocultan de día. Esta hace lo mismo, pero al volar muestra sus alas traseras rojas para confundir a los pájaros, que no la encuentran cuando vuelve a ocultarlas.

Antenas largas

ALAS DE PÁJARO DE CAIRNS
Ornithoptera euphorion

Localización: Australasia
Envergadura: hasta 15 cm

Las mariposas alas de pájaro tropicales son las mayores del mundo; y tienen un vuelo como el de los pájaros. Suelen visitar los jardines del noreste de Australia, donde liban el néctar de las flores de hibisco.

Escamas en las alas
Unas minúsculas escamas de color que se solapan como las tejas de un tejado forman los dibujos de las alas. Con el tiempo, las escamas se van perdiendo, por lo que cuanto más vieja es una mariposa, menos color tiene. Todas las mariposas y polillas tienen escamas.

Antenas con botón
La bella dama tiene antenas largas y acabadas en un botón ancho.

Alas veloces
Las mariposas baten con calma sus alas al volar. Las polillas, en cambio, las mueven tan rápido que parecen algo borroso.

Néctar delicioso
La mariposa utiliza una probóscide larga y hueca para libar el néctar dulce y energético de las flores. Si no la necesita, la enrolla.

Bella dama
Muchas mariposas viven en lugares muy concretos, pero es muy habitual ver a la bella dama en áreas abiertas y secas. También realiza largos vuelos migratorios a la búsqueda de buenos sitios para aparearse. Dispone de seis patas, pero mantiene el primer par plegado contra el cuerpo.

INVERTEBRADOS
BELLA DAMA
Vanessa cardui

Localización: Europa, Asia, América N, África

Envergadura: hasta 7,5 cm

Dieta: los adultos beben néctar

Abeja melífera

Las abejas melíferas reciben este nombre porque convierten el néctar dulce de las flores en miel, y son cruciales por llevar el polen y polinizar las plantas. Si no existieran las abejas, algunas plantas tendrían problemas para sobrevivir.

Las abejas son avispas vegetarianas: en lugar de cazar insectos, recogen néctar dulce y polen rico en proteínas, que almacenan en la colmena. Algunas viven en solitario, pero las abejas melíferas forman grandes colonias con una única reina. Es la madre de miles de abejas obreras que construyen el nido, recogen néctar y polen, y hacen miel regurgitando el néctar para que la colonia pueda comer durante el invierno.

Cesta de polen
La abeja transporta el polen en un conjunto de pelos de las patas traseras.

Pies con garras
Cada pie tiene garras afiladas para agarrarse a los pétalos.

Aguijón serrado
Las obreras tienen un aguijón serrado y afilado conectado a una glándula de veneno, para defender la colonia. Si pica a un mamífero, el aguijón se pega en la piel de la víctima. Al separarse la abeja, el aguijón se desgarra de su cuerpo y muere.

REINA   ZÁNGANO   OBRERA

Colonia de abejas

Aunque la reina no sea mucho mayor que las otras abejas, puede poner miles de huevos por día. Cada huevo ocupa una celda del panal, donde eclosiona en forma de larva sin patas. Algunas larvas se convertirán en reinas o «zángano» macho, pero la mayoría serán obreras hembra estériles. La función de los zánganos es aparearse con la reina de otra colonia.

250 veces **bate las alas por segundo** una abeja. Eso es lo que produce **su zumbido.**

2.000 huevos **puede poner la abeja** reina cada día **en primavera.**

43

Ojos compuestos
Los ojos compuestos, con muchos cristalinos minúsculos, captan bien el color de las flores ricas en néctar.

INVERTEBRADOS

ABEJA MELÍFERA

Apis mellifera

Localización: por todo el planeta

Longitud: hasta 1,5 cm (obrera)

Dieta: néctar y polen

TAMAÑO REAL

Antenas sensibles
Cada antena tiene miles de sensores de olor para encontrar las flores fragantes.

Acopio de polen
Recoge el polen de las flores con los pelos de su cuerpo.

Probóscide
Cuando la abeja se posa en una flor, desenrolla una probóscide tubular que funciona como una pajita. La utiliza para chupar el néctar hasta una parte de su sistema digestivo: el buche. Cuando lo llena, vuelve a la colonia, donde pasa el néctar a otras abejas. Estas, a su vez, lo convierten en miel.

Alas
Durante el vuelo, unos pequeños ganchos unen los dos pares de alas, que baten así al unísono.

Patas peludas
Las patas tienen peines de pelo para cepillar el polen del cuerpo y colocarlo en las cestas de polen.

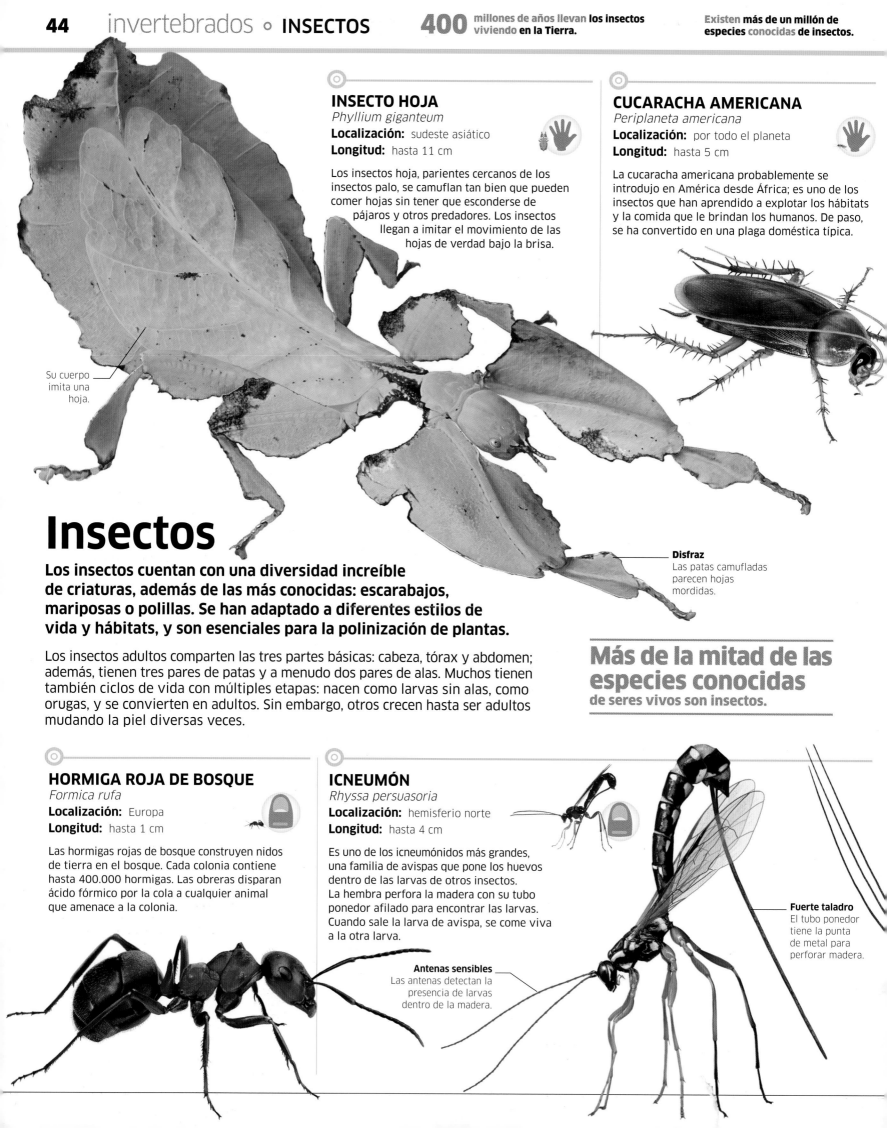

Insectos

Los insectos cuentan con una diversidad increíble de criaturas, además de las más conocidas: escarabajos, mariposas o polillas. Se han adaptado a diferentes estilos de vida y hábitats, y son esenciales para la polinización de plantas.

Los insectos adultos comparten las tres partes básicas: cabeza, tórax y abdomen; además, tienen tres pares de patas y a menudo dos pares de alas. Muchos tienen también ciclos de vida con múltiples etapas: nacen como larvas sin alas, como orugas, y se convierten en adultos. Sin embargo, otros crecen hasta ser adultos mudando la piel diversas veces.

INSECTO HOJA
Phyllium giganteum
Localización: sudeste asiático
Longitud: hasta 11 cm

Los insectos hoja, parientes cercanos de los insectos palo, se camuflan tan bien que pueden comer hojas sin tener que esconderse de pájaros y otros predadores. Los insectos llegan a imitar el movimiento de las hojas de verdad bajo la brisa.

Su cuerpo imita una hoja.

Disfraz
Las patas camufladas parecen hojas mordidas.

CUCARACHA AMERICANA
Periplaneta americana
Localización: por todo el planeta
Longitud: hasta 5 cm

La cucaracha americana probablemente se introdujo en América desde África; es uno de los insectos que han aprendido a explotar los hábitats y la comida que le brindan los humanos. De paso, se ha convertido en una plaga doméstica típica.

Más de la mitad de las especies conocidas de seres vivos son insectos.

HORMIGA ROJA DE BOSQUE
Formica rufa
Localización: Europa
Longitud: hasta 1 cm

Las hormigas rojas de bosque construyen nidos de tierra en el bosque. Cada colonia contiene hasta 400.000 hormigas. Las obreras disparan ácido fórmico por la cola a cualquier animal que amenace a la colonia.

ICNEUMÓN
Rhyssa persuasoria
Localización: hemisferio norte
Longitud: hasta 4 cm

Es uno de los icneumónidos más grandes, una familia de avispas que pone los huevos dentro de las larvas de otros insectos. La hembra perfora la madera con su tubo ponedor afilado para encontrar las larvas. Cuando sale la larva de avispa, se come viva a la otra larva.

Antenas sensibles
Las antenas detectan la presencia de larvas dentro de la madera.

Fuerte taladro
El tubo ponedor tiene la punta de metal para perforar madera.

Los insectos fueron los **primeros en volar**. El insecto volador **más antiguo** vivió hace **300 millones de años**.

Los **insectos** viven en **cualquier tipo** de hábitat terrestre y agua dulce, **pero muy pocos** viven en **mares y océanos**.

45

PULGA DEL CONEJO
Spilopsyllus cuniculi
Localización: hemisferio norte
Longitud: hasta 1 mm

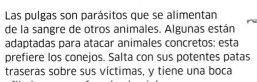

Las pulgas son parásitos que se alimentan de la sangre de otros animales. Algunas están adaptadas para atacar animales concretos: esta prefiere los conejos. Salta con sus potentes patas traseras sobre sus víctimas, y tiene una boca afilada para perforarles la piel.

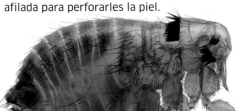

SÍRFIDO
Syrphus ribesii
Localización: Europa
Longitud: hasta 1,3 cm

Existen diversas especies de sírfidos, los cuales son grandes voladores: pueden volar adelante, atrás, de lado o pararse en el aire. Se alimentan de néctar y son inofensivos, pero tienen las mismas marcas que las avispas para ahuyentar a pájaros y otros predadores.

Grandes ojos compuestos

MOSCA DE MAYO
Ephemera danica
Localización: Europa
Longitud: hasta 2,5 cm

Las moscas de mayo son famosas por tener una breve etapa adulta. Esta especie es adulta durante pocos días, los suficientes para encontrar pareja. Sin embargo, su vida como larva es mucho más larga: hasta tres años debajo del agua antes de salir a la superficie.

SALTAMONTES VERDE PUNTEADO
Leptophyes punctatissima
Localización: Europa
Longitud: hasta 3 cm

También conocidos como longicornios, son parientes de los saltamontes. Tienen unas patas traseras largas para saltar, pero casi nunca lo hacen: prefieren encaramarse por los arbustos para comer. Esta especie no vuela. Esta hembra tiene un órgano curvo para poner huevos.

CRISOPA VERDE
Chrysopa perla
Localización: Europa
Longitud: hasta 1,3 cm

La crisopa verde, con sus delicadas venas vistosas en las grandes alas, es un predador feroz que caza insectos pequeños. Sus larvas hacen lo mismo, y son importantes para controlar plagas de las plantas, como el pulgón.

Visión binocular
Sus ojos tan separados le permiten atacar con precisión quirúrgica.

Trampa mortal
Las espinas de las patas hacen casi imposible la huida.

TERMITA GUERRERA
Macrotermes bellicosus
Localización: África
Longitud: soldado hasta 2,5 cm

Esta termita vive en colonias grandes, todas con una única reina. Construyen nidos altos de barro, en forma de columna, que defienden los soldados. Las obreras, más pequeñas, recogen hierba y la utilizan como compuesto para cultivar hongos comestibles.

CIGARRA PERIÓDICA
Magicicada septendecim
Localización: EE. UU.
Longitud: hasta 4 cm

Las cigarras pasan gran parte de su vida enterradas en forma de ninfas y aparecen como adultas con alas para aparearse. La mayoría aparecen cada año, pero la cigarra periódica americana lo hace cada 13 o 17 años, y desaparece otra vez.

MANTIS
Mantis religiosa
Localización: Europa central y meridional
Longitud: hasta 7,5 cm

La más conocida entre los mántidos, este temible predador captura otros insectos con sus patas delanteras potentes y con pinchos, les arranca la cabeza de un mordisco y se los come. Espera a sus presas en reposo absoluto y, cuando están a tiro, las atrapa en un abrir y cerrar de ojos.

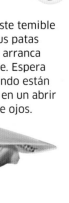

El **ciempiés gigante** espera colgado del techo de una cueva **para capturar murciélagos.**

El **ciempiés se enrosca alrededor de los huevos** para **protegerlos** de predadores.

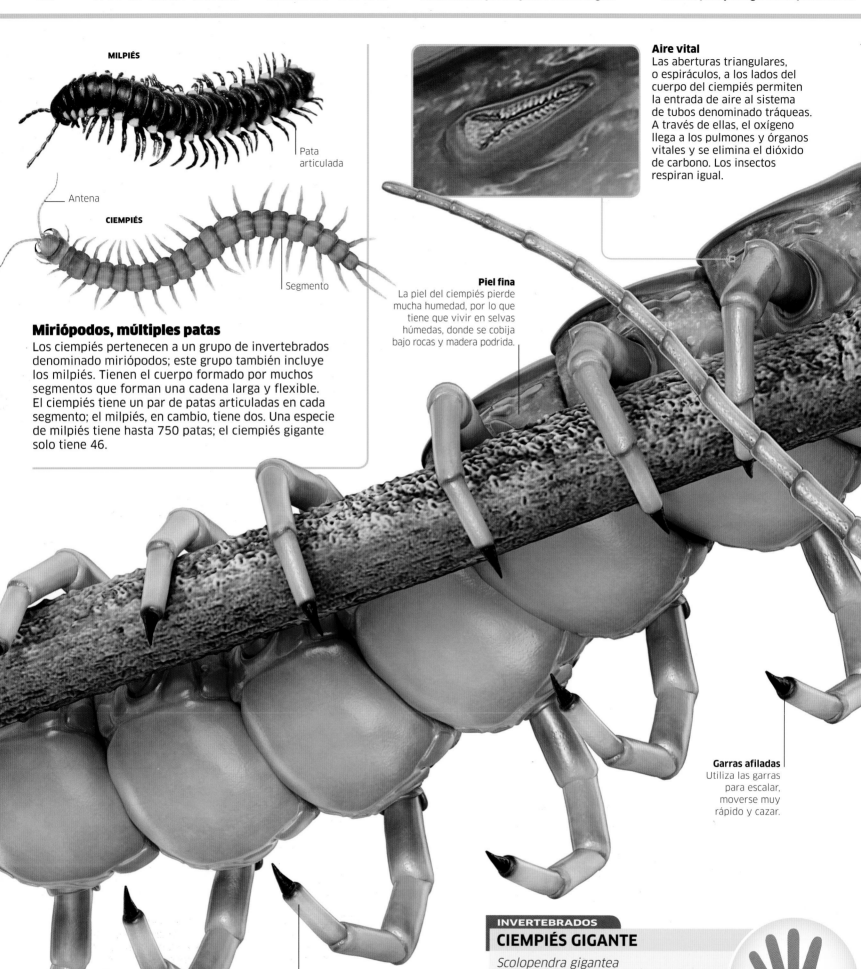

MILPIÉS

Pata articulada

Antena

CIEMPIÉS

Segmento

Aire vital
Las aberturas triangulares, o espiráculos, a los lados del cuerpo del ciempiés permiten la entrada de aire al sistema de tubos denominado tráqueas. A través de ellas, el oxígeno llega a los pulmones y órganos vitales y se elimina el dióxido de carbono. Los insectos respiran igual.

Miriópodos, múltiples patas

Los ciempiés pertenecen a un grupo de invertebrados denominado miriópodos; este grupo también incluye los milpiés. Tienen el cuerpo formado por muchos segmentos que forman una cadena larga y flexible. El ciempiés tiene un par de patas articuladas en cada segmento; el milpiés, en cambio, tiene dos. Una especie de milpiés tiene hasta 750 patas; el ciempiés gigante solo tiene 46.

Piel fina
La piel del ciempiés pierde mucha humedad, por lo que tiene que vivir en selvas húmedas, donde se cobija bajo rocas y madera podrida.

Garras afiladas
Utiliza las garras para escalar, moverse muy rápido y cazar.

Oleadas de patas
Las patas se mueven en forma de olas, de la cabeza a la cola.

INVERTEBRADOS
CIEMPIÉS GIGANTE
Scolopendra gigantea

Localización: Sudamérica

Longitud: hasta 30 cm

Dieta: pequeños animales

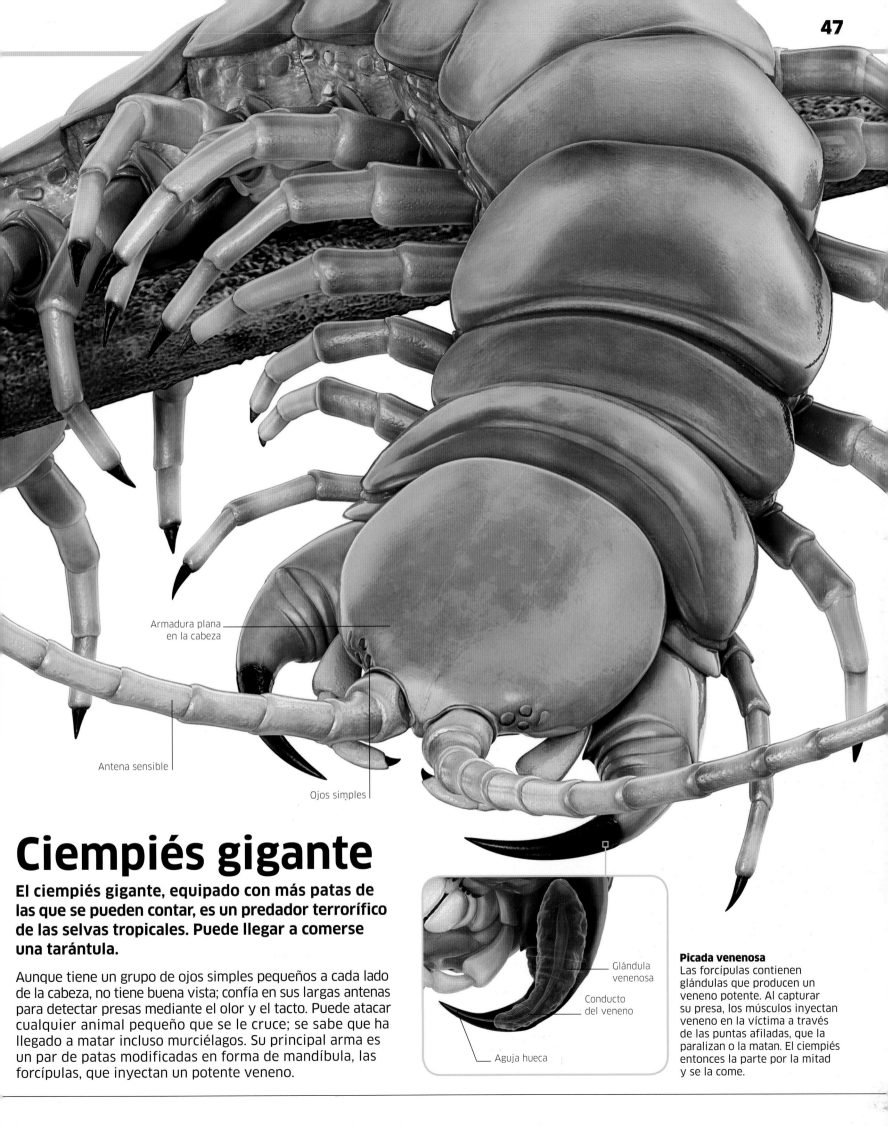

Armadura plana
en la cabeza

Antena sensible

Ojos simples

Ciempiés gigante

El ciempiés gigante, equipado con más patas de las que se pueden contar, es un predador terrorífico de las selvas tropicales. Puede llegar a comerse una tarántula.

Aunque tiene un grupo de ojos simples pequeños a cada lado de la cabeza, no tiene buena vista; confía en sus largas antenas para detectar presas mediante el olor y el tacto. Puede atacar cualquier animal pequeño que se le cruce; se sabe que ha llegado a matar incluso murciélagos. Su principal arma es un par de patas modificadas en forma de mandíbula, las forcípulas, que inyectan un potente veneno.

Glándula
venenosa

Conducto
del veneno

Aguja hueca

Picada venenosa
Las forcípulas contienen glándulas que producen un veneno potente. Al capturar su presa, los músculos inyectan veneno en la víctima a través de las puntas afiladas, que la paralizan o la matan. El ciempiés entonces la parte por la mitad y se la come.

Las tarántulas **tejen una línea de seda** en la **entrada de la madriguera**. Se trata de un sensor que les avisa de que se acerca **una presa**.

Tarántula de anillos rojos

La tarántula de anillos rojos, una de las más grandes, es un cazador que captura pequeños animales cerca de su madriguera por la noche. La araña sale disparada y le inyecta un veneno paralizante con sus colmillos.

Las tarántulas son arañas con cuerpos grandes y peludos que cazan insectos grandes. Como cualquier araña, tiene ocho patas en la parte frontal del cuerpo y una boca con un par de afilados colmillos. No obstante, sus colmillos, en lugar de cerrarse, como hacen la mayoría de arañas, sirven para clavarse abajo como un puñal.

INVERTEBRADOS

TARÁNTULA DE ANILLOS ROJOS

Brachypelma smithi

Localización: sudeste de México

Longitud: cuerpo de hasta 10 cm

Dieta: pequeños animales

Amenaza a la vista
La tarántula se apoya sobre las patas traseras y levanta las delanteras para mostrar sus colmillos a los enemigos.

Patas articuladas
Cada pata está compuesta por siete segmentos rígidos unidos por articulaciones flexibles rojas, que son las que le dan su nombre.

Tacto sensible
La araña tiene los órganos sensoriales concentrados en los pies: tienen un extremo sensible a olores y gustos y unos pelos finos que detectan movimientos del aire y vibraciones del suelo. Dos garras afiladas en la punta de cada pata le sirven para caminar.

Pelos sensibles

Garras afiladas

Cuerpo bulboso
El cuerpo tiene dos secciones principales, unidas por una cintura estrecha. La parte bulbosa trasera es el abdomen. La parte delantera, o prosoma, combina la cabeza y el tórax.

Las tarántulas jóvenes de anillos rojos **mudan de piel cada dos** semanas durante los cuatro primeros meses.

30 **años** puede vivir la tarántula de anillos rojos hembra. Los machos **viven** **mucho menos.**

La **picada** de la tarántula es **venenosa**, pero su efecto sobre los humanos **no es peor que el de una picada de abeja.**

49

Pedipalpos
Estos sensores en forma de pata en cada lado de la boca sirven para probar y oler, e incluso para sujetar a las presas.

Ocho ojos
La araña tiene ocho ojos pequeños sobre el cuerpo. Sus ojos solo tienen un cristalino, al contrario que los ojos compuestos de los insectos; aunque algunas arañas tienen una vista excelente, esta es algo corta de vista y se fía de los otros sentidos para detectar insectos, lagartos y ratones.

Colmillos venenosos
Los colmillos afilados al final de los quelíceros inyectan veneno para paralizar a las presas.

Boca musculada
La tarántula tiene un par de estructuras articuladas, los quelíceros, que sirven para convertir las presas en un triturado que se pueda comer.

Seda de araña
Todas las arañas hacen seda, y algunas la utilizan para tejer telarañas. La tarántula de anillos rojos la utiliza para recubrir su madriguera. La hembra la utiliza para hacer un colchón donde poner los huevos. Después le da forma de bola para proteger los huevos y sus crías.

Defensa espinosa
La mayoría de arañas se defienden picando; la tarántula tiene una táctica distinta: tiene el abdomen repleto de pelos muy finos y espinosos que puede lanzar a la cara de su atacante. Los pelos se clavan en los ojos y la nariz, y provocan una gran irritación.

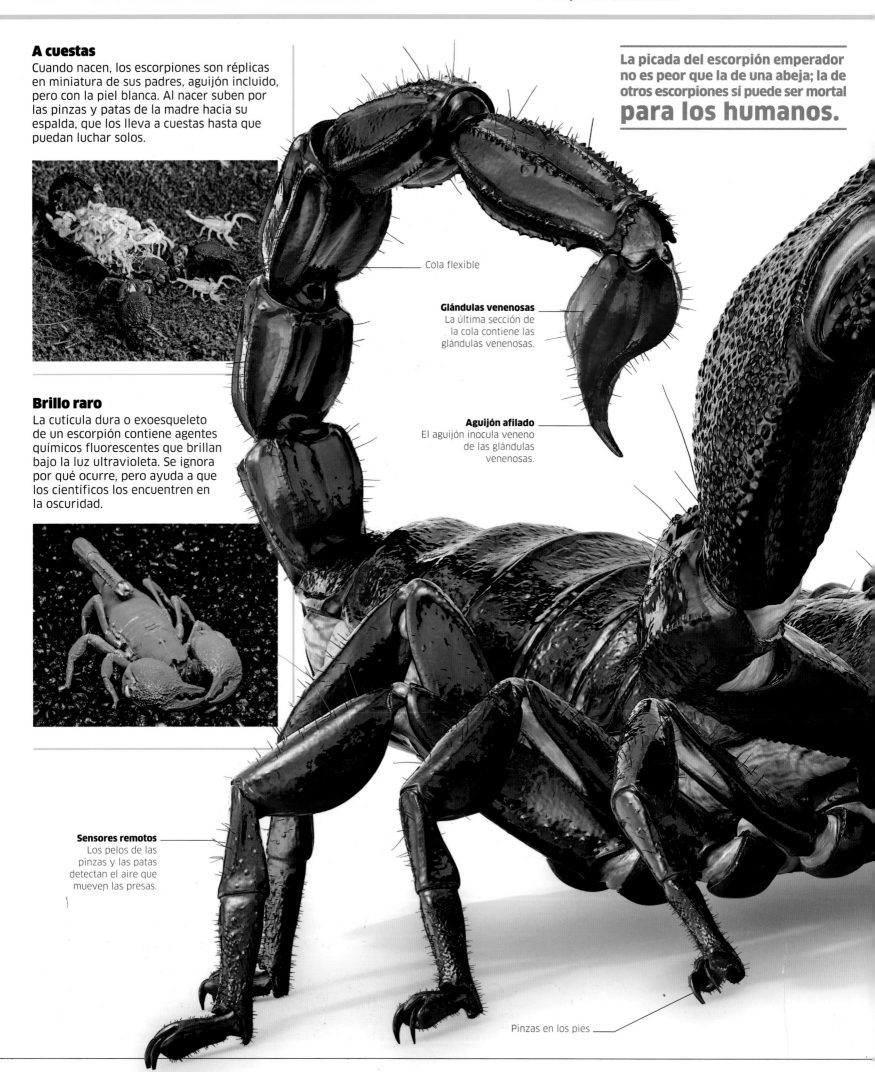

A cuestas

Cuando nacen, los escorpiones son réplicas en miniatura de sus padres, aguijón incluido, pero con la piel blanca. Al nacer suben por las pinzas y patas de la madre hacia su espalda, que los lleva a cuestas hasta que puedan luchar solos.

La picada del escorpión emperador no es peor que la de una abeja; la de otros escorpiones sí puede ser mortal **para los humanos.**

Brillo raro

La cutícula dura o exoesqueleto de un escorpión contiene agentes químicos fluorescentes que brillan bajo la luz ultravioleta. Se ignora por qué ocurre, pero ayuda a que los científicos los encuentren en la oscuridad.

Cola flexible

Glándulas venenosas
La última sección de la cola contiene las glándulas venenosas.

Aguijón afilado
El aguijón inocula veneno de las glándulas venenosas.

Sensores remotos
Los pelos de las pinzas y las patas detectan el aire que mueven las presas.

Pinzas en los pies

30 gramos **de peso puede alcanzar una escorpión hembra embarazada.**

Una **escorpión emperador madre** puede llevar **hasta 30 crías** a cuestas.

51

Armas pesadas
Sus grandes pinzas y sus músculos potentes atrapan y aplastan a las presas.

Mandíbulas afiladas
Con mandíbulas como alicates, los quelíceros, traen las presas hasta la boca, donde son licuadas.

Ojos con un cristalino
Los ojos del escorpión no ofrecen una visión nítida, pero son sensibles a la luz y a la oscuridad.

Cuerpo con armadura
Un exoesqueleto duro protege el cuerpo del escorpión. Muda de piel a medida que crece durante toda la vida.

Se pueden mover gracias a la piel flexible de las articulaciones.

INVERTEBRADOS
ESCORPIÓN EMPERADOR
Pandinus imperator

Localización: África occidental

Longitud: hasta 20 cm

Dieta: animales pequeños

Detectores de vibración
El escorpión tiene bajo su cuerpo un par de órganos sensoriales en forma de peine: las pectinas. Si los coloca en el suelo, nota el más mínimo temblor de cualquier animal pequeño cercano en la oscuridad.

Escorpión emperador

Armado con un enorme par de pinzas y un aguijón en la cola, el escorpión emperador patrulla de noche por el bosque. Es uno de los mayores y caza casi exclusivamente al tacto: detecta las presas por la vibración del suelo.

Aunque parezca un bogavante, es un arácnido, un pariente de las arañas. En lugar de colmillos venenosos tiene un aguijón en la cola, que arquea por encima de la cabeza para apuñalar a las presas. Aun así, el emperador es tan fuerte que es capaz de destrozar a sus víctimas, por lo que casi nunca pica.

La araña **más rápida es la araña doméstica gigante**, capaz de correr a **50 cm por segundo**.

ARAÑA OGRO
Deinopis subrufa
Localización: Australia
Longitud del cuerpo: hasta 2,5 cm

Esta araña australiana utiliza sus ojos enormes para buscar presas de noche; lo hace con un poco de telaraña en las patas delanteras. Si un insecto se acerca, la araña estira la tela y la suelta para enmarañarlo en su trampa.

Arácnidos

Este grupo de arañas, escorpiones y sus parientes de ocho patas incluye los cazadores más especializados del planeta, con venenos potentes para someter a las presas.

Muchos arácnidos se alimentan de otros animales, cazándolos o atrapándolos, o incluso chupándoles la sangre. Unos pocos atacan con fuerza bruta para matar, pero las arañas tienen veneno, y los escorpiones verdaderos un aguijón en la cola. No pueden comer sólido, por lo que licuan los tejidos blandos de las presas con jugos gástricos, y después se beben la sopa resultante; solo queda la piel vacía.

Telaraña mortal
La trampa elástica está hecha de seda elástica y puede alcanzar hasta 10 veces su tamaño original.

ARAÑA TIGRE
Argiope bruennichi
Localización: Europa
Longitud del cuerpo: hasta 1,8 cm

Diversas arañas atrapan insectos con la clásica telaraña en espiral. Este arácnido teje su telaraña en la hierba, cerca del suelo, un sitio ideal para atrapar los saltamontes.

ARAÑA CANGREJO
Misumena vatia
Localización: Norteamérica, Europa
Longitud del cuerpo: hasta 1,1 cm

TAMAÑO REAL

En lugar de tejer una telaraña, se pasea por los pétalos de las flores para emboscar a los insectos. Tiene rayas rosas y puede pasar del color blanco al amarillo para camuflarse mejor en la flor.

ARAÑA BALSA
Dolomedes fimbriatus
Localización: Europa
Longitud del cuerpo: hasta 2,2 cm

La araña balsa caza en el agua, apoya su peso sobre su superficie. Detecta las presas por las olas del agua y se desplaza por la superficie para atraparlas.

3.250 personas **mueren por picada de escorpión** en el mundo **cada año.**

30 cm de envergadura tiene la **araña doméstica gigante**, la más **grande** de todas.

53

ARAÑA ACUÁTICA
Argyroneta aquatica

Localización: Europa, Asia central
Longitud del cuerpo: hasta 1,5 cm

Esta araña es la única que vive debajo del agua, pero tiene que respirar aire, que recoge en la superficie y lleva en una burbuja plateada alrededor del cuerpo. Teje una tela en forma de campana debajo del agua, la cual rellena con aire. Allí vivirán sus crías.

ARAÑA LINCE VERDE
Peucetia viridans

Localización: Norteamérica
Longitud del cuerpo: hasta 2,2 cm

Algunas arañas van al acecho de las presas en lugar de tejer trampas. Esta araña americana es un veloz cazador que salta sobre sus víctimas como un gato.

Patas segmentadas
Todos los arácnidos tienen ocho patas.

ARAÑA SALTADORA REGIA
Phidippus regius

Localización: Norteamérica SE
Longitud del cuerpo: hasta 2,2 cm

Las arañas saltadoras detectan la presa con sus grandes ojos, calculan su movimiento y le saltan encima con una picada mortal. Casi todas son pequeñas, de patas cortas; esta es de las mayores.

ARAÑA DE SÍDNEY
Atrax robustus

Localización: Australia
Longitud del cuerpo: hasta 5 cm

Esta peligrosa araña australiana tiene un potente veneno, capaz de matar a un humano adulto. Cuando intuye peligro, se levanta para amenazar a los enemigos con sus colmillos letales.

SOLÍFUGO SOLPÚGIDO
Metasolpuga picta

Localización: África SO
Longitud del cuerpo: hasta 5 cm

Aunque lo parezca, este arácnido no es una auténtica araña y no tiene colmillos venenosos. Caza insectos por las dunas del desierto de Namibia, los atrapa y los corta para devorarlos con sus potentes mandíbulas.

SEGADOR ESPINOSO
Phalangium opilio

Localización: hemisferio norte
Longitud del cuerpo: hasta 9 mm

Aunque se parece a una araña, el segador tiene el cuerpo de una sola pieza, en forma de judía, y ocho patas muy largas. Tiene unas mandíbulas pequeñas en forma de alicates para comer todo tipo de alimentos. Para detectarlos, utiliza su sensible segundo par de patas.

ALACRÁN LÁTIGO
Mastigoproctus giganteus

Localización: Norteamérica S
Longitud del cuerpo: hasta 6 cm

Esta especie americana también es conocida como vinagrillo gigante porque dispara ácido avinagrado con su cola de látigo para defenderse. No tiene aguijón.

ESCORPIÓN PALESTINO AMARILLO
Leiurus quinquestriatus

Localización: por todo el planeta
Longitud: hasta 11 cm, cola incluida

Pinzas mortales
Las pinzas sirven para agarrar insectos y otros pequeños animales.

Aguijón arqueado
El aguijón pasa por encima de la cabeza del escorpión para apuñalar a la presa.

Este escorpión, habitual desde el norte de África hasta la India, es uno de los más peligrosos, armado con un aguijón letal, que usa para paralizar o matar las presas que tiene entre las pinzas.

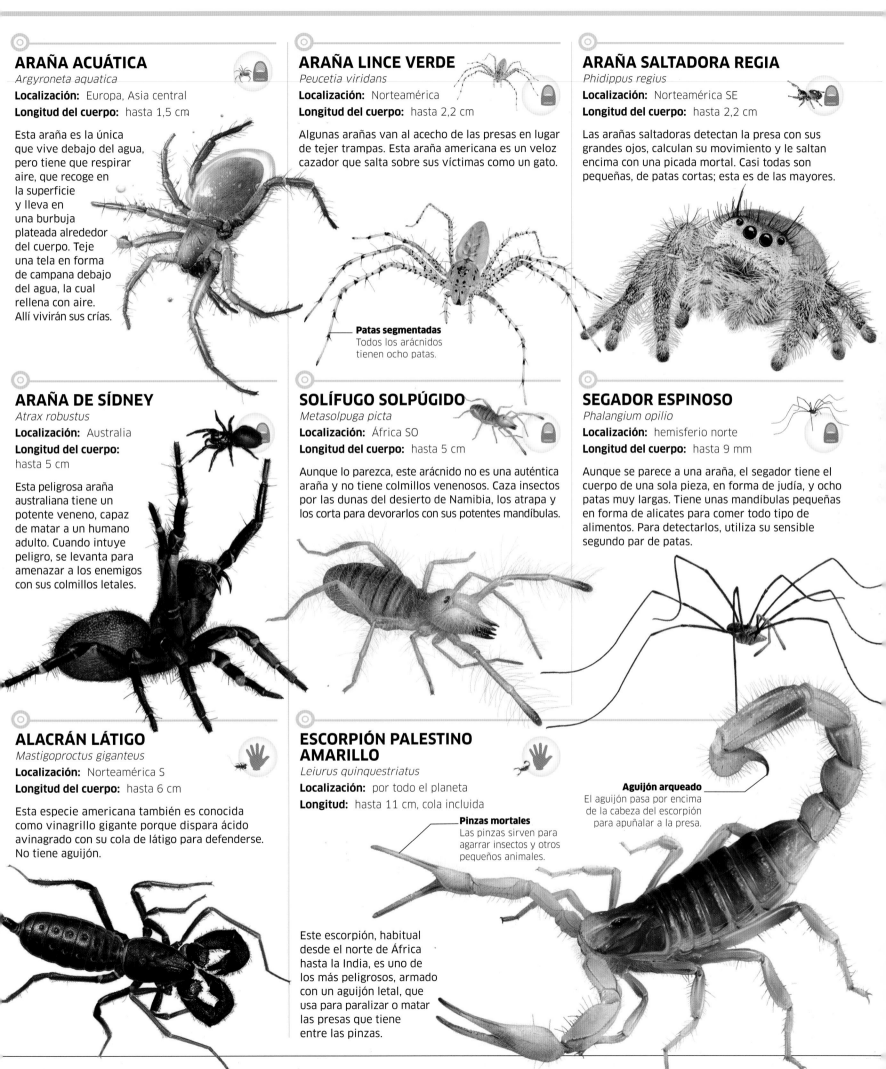

Estrella de mar

Esta estrella de mar se mueve por el lecho marino gracias a sus cientos de pies flexibles y se prepara para lanzar un ataque contra una almeja. Separará las conchas de la almeja para comerse su carne blanda.

La estrella de mar quizás no parezca un cazador, pero es un predador voraz para los otros animales marinos, ya que se lo puede comer todo, incluso otras estrellas, lo que no pueda escaparse de sus garras. Caza por olor: sigue el rastro químico de las víctimas. Agarra la presa con las ventosas de sus minúsculos pies y saca parte de la pared estomacal por la boca para inundar con jugos gástricos las partes blandas de la víctima. Estos jugos rompen los tejidos blandos de la presa, y así la estrella de mar los puede chupar y comérselos.

Durante el desove, la estrella de mar hembra llega a poner **2,5 millones de huevos.**

Gran olfato
La piel espinosa contiene receptores de agentes químicos capaces de detectar el olor más tenue.

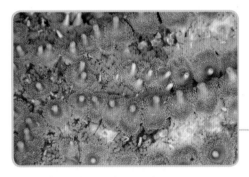

Piel espinosa
Las filas de granos que tiene en la piel protegen las espinas blancas y cortas. Unas estructuras blandas denominadas pápulas (aquí en naranja) sobresalen de la piel. Actúan como las branquias: absorben el oxígeno del agua y liberan dióxido de carbono.

Ojo simple
Una mancha ocular al final de cada brazo detecta luces y sombras.

Pies de tubo
Debajo de cada brazo tiene filas de pies de tubo flexibles. Se mueven con músculos pequeños y presión hidráulica cuando las bolsas llenas de líquido de los brazos inyectan agua en los pies para que se muevan. Tiene una ventosa en cada punta para que se pueda desplazar por el lecho marino.

Estrella de cinco puntas
La estrella tiene cinco brazos. Por lo general, tiene la piel naranja, pero también puede tenerla púrpura o marrón.

La superficie de una estrella está plagada de cientos de pinzas minúsculas
para estar siempre limpia y evitar que otros se posen sobre su piel.

55

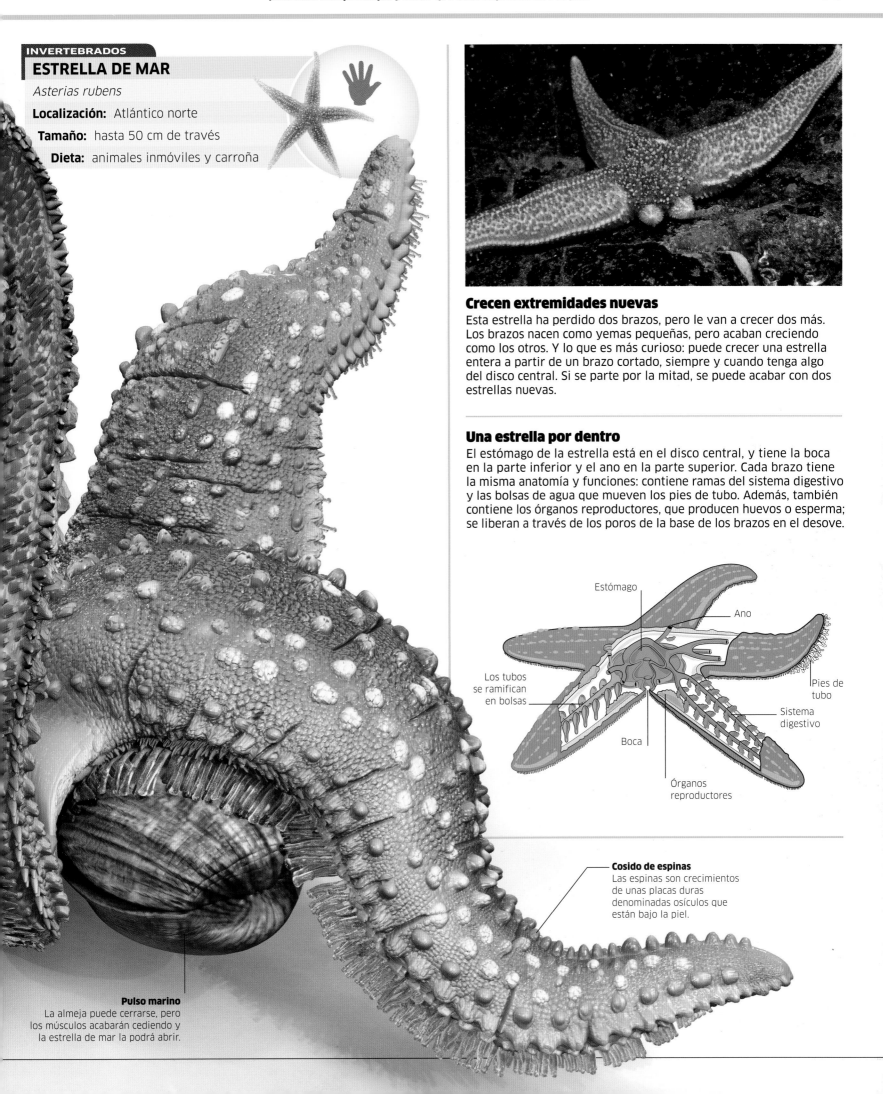

INVERTEBRADOS
ESTRELLA DE MAR

Asterias rubens

Localización: Atlántico norte

Tamaño: hasta 50 cm de través

Dieta: animales inmóviles y carroña

Crecen extremidades nuevas

Esta estrella ha perdido dos brazos, pero le van a crecer dos más. Los brazos nacen como yemas pequeñas, pero acaban creciendo como los otros. Y lo que es más curioso: puede crecer una estrella entera a partir de un brazo cortado, siempre y cuando tenga algo del disco central. Si se parte por la mitad, se puede acabar con dos estrellas nuevas.

Una estrella por dentro

El estómago de la estrella está en el disco central, y tiene la boca en la parte inferior y el ano en la parte superior. Cada brazo tiene la misma anatomía y funciones: contiene ramas del sistema digestivo y las bolsas de agua que mueven los pies de tubo. Además, también contiene los órganos reproductores, que producen huevos o esperma; se liberan a través de los poros de la base de los brazos en el desove.

Estómago

Ano

Los tubos se ramifican en bolsas

Pies de tubo

Sistema digestivo

Boca

Órganos reproductores

Cosido de espinas
Las espinas son crecimientos de unas placas duras denominadas osículos que están bajo la piel.

Pulso marino
La almeja puede cerrarse, pero los músculos acabarán cediendo y la estrella de mar la podrá abrir.

Los equinodermos están entre los pocos animales que **no tienen cabeza**.

Algunos **erizos de mar** utilizan sus espinas para **perforar rocas duras**.

Equinodermos

Las estrellas de mar, los erizos de mar y sus parientes se denominan equinodermos: «piel espinosa». Las espinas son evidentes en los erizos de mar, las criaturas con más pinchos del planeta.

Otros, en cambio, se protegen con placas duras o tienen la piel flexible pero dura. Todos ellos viven en el mar y tienen cuerpos de distribución radial: la boca y el estómago en el centro y segmentos que parten desde el centro como una flor.

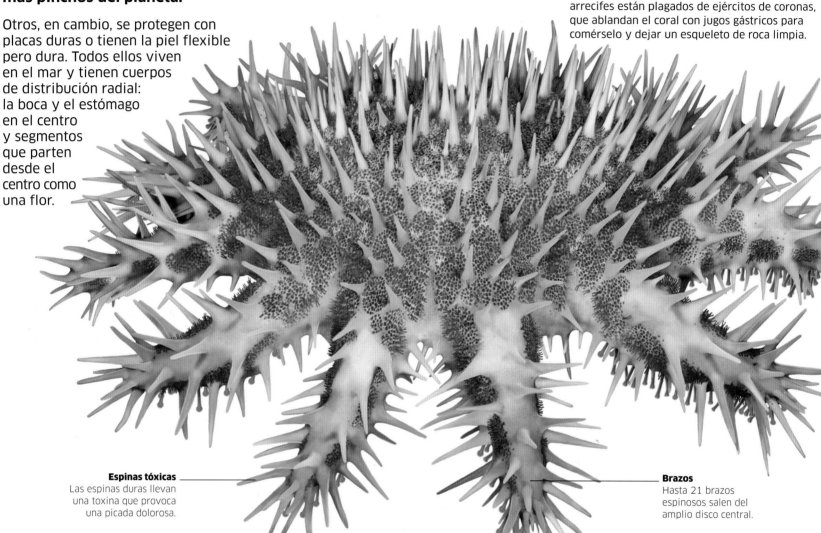

Espinas tóxicas
Las espinas duras llevan una toxina que provoca una picada dolorosa.

Brazos
Hasta 21 brazos espinosos salen del amplio disco central.

CORONA DE ESPINAS
Acanthaster planci
Localización: región indo-pacífica
Ancho: hasta 35 cm

Una de las estrellas de mar más grandes y espinosas, es un predador de los corales de arrecife. Los arrecifes están plagados de ejércitos de coronas, que ablandan el coral con jugos gástricos para comérselo y dejar un esqueleto de roca limpia.

ESTRELLA DE MAR AZUL
Linckia laevigata
Localización: región indo-pacífica
Ancho: hasta 30 cm

Esta estrella, uno de los equinodermos más coloridos, devora algas o cualquier animal de roca o arrecife. Tiene cinco brazos y, como todas las estrellas, si pierde alguno le volverá a crecer.

TOSIA AUSTRALIS
Tosia australis
Localización: costa sur de Australia
Ancho: hasta 10 cm

Las estrellas tienen diversas formas y tamaños. Esta estrella australiana tiene la típica forma de cinco puntas, pero con los brazos muy cortos. Como todas las estrellas, se desplaza por el lecho marino con sus pies de tubo con ventosas.

Armadura
El cuerpo está envuelto por placas duras.

COMÁTULA DE HONDURA
Leptometra celtica
Localización: costas de Europa NO
Ancho: hasta 30 cm

Las comátulas son estrellas de mar que viven cabeza abajo pegadas a la roca y filtran comida del agua con sus brazos peludos. Su cuerpo está formado por placas calcáreas duras y espinas.

7.000 es el número aproximado de **especies de equinodermos.**

Como mecanismo de defensa, **los pepinos de mar** pueden **sacar órganos del cuerpo,** que son **largos y pegajosos** y pueden **enredar a los predadores.**

57

ERIZO DE MAR PÚRPURA
Strongylocentrotus purpuratus
Localización: costa de Norteamérica
Ancho: hasta 10 cm, sin las espinas

El cuerpo del erizo de mar está compuesto por cinco segmentos radiales, algo similar a los gajos de una naranja. Esta especie se alimenta de algas gigantes de las costas del Pacífico.

ERIZO DE MAR ESPINOSO
Goniocidaris tubaria
Localización: costa de Australia
Ancho: hasta 4,5 cm, sin las espinas

Los erizos típicos tienen espinas finas y afiladas, pero esta especie del sur de Australia tiene espinas muy anchas repletas de pinchos. Como otros erizos de mar, tiene mandíbulas centrales para comer todo tipo de alimentos.

ERIZO DE PÚAS LARGAS
Diadema antillarum
Localización: océano Atlántico occidental
Ancho: hasta 10 cm, sin las espinas

Las espinas extremadamente largas de este erizo tropical hacen que sea un mal bocado para los predadores. Aun así, algunos peces se lo comen. Se alimenta de algas y coral de noche y se oculta en grietas oscuras de día.

Espinas afiladas
Sus afiladas espinas negras pueden llegar a los 30 cm de longitud.

GALLETA DE MAR
Dendraster excentricus
Localización: costa americana del Pacífico norte
Ancho: hasta 7,5 cm

Algunos erizos pueden ocultarse en la arena. Están cubiertos por espinas pequeñas y suelen tener caras diferenciadas. Esta especie americana es conocida por su raro cuerpo plano.

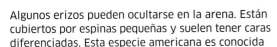

Estructura en forma de pétalos en la superficie

ESTRELLA CESTA
Astroboa nuda
Localización: Región indo-pacífica
Ancho: hasta 1 m

Como las comátulas, las estrellas cesta se adhieren a rocas o corales con corrientes fuertes y utilizan los brazos ramificados para recoger comida del agua. Son parientes de las ofiuras, con la misma estructura ósea pero flexible.

OFIURA RETICULADA
Ophionereis reticulata
Localización: costa de América N y S
Ancho: hasta 25 cm

Las ofiuras tienen un disco central pequeño y cinco brazos finos y muy móviles, compuestos por una cadena flexible de placas de hueso. Se pasean por corales y rocas con sus brazos o por el lecho marino buscando escombros comestibles.

Brazos espinosos
Las filas de espinas envuelven los brazos flexibles.

PEPINO DE MAR DE FLORIDA
Holothuria floridana
Localización: mar Caribe, golfo de México, costa de Florida
Longitud: hasta 20 cm

El cuerpo de un pepino de mar está compuesto por cinco segmentos radiales, igual que un erizo marino pero a lo largo. Tiene la boca en una punta, envuelta por un anillo de tentáculos para recoger comida.

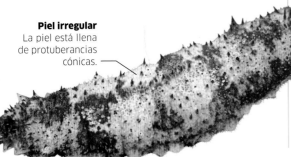

Piel irregular
La piel está llena de protuberancias cónicas.

MANZANA DE MAR
Pseudocolochirus violaceus
Localización: aguas tropicales del Indo-Pacífico
Longitud: hasta 18 cm

Al contrario que la mayoría de pepinos de mar, que buscan comida por el lecho marino, la manzana de mar se queda quieta y utiliza los tentáculos para filtrar plancton del agua. Esta especie de arrecife es muy colorida.

Pies de tubo
Se pega a las rocas con sus pies de tubo hidráulicos con ventosas en la punta.

PECES

Los peces fueron los primeros animales con esqueleto interno y, por lo tanto, los primeros vertebrados. Desde su aparición en mares y océanos hace más de 500 millones de años, han evolucionado en una gran diversidad de formas: desde el delicado caballito de mar hasta los poderosos tiburones.

¿QUÉ ES UN PEZ?

Es fácil reconocer a un pez, pero no definirlo. Incluye tres grupos de animales diferentes, que en su gran mayoría respiran con branquias, y ese es casi su único rasgo común. El pez típico es un nadador nato que se propulsa por el agua gracias a sus potentes músculos unidos a una columna flexible.

TIPOS DE PECES

Los primeros peces no tenían mandíbulas; en el pasado había muchos, pero actualmente quedan pocas especies. Los cartilaginosos, tiburones y rayas, son más comunes, pero la gran mayoría de peces forma parte del gran grupo de peces óseos.

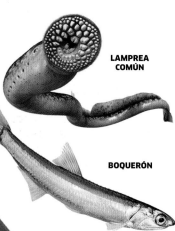

LAMPREA COMÚN

Peces sin mandíbula
Como indica su nombre, los peces sin mandíbula no tienen mandíbulas articuladas. El grupo tiene menos de 40 especies de lampreas, de aspecto similar a las anguilas, e incluye los peces bruja.

BOQUERÓN

Peces óseos
Con más de 32.000 especies, casi todos los peces del planeta son peces óseos. Casi todos tienen aletas radiadas (con espinas o puntales en las aletas) y también incluyen los que tienen aletas carnosas, antepasados de todos los vertebrados terrestres.

TIBURÓN MARTILLO

Peces cartilaginosos
El esqueleto de tiburones, rayas y sus parientes es de cartílago blando y no de hueso duro. Se dividen en 1.200 especies, algunas de las cuales contienen los peces más grandes o potentes del mar.

Aleta espinosa
La primera aleta dorsal contiene finas espinas óseas.

Escamas
Las escamas son placas finas que se solapan como las tejas en un tejado.

Ojos
Equipados con cristalinos gruesos para la visión subacuática.

Cerebro

Corazón

Aleta pélvica

Branquias
Las branquias son filas de tubos muy finos llenos de sangre bombeada por el cuerpo. Esta sangre contiene el dióxido de carbono producido por los músculos y los órganos. El agua que pasa por la boca y las branquias se lleva el dióxido de carbono y lo sustituye por oxígeno. El pez usa el oxígeno para convertir su comida en energía.

RASGOS COMUNES

Los peces comparten una serie de rasgos comunes, aunque su naturaleza sea diferente. Todos son vertebrados, con esqueletos internos basados en vértebras espinales. Las escamas les protegen la piel, y casi todos tienen branquias para obtener el oxígeno del agua. La gran mayoría son de sangre fría, casi todos viven en el agua de océanos, mares, lagos y ríos.

Vertebrados
El esqueleto del pez está compuesto de columna, cráneo y mandíbulas, costillas y aletas.

Sangre fría
El pez típico tiene la temperatura del cuerpo a la misma temperatura que el agua donde vive.

Respiran por branquias
La sangre de las branquias absorbe el oxígeno del agua; algunos, sin embargo, pueden respirar aire.

Vida acuática
Todos viven en agua dulce o agua salada. Unos pocos pueden pasar de un medio a otro.

Piel escamosa
Las escamas cubren la piel de casi todos los peces; algunos, sin embargo, no tienen escamas.

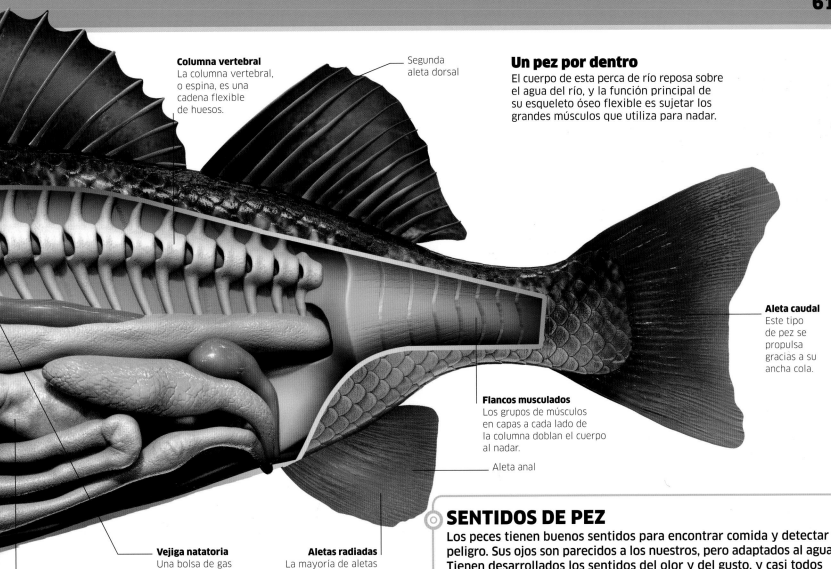

Columna vertebral
La columna vertebral, o espina, es una cadena flexible de huesos.

Segunda aleta dorsal

Un pez por dentro
El cuerpo de esta perca de río reposa sobre el agua del río, y la función principal de su esqueleto óseo flexible es sujetar los grandes músculos que utiliza para nadar.

Aleta caudal
Este tipo de pez se propulsa gracias a su ancha cola.

Flancos musculados
Los grupos de músculos en capas a cada lado de la columna doblan el cuerpo al nadar.

Aleta anal

Estómago

Vejiga natatoria
Una bolsa de gas les permite ajustar su flotación.

Aletas radiadas
La mayoría de aletas están compuestas por radios flexibles.

COMO PEZ EN EL AGUA
Las anguilas nadan moviendo el cuerpo como lo hace una serpiente: creando ondas que las empujan adelante. Muchos peces nadan así, con los grandes músculos de los flancos a cada lado de la columna; el movimiento máximo se da en la cola. Algunos mueven el cuerpo más que otros. Los peces más rápidos, como los atunes, el pez vela y muchos tiburones, mantienen el cuerpo recto y utilizan los músculos laterales para batir la aleta caudal.

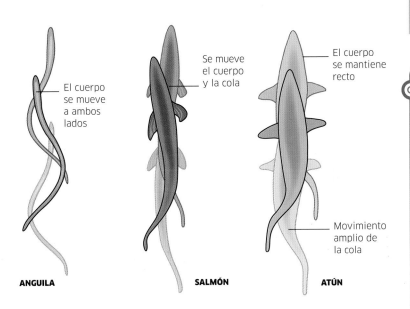

El cuerpo se mueve a ambos lados

Se mueve el cuerpo y la cola

El cuerpo se mantiene recto

Movimiento amplio de la cola

ANGUILA

SALMÓN

ATÚN

SENTIDOS DE PEZ
Los peces tienen buenos sentidos para encontrar comida y detectar peligro. Sus ojos son parecidos a los nuestros, pero adaptados al agua. Tienen desarrollados los sentidos del olor y del gusto, y casi todos oyen. También captan, muy importante para ellos, los cambios de presión con unos sensores conocidos como línea lateral, que alertan al pez de movimientos cercanos y así pueden nadar en bancos coordinados a la perfección.

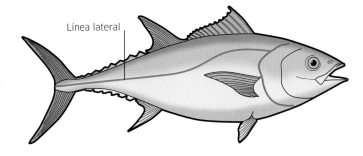

Línea lateral

HUEVOS Y ALEVINES
Los huevos de la hembra del tiburón se fertilizan internamente; muchos tiburones paren alevines que han crecido dentro de la madre. Pero la mayoría de hembras producen un gran número de huevos, que liberan en el agua para que los fertilicen los machos. Los huevos se van a la deriva; la mayoría sirven como comida para otros peces. Este, en cambio, protege los huevos dentro de su boca.

Vampiro al ataque

Los peces tienen poca defensa ante el ataque de una lamprea: se adhiere con mucha fuerza con la boca, no es fácil de despegar. Cuando llega a la carne de la víctima, su saliva impide que la sangre se coagule, así se la puede comer toda. Solo con suerte se sobrevive a su ataque.

Por dentro

La calavera y el esqueleto de la lamprea son de cartílago blando, como los del tiburón, pero al contrario que este, la lamprea no tiene mandíbula articulada. Tiene un disco de tejido duro y flexible lleno de dientes de queratina alrededor de la boca. El aparato respiratorio no está vinculado a la boca, por lo que puede pasar agua por las branquias mientras tiene la boca pegada a su víctima.

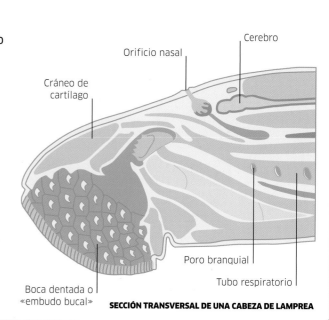

Cerebro

Orificio nasal

Cráneo de cartílago

Boca dentada o «embudo bucal»

Poro branquial

Tubo respiratorio

SECCIÓN TRANSVERSAL DE UNA CABEZA DE LAMPREA

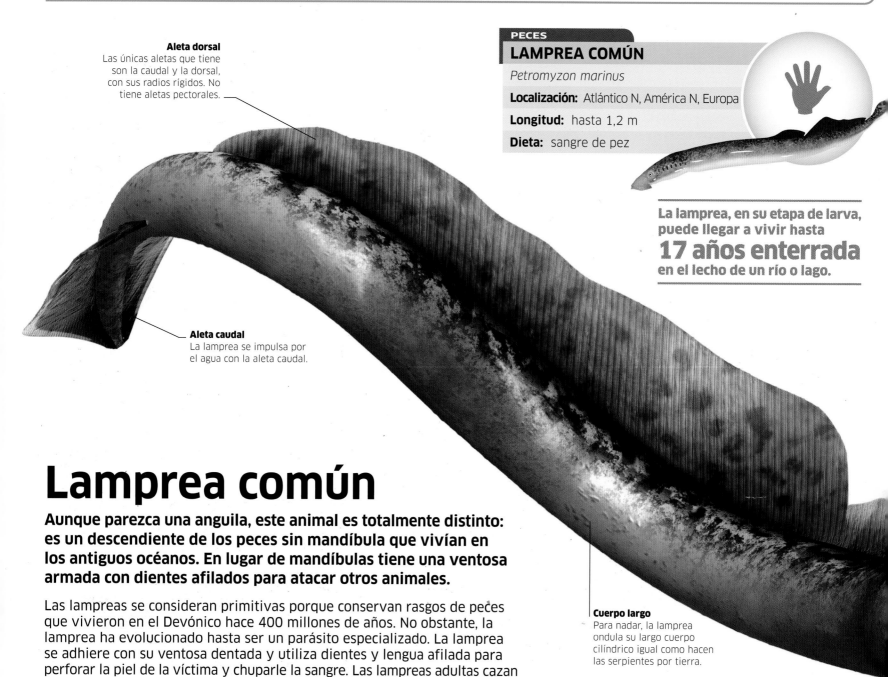

Aleta dorsal
Las únicas aletas que tiene son la caudal y la dorsal, con sus radios rígidos. No tiene aletas pectorales.

Aleta caudal
La lamprea se impulsa por el agua con la aleta caudal.

PECES

LAMPREA COMÚN

Petromyzon marinus

Localización: Atlántico N, América N, Europa

Longitud: hasta 1,2 m

Dieta: sangre de pez

La lamprea, en su etapa de larva, puede llegar a vivir hasta **17 años enterrada** en el lecho de un río o lago.

Lamprea común

Aunque parezca una anguila, este animal es totalmente distinto: es un descendiente de los peces sin mandíbula que vivían en los antiguos océanos. En lugar de mandíbulas tiene una ventosa armada con dientes afilados para atacar otros animales.

Las lampreas se consideran primitivas porque conservan rasgos de peces que vivieron en el Devónico hace 400 millones de años. No obstante, la lamprea ha evolucionado hasta ser un parásito especializado. La lamprea se adhiere con su ventosa dentada y utiliza dientes y lengua afilada para perforar la piel de la víctima y chuparle la sangre. Las lampreas adultas cazan en el mar, pero remontan ríos para aparearse; pasan su juventud en agua dulce.

Cuerpo largo
Para nadar, la lamprea ondula su largo cuerpo cilíndrico igual como hacen las serpientes por tierra.

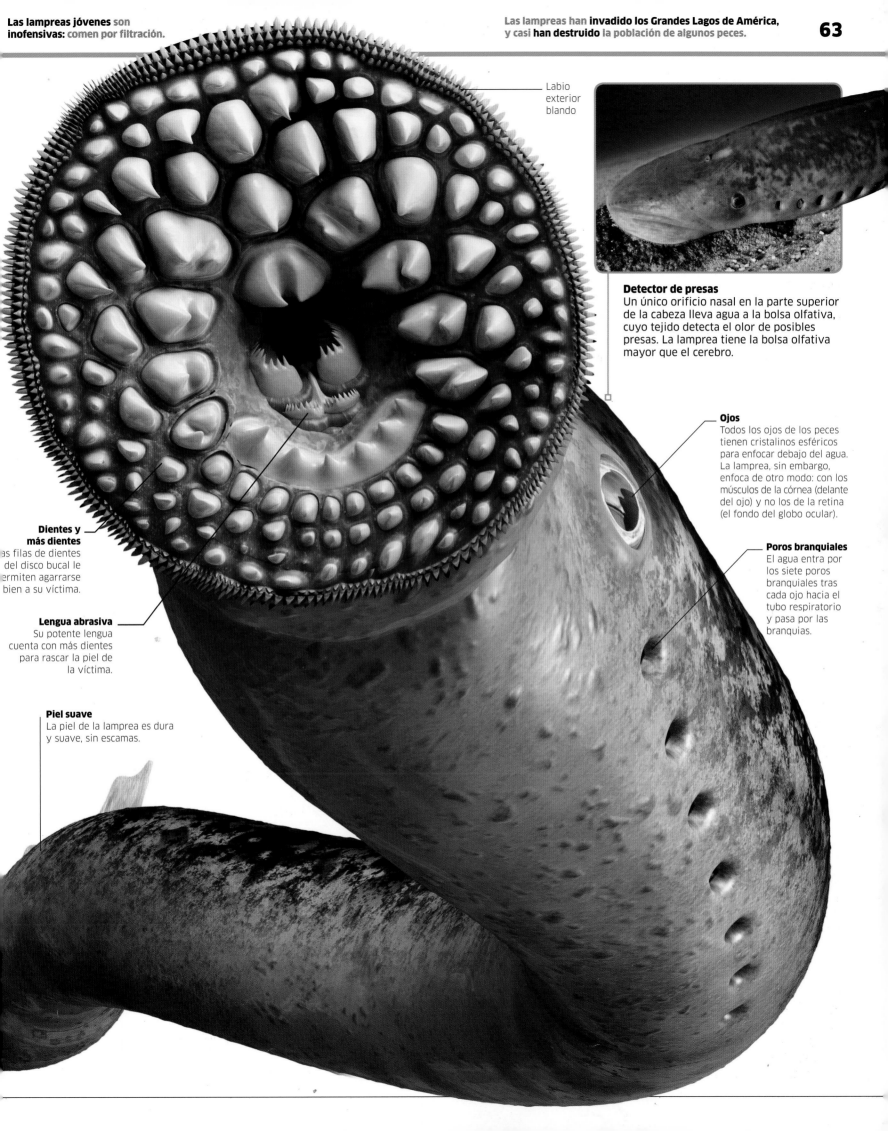

Las lampreas jóvenes son inofensivas: comen por filtración.

Las lampreas han invadido los Grandes Lagos de América, y casi **han destruido** la población de algunos peces. **63**

Labio exterior blando

Detector de presas
Un único orificio nasal en la parte superior de la cabeza lleva agua a la bolsa olfativa, cuyo tejido detecta el olor de posibles presas. La lamprea tiene la bolsa olfativa mayor que el cerebro.

Ojos
Todos los ojos de los peces tienen cristalinos esféricos para enfocar debajo del agua. La lamprea, sin embargo, enfoca de otro modo: con los músculos de la córnea (delante del ojo) y no los de la retina (el fondo del globo ocular).

Dientes y más dientes
Las filas de dientes del disco bucal le permiten agarrarse bien a su víctima.

Poros branquiales
El agua entra por los siete poros branquiales tras cada ojo hacia el tubo respiratorio y pasa por las branquias.

Lengua abrasiva
Su potente lengua cuenta con más dientes para rascar la piel de la víctima.

Piel suave
La piel de la lamprea es dura y suave, sin escamas.

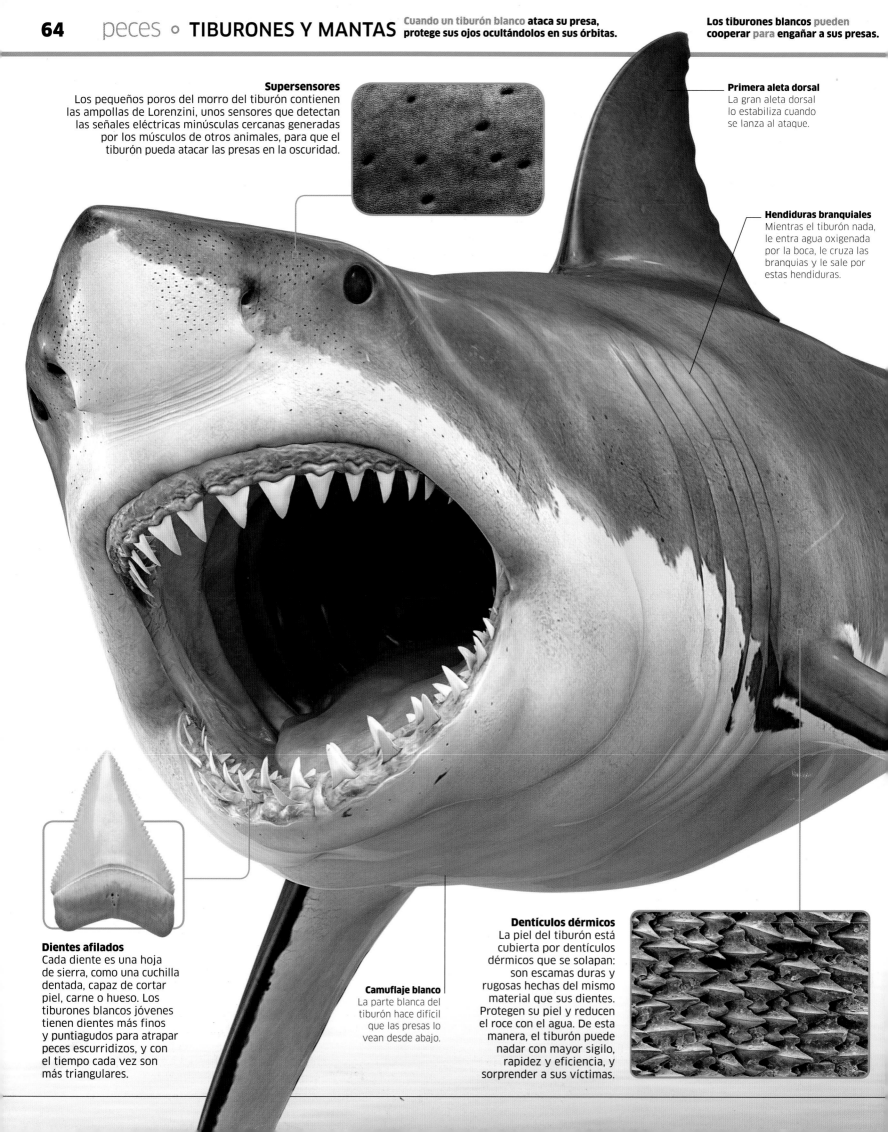

Cuando un tiburón blanco **ataca su presa, protege sus ojos ocultándolos en sus órbitas.**

Los tiburones blancos pueden cooperar para engañar a sus presas.

Supersensores
Los pequeños poros del morro del tiburón contienen las ampollas de Lorenzini, unos sensores que detectan las señales eléctricas minúsculas cercanas generadas por los músculos de otros animales, para que el tiburón pueda atacar las presas en la oscuridad.

Primera aleta dorsal
La gran aleta dorsal lo estabiliza cuando se lanza al ataque.

Hendiduras branquiales
Mientras el tiburón nada, le entra agua oxigenada por la boca, le cruza las branquias y le sale por estas hendiduras.

Dientes afilados
Cada diente es una hoja de sierra, como una cuchilla dentada, capaz de cortar piel, carne o hueso. Los tiburones blancos jóvenes tienen dientes más finos y puntiagudos para atrapar peces escurridizos, y con el tiempo cada vez son más triangulares.

Camuflaje blanco
La parte blanca del tiburón hace difícil que las presas lo vean desde abajo.

Dentículos dérmicos
La piel del tiburón está cubierta por dentículos dérmicos que se solapan: son escamas duras y rugosas hechas del mismo material que sus dientes. Protegen su piel y reducen el roce con el agua. De esta manera, el tiburón puede nadar con mayor sigilo, rapidez y eficiencia, y sorprender a sus víctimas.

56 km/h es la **velocidad** a la que puede nadar un tiburón blanco.

Un **tiburón blanco hambriento** puede **sacar la cabeza del agua** para oler las presas.

70 años **puede vivir** un tiburón blanco **en la naturaleza.**

65

Tiburón blanco

El tiburón blanco es famoso por ser el tiburón más letal. Es especialista en cazar animales grandes de sangre caliente, como focas, delfines e incluso ballenas.

Pocos animales tienen la mortífera reputación del tiburón blanco. Es muy potente y rápido y está equipado con un conjunto infalible de sentidos para detectar cualquier presa, así como unos dientes afilados, ideales para rebanar a sus víctimas por la mitad de un solo bocado. Es capaz de matar y comer casi todo lo que se le ponga por delante, incluso personas. Sus únicos enemigos son las orcas y los humanos.

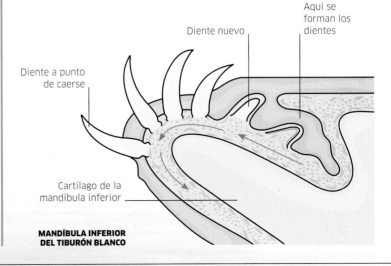

Puro músculo
El tiburón cuenta con potentes músculos en los flancos del cuerpo.

Segunda aleta dorsal

Veloz
La forma de media luna de su cola le da gran velocidad. La unión entre el cuerpo y la cola es muy estrecha, igual que en otros peces rápidos como los atunes, lo que les permite mover rápidamente la cola mientras el cuerpo se mantiene rígido.

Los orificios nasales del tiburón blanco huelen la sangre en el agua a más de

1 km de distancia.

Aletas pectorales
Las largas aletas pectorales son las que hacen que el tiburón avance.

Fábrica de dientes

El tiburón blanco nunca tiene que preocuparse por perder dientes, por mucho que envejezca. Como todos los tiburones, pierde dientes de manera continua y aparecen otros nuevos en su lugar. Los dientes nuevos salen de dentro de las mandíbulas como si se tratara de una fábrica, a medida que se caen los dientes viejos y gastados.

Aquí se forman los dientes

Diente nuevo

Diente a punto de caerse

Cartílago de la mandíbula inferior

MANDÍBULA INFERIOR DEL TIBURÓN BLANCO

PECES

TIBURÓN BLANCO

Carcharodon carcharias

Localización: océanos cálidos

Longitud: hasta 7,2 m

Dieta: peces, focas y cetáceos

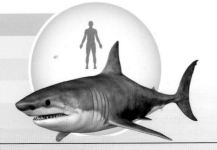

El aguijón inflige lesiones **muy dolorosas, pero únicamente pica para defenderse.**

La boca tiene dos placas para romper conchas; hay entre **15 y 24 filas de dientes.**

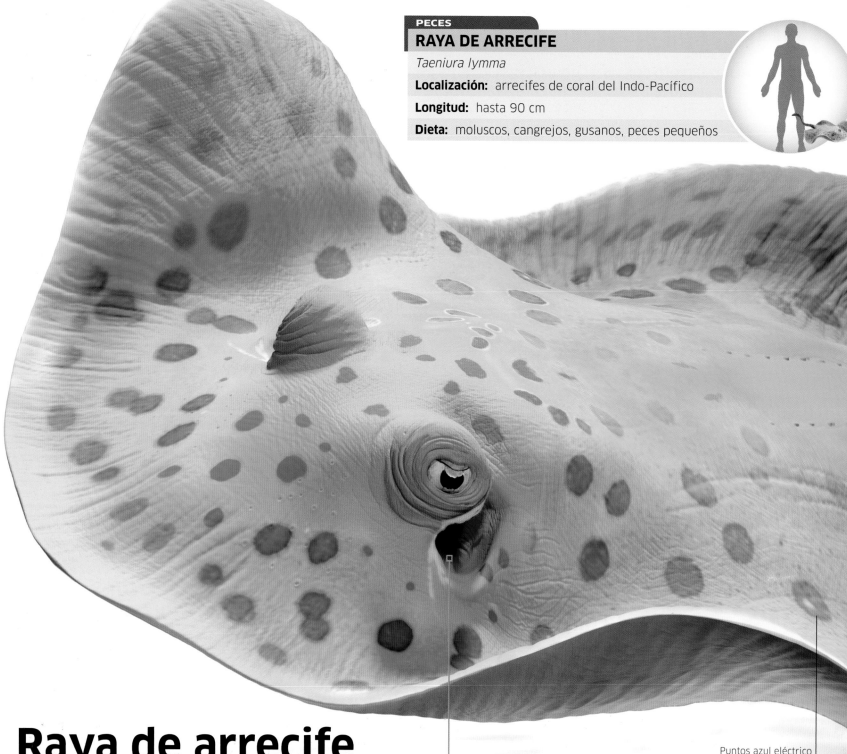

PECES

RAYA DE ARRECIFE

Taeniura lymma

Localización: arrecifes de coral del Indo-Pacífico

Longitud: hasta 90 cm

Dieta: moluscos, cangrejos, gusanos, peces pequeños

Puntos azul eléctrico distintivos

Raya de arrecife

Armada con un aguijón serrado que inyecta un veneno muy doloroso, esta manta colorida tiene una buena defensa contra tiburones y otros predadores cuando busca comida en los lechos de los mares tropicales.

Las rayas y mantas, parientes de los tiburones, están adaptadas a la vida en el lecho marino. Tienen el cuerpo plano y a veces un buen camuflaje, para estirarse en el fondo y pasar desapercibidas; sin embargo, esta raya de arrecife tiene muchos colores. Como la mayoría, se alimenta de gusanos, almejas, cangrejos y crustáceos; rompe las conchas con una batería de dientes planos, que se van renovando antes de que se gasten.

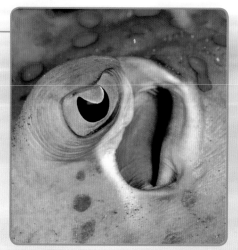

Espiráculo
Detrás de cada ojo, la raya tiene una gran abertura: un espiráculo, que sirve para aspirar el agua de la que extraerá oxígeno cuando descanse plana sobre el lecho marino. El agua, tras pasar por las branquias, sale a través de las hendiduras de la parte inferior.

Las **rayas de arrecife,** cuando cazan, **van con otros peces** que se tragan cualquier **animal pequeño** que hagan salir.

67

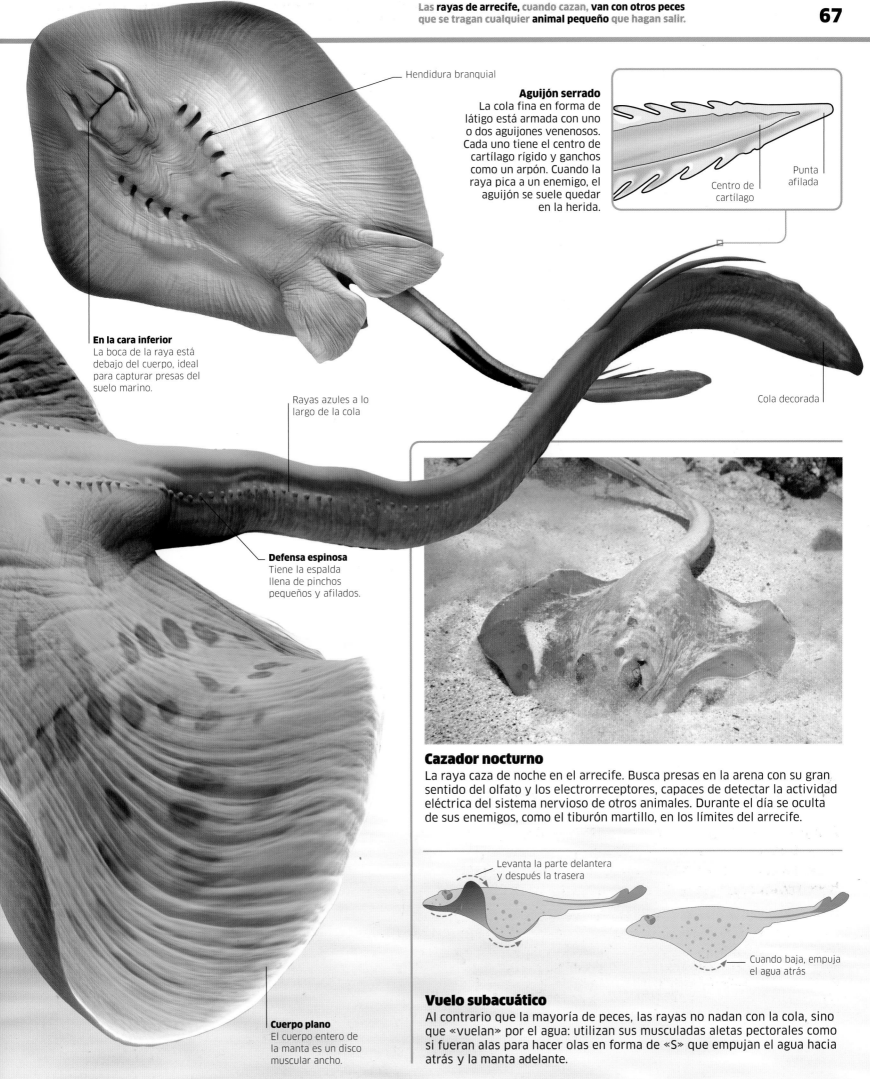

Hendidura branquial

Aguijón serrado
La cola fina en forma de látigo está armada con uno o dos aguijones venenosos. Cada uno tiene el centro de cartílago rígido y ganchos como un arpón. Cuando la raya pica a un enemigo, el aguijón se suele quedar en la herida.

Punta afilada

Centro de cartílago

En la cara inferior
La boca de la raya está debajo del cuerpo, ideal para capturar presas del suelo marino.

Rayas azules a lo largo de la cola

Cola decorada

Defensa espinosa
Tiene la espalda llena de pinchos pequeños y afilados.

Cazador nocturno
La raya caza de noche en el arrecife. Busca presas en la arena con su gran sentido del olfato y los electrorreceptores, capaces de detectar la actividad eléctrica del sistema nervioso de otros animales. Durante el día se oculta de sus enemigos, como el tiburón martillo, en los límites del arrecife.

Levanta la parte delantera y después la trasera

Cuando baja, empuja el agua atrás

Vuelo subacuático
Al contrario que la mayoría de peces, las rayas no nadan con la cola, sino que «vuelan» por el agua: utilizan sus musculadas aletas pectorales como si fueran alas para hacer olas en forma de «S» que empujan el agua hacia atrás y la manta adelante.

Cuerpo plano
El cuerpo entero de la manta es un disco muscular ancho.

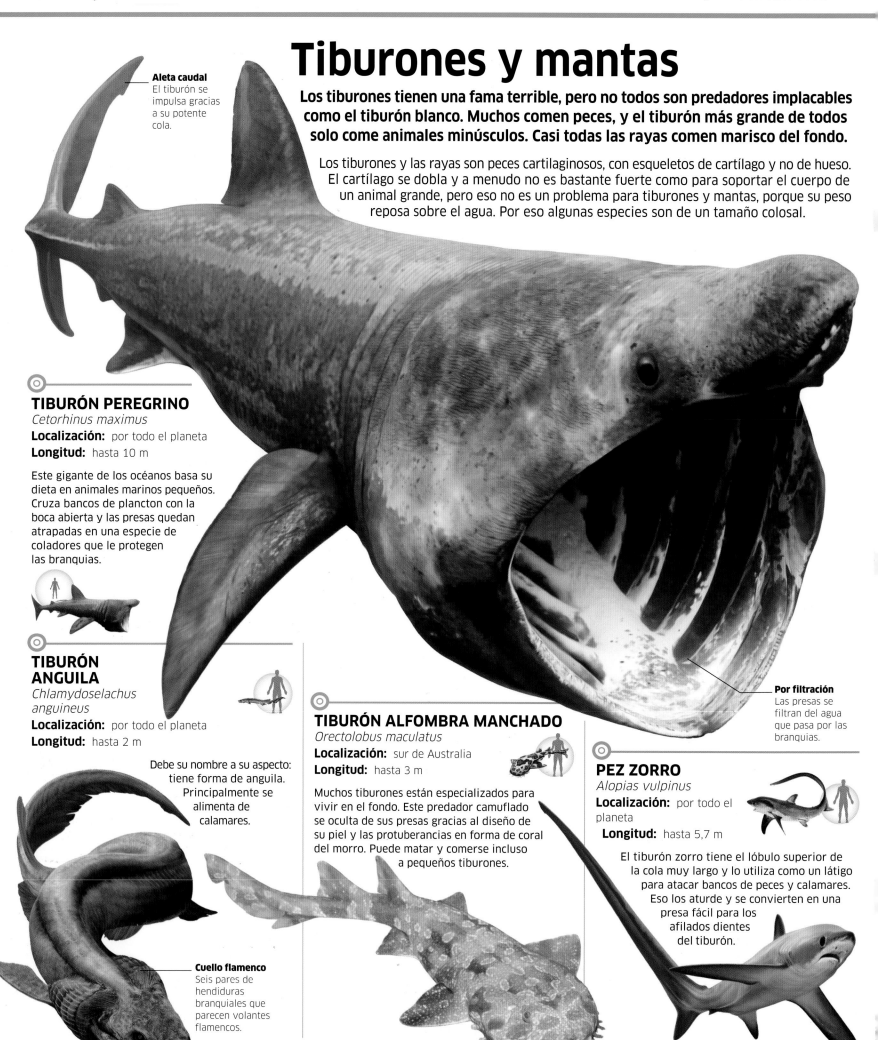

Tiburones y mantas

Los tiburones tienen una fama terrible, pero no todos son predadores implacables como el tiburón blanco. Muchos comen peces, y el tiburón más grande de todos solo come animales minúsculos. Casi todas las rayas comen marisco del fondo.

Los tiburones y las rayas son peces cartilaginosos, con esqueletos de cartílago y no de hueso. El cartílago se dobla y a menudo no es bastante fuerte como para soportar el cuerpo de un animal grande, pero eso no es un problema para tiburones y mantas, porque su peso reposa sobre el agua. Por eso algunas especies son de un tamaño colosal.

Aleta caudal
El tiburón se impulsa gracias a su potente cola.

TIBURÓN PEREGRINO
Cetorhinus maximus
Localización: por todo el planeta
Longitud: hasta 10 m

Este gigante de los océanos basa su dieta en animales marinos pequeños. Cruza bancos de plancton con la boca abierta y las presas quedan atrapadas en una especie de coladores que le protegen las branquias.

TIBURÓN ANGUILA
Chlamydoselachus anguineus
Localización: por todo el planeta
Longitud: hasta 2 m

Debe su nombre a su aspecto: tiene forma de anguila. Principalmente se alimenta de calamares.

Cuello flamenco
Seis pares de hendiduras branquiales que parecen volantes flamencos.

TIBURÓN ALFOMBRA MANCHADO
Orectolobus maculatus
Localización: sur de Australia
Longitud: hasta 3 m

Muchos tiburones están especializados para vivir en el fondo. Este predador camuflado se oculta de sus presas gracias al diseño de su piel y las protuberancias en forma de coral del morro. Puede matar y comerse incluso a pequeños tiburones.

Por filtración
Las presas se filtran del agua que pasa por las branquias.

PEZ ZORRO
Alopias vulpinus
Localización: por todo el planeta
Longitud: hasta 5,7 m

El tiburón zorro tiene el lóbulo superior de la cola muy largo y lo utiliza como un látigo para atacar bancos de peces y calamares. Eso los aturde y se convierten en una presa fácil para los afilados dientes del tiburón.

TIBURÓN TORO
Carcharias taurus

Localización: aguas costeras de todo el planeta

Longitud: hasta 3,2 m

La especialidad del tiburón toro, de aspecto feroz, es cazar peces. Sus dientes en punta se han adaptado para capturar presas escurridizas y ágiles, que el tiburón se traga enteras o a grandes trozos. Suele cazar de noche, a menudo cerca del lecho marino.

TINTORERA
Prionace glauca

Localización: por todo el planeta

Longitud: hasta 3,8 m

La tintorera, alargada y elegante, tiene la espalda de color azul metálico. Con su cuerpo fino y morro en punta, puede nadar a una gran velocidad para buscar sus presas, sobre todo peces pequeños y calamares. A veces caza en grupo.

TIBURÓN MARTILLO
Sphyrna lewini

Localización: por todo el planeta

Longitud: hasta 4,2 m

El tiburón martillo tiene una cabeza muy extraña, con los ojos y los orificios nasales en las puntas. Esta forma le ayuda a realizar giros rápidos en el agua y le da más espacio para electrorreceptores con los que detectar presas ocultas.

ANGELOTE
Squatina squatina

Localización: océano Atlántico septentrional, mar Mediterráneo, mar Negro

Longitud: hasta 2,4 m

Su cuerpo ancho y plano se parece más al de una raya que al de un tiburón. Su forma le permite permanecer oculto en el lecho marino, a la espera de que algún pez pase demasiado cerca.

MANTA GIGANTE
Manta birostris

Localización: por todo el planeta

Longitud: hasta 7,6 m

La manta gigante es la raya más grande y se alimenta por filtración, como el tiburón peregrino. Cruza los océanos tropicales en busca de bancos de plancton; se alimenta colando el agua por las branquias.

RAYA JASPEADA
Aetobatus narinari

Localización: por todo el planeta

Longitud: hasta 5 m

Esta raya elegante suele nadar en aguas abiertas, a veces en grupos de 10 o más. Aun así, se alimenta principalmente en el lecho marino escarbando con su hocico en busca de marisco en la arena. Tiene dientes planos y muy fuertes para romper conchas.

RAYA DE CLAVOS
Raja clavata

Localización: Atlántico oriental, Mediterráneo

Longitud: hasta 1 m

Aunque tiene la forma de cometa típica de todas las rayas, esta tiene espinas afiladas de la espalda hasta la cola. Tiene la boca debajo de la cabeza, por lo que puede buscar presas enterradas en el lecho marino.

PEZ SIERRA
Pristis zijsron

Localización: región indo-pacífica

Longitud: hasta 4,3 m

El morro extraordinario del pez sierra es una hoja larga y fina con dientes triangulados en ambos lados, que utiliza para pegar y aturdir a otros peces, o para descubrir animales enterrados en el lecho.

Hoja de sierra
El morro dentado puede llegar a medir más de 1,5 m.

Caballito de mar amarillo

Los caballitos de mar reciben su nombre por la forma de su cabeza. Son peces muy especializados con una técnica de natación única y uno de los sistemas de apareamiento más increíbles del reino animal.

El caballito de mar amarillo es muy común en las aguas costeras poco profundas indo-pacíficas, donde se alimenta de animales pequeños. Puede nadar lentamente en posición vertical, propulsado por su aleta dorsal, pero prefiere utilizar la cola prensil para agarrarse a corales y algas y esperar a las presas. Igual que todos los caballitos de mar, la hembra le pasa los huevos al macho, que los conserva en una bolsa, los fertiliza y los alimenta hasta que se convierten en caballitos en miniatura.

Color camaleónico

El caballito de mar típico suele ser amarillo, con puntos y manchas más oscuras, pero como la mayoría de caballitos de mar es capaz de cambiar de color, expandiendo o bien contrayendo las células de color de su piel. Así se confunde con el entorno. A menudo queda totalmente oscuro para ocultarse de enemigos y presas, pero también puede tornarse rojo intenso, especialmente durante el cortejo.

Plancton delicioso

Sus presas son una especie de pequeñas gambas que van a la deriva en aguas abiertas: el plancton. Atento con sus grandes ojos móviles, se fija en una víctima y gira el hocico hacia ella. Con su cuello flexible, se acerca al animal y lo aspira hacia su boca sin dientes: se lo traga, pues, entero.

PECES

CABALLITO DE MAR AMARILLO

Hippocampus kuda

Localización: océanos Índico y Pacífico

Longitud: hasta 35 cm

Dieta: pequeños animales planctónicos

Anillos de hueso
La piel fina sobre las placas de hueso le da su forma característica.

Cola prensil
La corriente no se lleva al caballito porque este enrolla la cola en las algas.

El caballito de mar macho suele dar a luz de noche,
con la luna llena.
Es un proceso que dura varias horas.

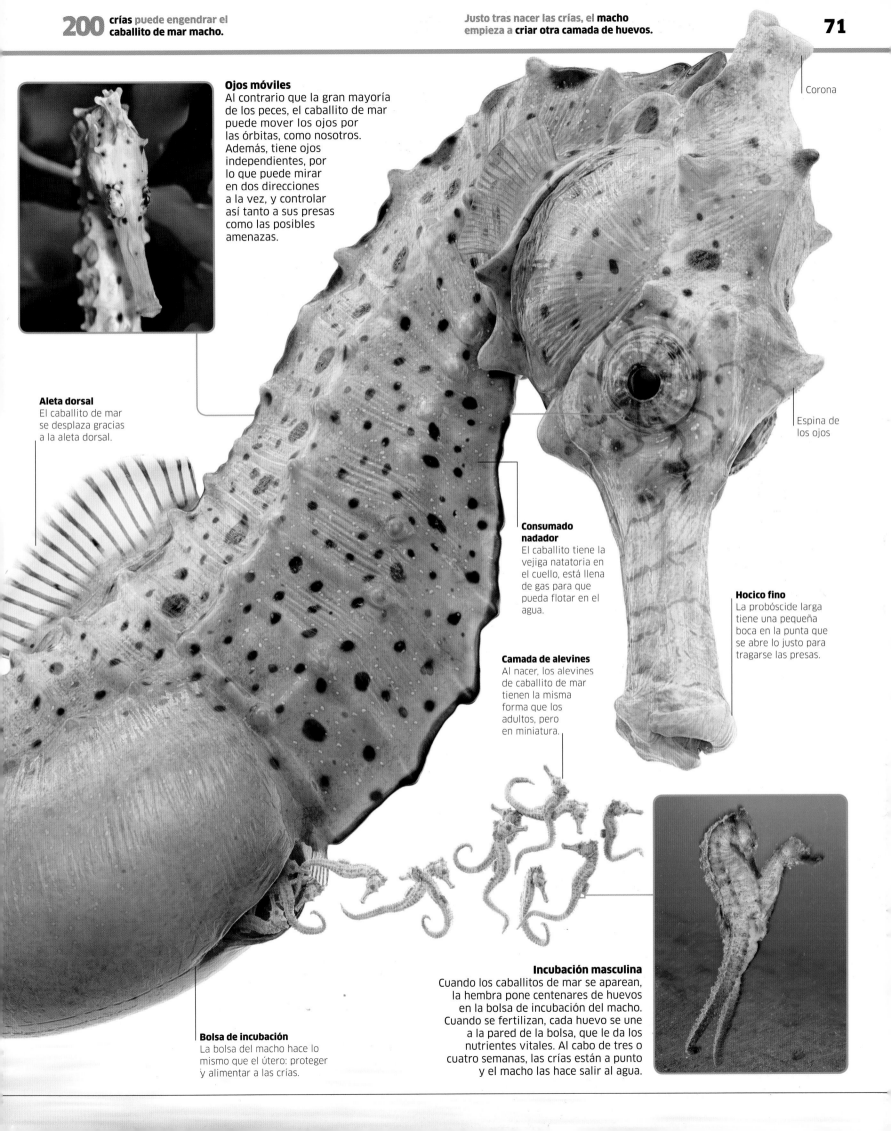

Ojos móviles
Al contrario que la gran mayoría
de los peces, el caballito de mar
puede mover los ojos por
las órbitas, como nosotros.
Además, tiene ojos
independientes, por
lo que puede mirar
en dos direcciones
a la vez, y controlar
así tanto a sus presas
como las posibles
amenazas.

Corona

Espina de
los ojos

Aleta dorsal
El caballito de mar
se desplaza gracias
a la aleta dorsal.

**Consumado
nadador**
El caballito tiene la
vejiga natatoria en
el cuello, está llena
de gas para que
pueda flotar en el
agua.

Hocico fino
La probóscide larga
tiene una pequeña
boca en la punta que
se abre lo justo para
tragarse las presas.

Camada de alevines
Al nacer, los alevines
de caballito de mar
tienen la misma
forma que los
adultos, pero
en miniatura.

Bolsa de incubación
La bolsa del macho hace lo
mismo que el útero: proteger
y alimentar a las crías.

Incubación masculina
Cuando los caballitos de mar se aparean,
la hembra pone centenares de huevos
en la bolsa de incubación del macho.
Cuando se fertilizan, cada huevo se une
a la pared de la bolsa, que le da los
nutrientes vitales. Al cabo de tres o
cuatro semanas, las crías están a punto
y el macho las hace salir al agua.

Pez león colorado

Este espectacular pez marino vive en arrecifes tropicales, donde persigue cualquier pequeño pez que pueda tragarse entero. Sus espinas venenosas le garantizan evitar ser cazado.

Sus colores vivos y sus numerosas aletas espinosas son cautivadores y sirven para que los peces más grandes sepan que es un bocado peligroso. Tal despliegue de aletas hace que nade despacio, pero eso no supone problema alguno si se vive en las ricas aguas de un arrecife. Se coloca en posición y ejecuta un ataque relámpago; sus víctimas no tienen apenas posibilidad de escapar.

Tentáculos en la cabeza
El pez león tiene una cosa bastante curiosa: un par de tentáculos en la cabeza. Son diferentes según la población: algunos tienen pinchos (abajo), mientras que otros parecen plumas (a la izquierda). Quizás les sirvan para encontrar pareja o como señuelo para atraer presas.

Enormes ojos
Sus grandes ojos captan la máxima luz posible y le dan una visión muy aguda.

De un solo bocado, primero la cabeza

Gracias a sus espinas venenosas, los peces león tienen muy pocos predadores, aunque se sabe que algunos tiburones se los comen.

Gran boca
Su boca ancha se estira para crear un tubo de aspiración con el que atrapa las presas.

Espinas de defensa

Muchas de las largas espinas del pez león tienen veneno. Las utiliza para defenderse en caso de amenaza. Cuando una de las espinas entra en la piel de una víctima, se retrae la funda y aparece el tejido venenoso en tres ranuras de la espina. El veneno sale de este tejido y penetra en la herida, lo que provoca un dolor intenso, mareo y dificultades respiratorias.

Espina al descubierto

El veneno entra en la herida

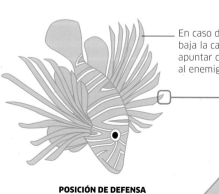

En caso de amenaza, baja la cabeza para apuntar con las espinas al enemigo.

La funda se descubre cuando la espina entra en la piel

Ranura con tejido venenoso

POSICIÓN DE DEFENSA

ESPINA VENENOSA

Los peces león a veces utilizan las **aletas pectorales** para **acorralar a sus presas**, para que sea más **fácil atraparlas**.

2 millones **de huevos** produce una hembra en **un año.**

73

Espinas de hueso

Las espinas del pez león son del mismo material que su esqueleto, por eso se ven en esta radiografía. Las espinas son modificaciones de los radios de las aletas. En la mayoría de peces, dichos radios son largos, finos y flexibles, pero los del pez león son más rígidos, y algunos incluyen un potente veneno.

La aleta dorsal cuenta con 13 espinas venenosas.

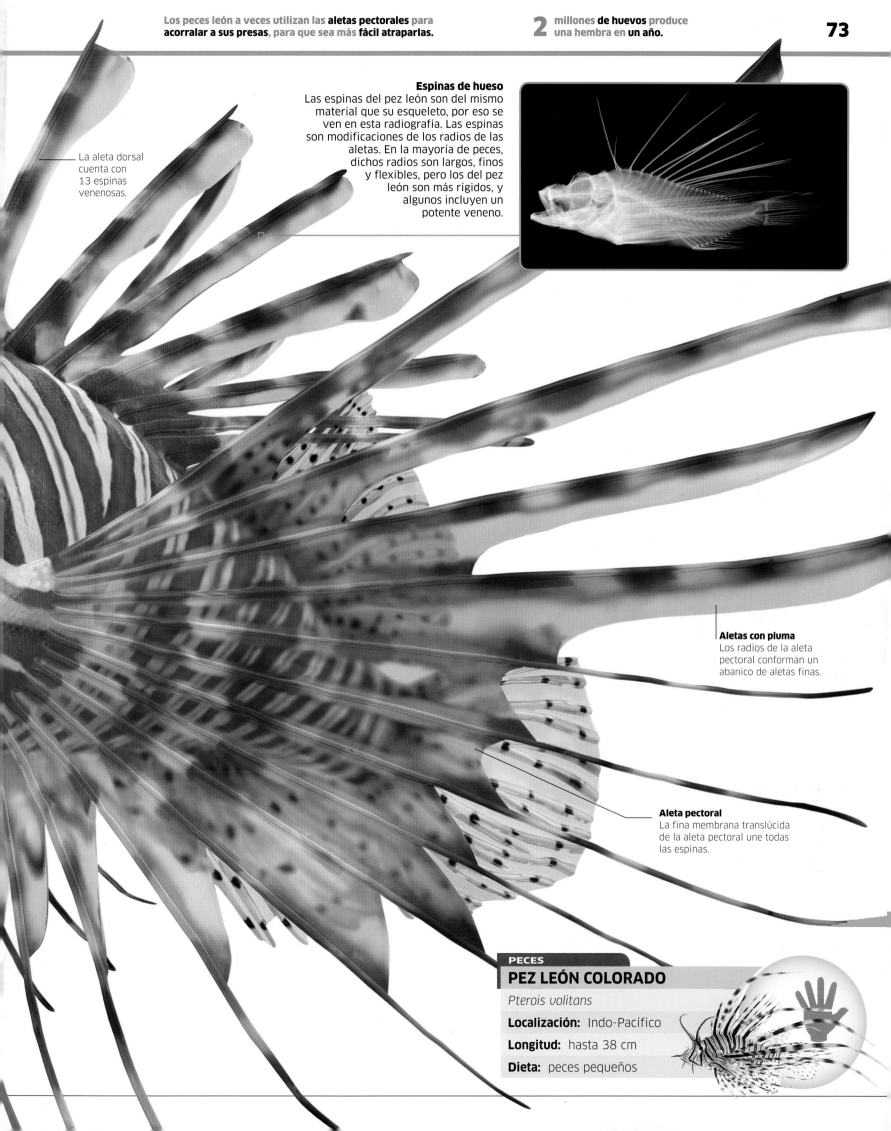

Aletas con pluma

Los radios de la aleta pectoral conforman un abanico de aletas finas.

Aleta pectoral

La fina membrana translúcida de la aleta pectoral une todas las espinas.

PECES

PEZ LEÓN COLORADO

Pterois volitans

Localización: Indo-Pacífico

Longitud: hasta 38 cm

Dieta: peces pequeños

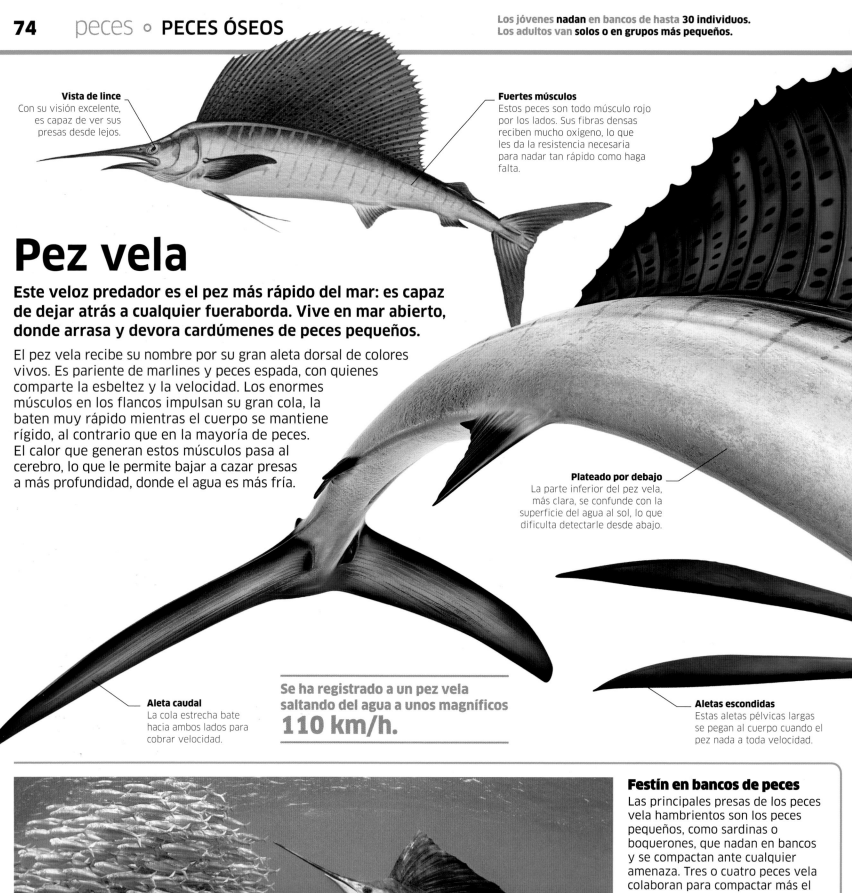

Vista de lince
Con su visión excelente, es capaz de ver sus presas desde lejos.

Fuertes músculos
Estos peces son todo músculo rojo por los lados. Sus fibras densas reciben mucho oxígeno, lo que les da la resistencia necesaria para nadar tan rápido como haga falta.

Pez vela

Este veloz predador es el pez más rápido del mar: es capaz de dejar atrás a cualquier fueraborda. Vive en mar abierto, donde arrasa y devora cardúmenes de peces pequeños.

El pez vela recibe su nombre por su gran aleta dorsal de colores vivos. Es pariente de marlines y peces espada, con quienes comparte la esbeltez y la velocidad. Los enormes músculos en los flancos impulsan su gran cola, la baten muy rápido mientras el cuerpo se mantiene rígido, al contrario que en la mayoría de peces. El calor que generan estos músculos pasa al cerebro, lo que le permite bajar a cazar presas a más profundidad, donde el agua es más fría.

Plateado por debajo
La parte inferior del pez vela, más clara, se confunde con la superficie del agua al sol, lo que dificulta detectarle desde abajo.

Aleta caudal
La cola estrecha bate hacia ambos lados para cobrar velocidad.

Se ha registrado a un pez vela saltando del agua a unos magníficos

110 km/h.

Aletas escondidas
Estas aletas pélvicas largas se pegan al cuerpo cuando el pez nada a toda velocidad.

Festín en bancos de peces

Las principales presas de los peces vela hambrientos son los peces pequeños, como sardinas o boquerones, que nadan en bancos y se compactan ante cualquier amenaza. Tres o cuatro peces vela colaboran para compactar más el banco y después cruzarlo a gran velocidad para separar grupos pequeños, más fáciles de atacar. El pez vela mueve el pico a ambos lados para aturdir o cortar a las presas. Así es más fácil capturar los peces más pequeños y tragárselos enteros.

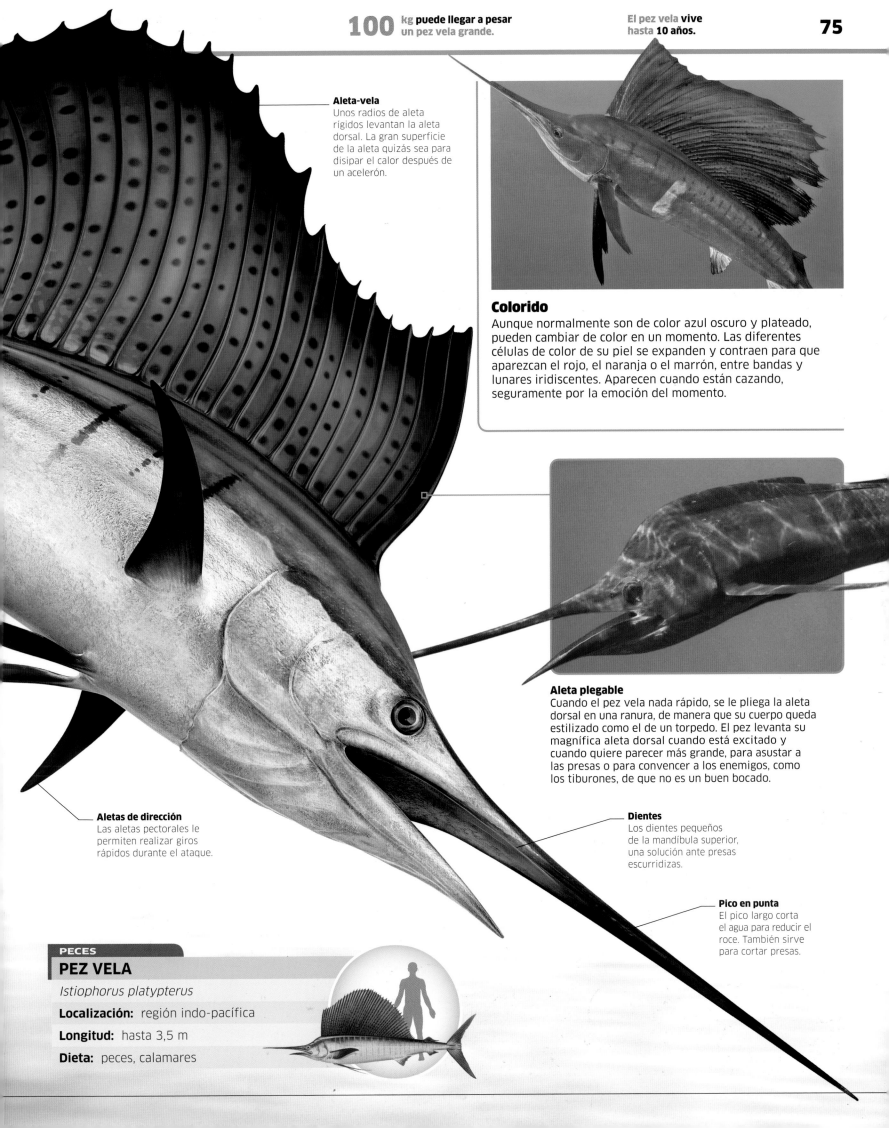

Aleta-vela
Unos radios de aleta rígidos levantan la aleta dorsal. La gran superficie de la aleta quizás sea para disipar el calor después de un acelerón.

Colorido
Aunque normalmente son de color azul oscuro y plateado, pueden cambiar de color en un momento. Las diferentes células de color de su piel se expanden y contraen para que aparezcan el rojo, el naranja o el marrón, entre bandas y lunares iridiscentes. Aparecen cuando están cazando, seguramente por la emoción del momento.

Aleta plegable
Cuando el pez vela nada rápido, se le pliega la aleta dorsal en una ranura, de manera que su cuerpo queda estilizado como el de un torpedo. El pez levanta su magnífica aleta dorsal cuando está excitado y cuando quiere parecer más grande, para asustar a las presas o para convencer a los enemigos, como los tiburones, de que no es un buen bocado.

Aletas de dirección
Las aletas pectorales le permiten realizar giros rápidos durante el ataque.

Dientes
Los dientes pequeños de la mandíbula superior, una solución ante presas escurridizas.

Pico en punta
El pico largo corta el agua para reducir el roce. También sirve para cortar presas.

PECES

PEZ VELA
Istiophorus platypterus

Localización: región indo-pacífica

Longitud: hasta 3,5 m

Dieta: peces, calamares

Existen unas **30 especies** de piraña,
todas en los **ríos de Sudamérica.**

Algunas especies de piraña son **herbívoras:**
viven solo de **vegetales** y **nunca comen carne.**

Gula imparable
Cuando un grupo
de pirañas comienzan
su ataque, el baño de
sangre atrae a más
pirañas y empieza
la locura por comer:
todas se agolpan
para compartir
un bocado del festín
e incluso pueden
llegar a matarse y
comerse entre ellas
en plena excitación.

Piraña de vientre rojo

La piraña, famosa por ser capaz de dejar limpios los huesos de sus presas en cuestión de minutos, es el pez de agua dulce más temible. En realidad es un carroñero, pues se alimenta de animales muertos o moribundos, invertebrados y peces pequeños. Aun así, no hay duda alguna sobre la terrorífica eficiencia de sus afilados dientes.

Las pirañas de vientre rojo viven en los ríos tropicales de América del Sur, donde suelen nadar en bancos. Cuando encuentran una presa, todas empiezan a comer de golpe, arrancando la carne a bocados y dejando los huesos limpios en minutos. La víctima puede también ser una persona, aunque eso es poco frecuente.

Línea lateral
Los detectores de presión a
ambos flancos del pez notan
el movimiento de las presas.

Se ha visto un banco de pirañas
dejar un carpincho de 40 kg
**en sus huesos en
menos de un minuto.**

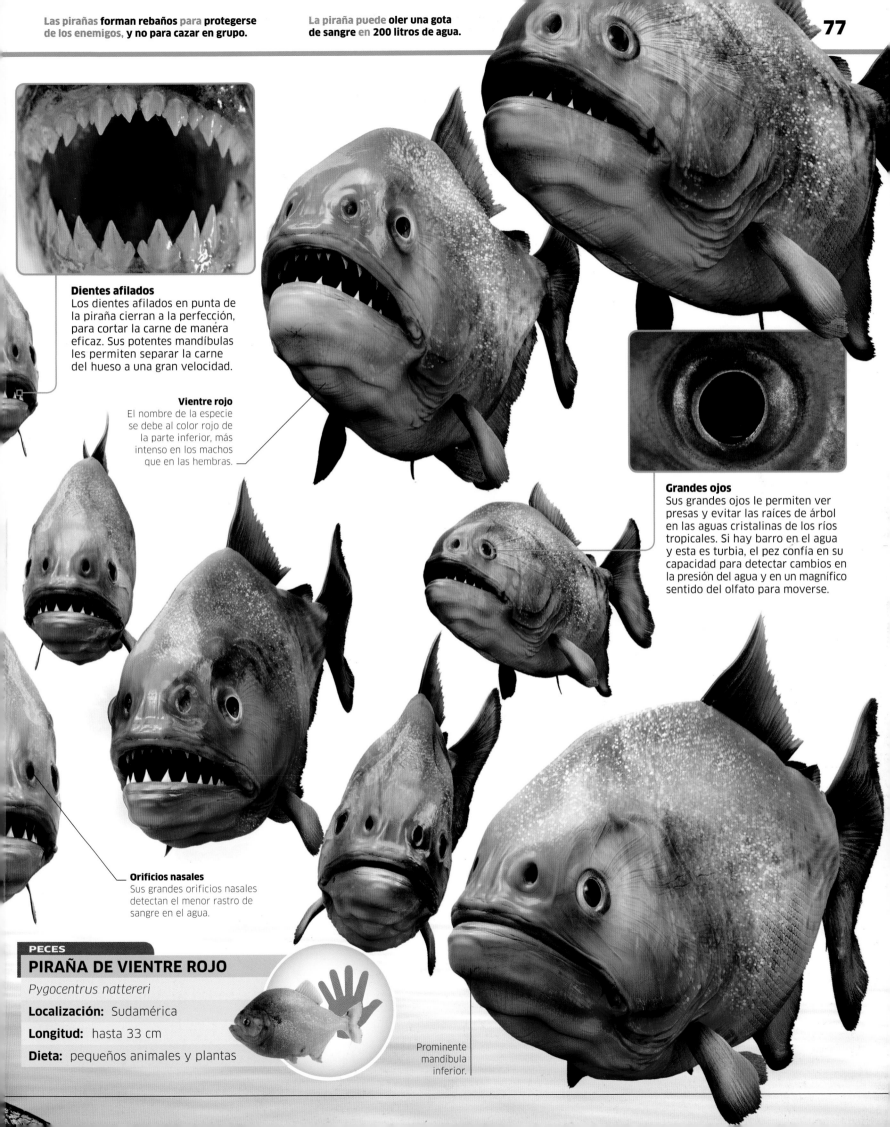

Dientes afilados
Los dientes afilados en punta de la piraña cierran a la perfección, para cortar la carne de manera eficaz. Sus potentes mandíbulas les permiten separar la carne del hueso a una gran velocidad.

Vientre rojo
El nombre de la especie se debe al color rojo de la parte inferior, más intenso en los machos que en las hembras.

Grandes ojos
Sus grandes ojos le permiten ver presas y evitar las raíces de árbol en las aguas cristalinas de los ríos tropicales. Si hay barro en el agua y esta es turbia, el pez confía en su capacidad para detectar cambios en la presión del agua y en un magnífico sentido del olfato para moverse.

Orificios nasales
Sus grandes orificios nasales detectan el menor rastro de sangre en el agua.

PECES

PIRAÑA DE VIENTRE ROJO

Pygocentrus nattereri

Localización: Sudamérica

Longitud: hasta 33 cm

Dieta: pequeños animales y plantas

Prominente mandíbula inferior.

Peces óseos

Los mares, lagos y ríos del mundo son el hogar de una diversidad extrema de peces óseos, adaptados a todo tipo de hábitats y estilos de vida acuáticos.

La mayoría de peces óseos pertenecen al grupo de aletas radiadas, con espinas óseas finas en las aletas. Pero unos pocos (celacantos y peces pulmonados) tienen un par de aletas lobuladas carnosas en la parte inferior del cuerpo con fuertes huesos. Son los antepasados de los vertebrados de cuatro patas.

MORENA CONGRIO
Gymnothorax funebris
Localización: océano Atlántico occidental
Longitud: hasta 2,5 m

Las morenas son anguilas muy feroces que viven en las grietas de los arrecifes rocosos. Detectan las presas por el olor y salen disparadas para atraparlas con sus dientes de gancho. Su color vivo viene de la gruesa capa de mucosa protectora que las cubre.

Doble mandíbula
La garganta de la morena esconde otro conjunto de dientes. Cuando el pez muerde, estos dientes se mueven para que la presa avance por la garganta.

VOLADOR MEDITERRÁNEO
Cheilopogon heterurus
Localización: Atlántico noreste
Longitud: hasta 40 cm

Este pez esbelto nada cerca de la superficie del océano cazando pequeños animales. Escapa de los ataques de peces mayores saltando fuera del agua y planeando sobre las olas con sus largas aletas pectorales.

PLATIJA DEL PACÍFICO
Platichthys stellatus
Localización: océano Pacífico norte
Longitud: hasta 90 cm

Al nacer, los peces planos como la platija son peces alevines normales. Cuando crecen, uno de sus ojos pasa al otro lado de la cabeza y ambos acaban en el mismo lado. Pasan el resto de la vida en el fondo marino, planos sobre su otro lado.

SALMÓN ROJO
Oncorhynchus nerka
Localización: océano Pacífico norte
Longitud: hasta 84 cm

Como los otros salmones, esta especie pasa casi toda su vida adulta en el mar, pero remonta el río para desovar. Los machos fértiles tienen el cuerpo rojo intenso y la cabeza y la cola verdes.

8 mm mide el *Paedocypris progenetica*, el **más pequeño** de los peces óseos.

El **pez luna** es el **más grande** de los peces óseos, con un peso de **más de 2 toneladas**.

79

BOQUERÓN
Engraulis encrasicolus

Localización: océano Atlántico oriental
Longitud: hasta 20 cm

Los boquerones forman bancos enormes y filtran agua por las branquias para atrapar animales marinos pequeños. Comparten hábitos alimentarios con otros peces como el arenque. Y también comparten predadores oceánicos, como atunes, tiburones, aves marinas e incluso yubartas.

PEZ ÁNGEL EMPERADOR
Pomacanthus imperator

Localización: región indo-pacífica
Longitud: hasta 40 cm

Los arrecifes de coral brillan con miles de peces de colores, cada uno con su estilo de vida. Este pez ángel vive en las grietas del arrecife; los machos son muy territoriales y defienden su zona.

ESTURIÓN
Acipenser sturio

Localización:
Atlántico oriental
Longitud:
hasta 6 m

Los esturiones son uno de los peces de agua dulce más grandes, y los más longevos: pueden llegar a vivir 100 años. Pasan casi toda su vida en la costa marina, comiendo moluscos, cangrejos y otros animales del lecho marino, pero remontan el río para desovar como los salmones.

CELACANTO
Latimeria chalumnae

Localización: océano Índico
Longitud: hasta 2 m

El celacanto forma parte de un grupo de peces de aletas carnosas que se creía extinto desde hace 65 millones de años, pero en 1938 se descubrió en el Índico. Vive en aguas costeras tropicales a base de peces y moluscos.

— Aleta carnosa

PEZ VÍBORA
Chauliodus sloani

Localización: océanos temperados
Longitud: hasta 35 cm

El pez víbora es uno de los temibles predadores de las oscuras profundidades de los océanos. Sus enormes dientes reducen mucho la esperanza de escapar de él.

BACALAO DEL ATLÁNTICO
Gadus morhua

Localización: Atlántico N, Ártico
Longitud: hasta 2 m

Un plato habitual en nuestras mesas, esta gran especie marina es un predador que caza peces pequeños y calamares cerca del lecho marino. La sobrepesca lo ha afectado mucho, algunas poblaciones locales han disminuido más del 95 %.

PEZ ERIZO ENMASCARADO
Diodon liturosus

Localización: Indo-Pacífico, Atlántico SE
Longitud: hasta 65 cm

Este pez de arrecife tropical, pariente cercano del más que venenoso pez globo, se defiende de los predadores tragando agua y transformándose en una bola de pinchos casi imposible de tragar.

LUCIO EUROPEO
Esox lucius

Localización: Norteamérica, Europa, Asia
Longitud: hasta 1,5 m

Este pez de agua dulce es muy famoso por su ferocidad: es un predador que espera quieto entre las algas hasta que ataca de golpe a peces, ranas y aves acuáticas. Si hay poca comida, llega a comerse lucios más pequeños.

ANFIBIOS

Los anfibios, los vertebrados más misteriosos, deben su nombre a que pueden vivir en el agua y en tierra firme. Algunos son muy tímidos y solo salen de noche; de día se quedan en sitios oscuros y húmedos. Tienen largos ciclos de vida y entre sus filas están algunos de los animales más venenosos de la Tierra.

¿QUÉ ES UN ANFIBIO?

Los primeros anfibios evolucionaron a partir de peces que podían respirar aire y salieron del agua con las aletas para encontrar presas. Pero los peces tenían que poner sus huevos en el agua, y sus descendientes anfibios aún tienen que criar en el agua o en lugares húmedos. Tienen la piel fina y pierden humedad rápidamente, por lo que tienen que vigilar de no secarse.

TIPOS DE ANFIBIO

Los anfibios más típicos son las ranas y los sapos, de cabeza grande y cuerpo sin cola. Las salamandras y los tritones con sus largas colas tienen vidas similares, pero las cecilias tropicales, que parecen gusanos, son menos conocidas.

Ranas y sapos
Este grupo es el más grande, pues tiene 6.641 especies. Científicamente, no existen diferencias entre las ranas y los sapos: todos tienen la misma forma básica, aunque las ranas suelen tener la piel más fina.

SAPO DE VIENTRE DE FUEGO

Salamandras y tritones
Igual que las ranas y los sapos, también tienen nombres distintos para el mismo tipo de animal. Hay 683 especies; algunas son totalmente acuáticas, mientras que otras viven solo en tierra.

SALAMANDRA COMÚN

Cecilias
Ninguna de las 205 especies de cecilias tiene extremidades. Todas por completo son casi ciegas. Viven bajo tierra, cavan en busca de gusanos e insectos.

CECILIA DEL CONGO

Un anfibio por dentro
Esta rana europea común tiene la disposición corporal de cuatro extremidades, común en todos los vertebrados terrestres, aunque algunos anfibios han perdido las patas durante la evolución, igual que los reptiles.

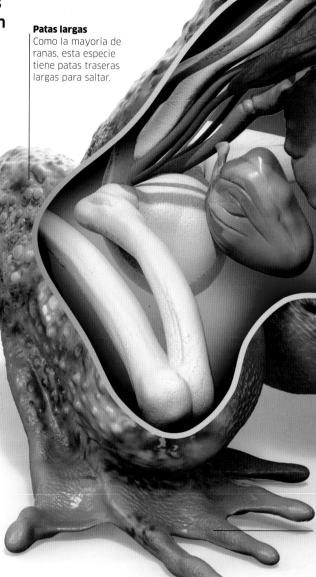

Pulmones
La rana usa la garganta para bombear aire hacia los pulmones al respirar.

Patas largas
Como la mayoría de ranas, esta especie tiene patas traseras largas para saltar.

Patas palmeadas
Las patas palmeadas de esta rana la convierten en una excelente nadadora.

RASGOS COMUNES

Hay solo tres tipos de anfibios, pero incluyen animales con una gran variedad de modos de vida y de sistemas de reproducción. Aun así, muchos comparten unos rasgos comunes concretos: todos son vertebrados, respiran aire, tienen la sangre fría y su piel no es impermeable. La mayoría pone huevos que tienen que mantener la humedad, y muchos pasan parte de su vida en el agua.

Vertebrados
Igual que los peces óseos, antepasados de los anfibios, estos tienen un esqueleto interno de hueso.

Sangre fría
La temperatura de un anfibio es la misma que la del aire o agua que le rodea.

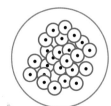

Suelen poner huevos
Las cecilias paren crías vivas, pero la mayoría de anfibios pone huevos blandos.

Crías acuáticas
Normalmente las crías son renacuajos acuáticos antes de ser adultos.

Piel húmeda
Los anfibios pierden agua rápidamente a través de la piel fina y húmeda, pero absorben oxígeno.

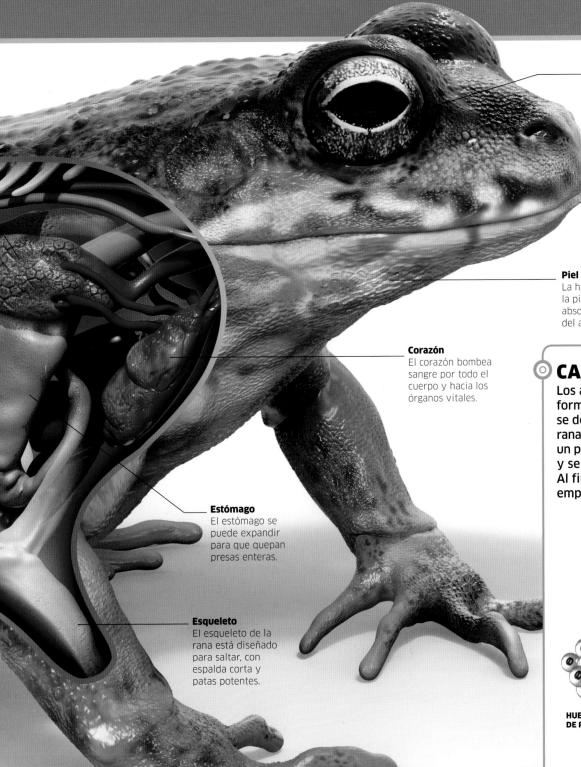

Grandes ojos
La rana tiene una gran capacidad de detectar animales a simple vista.

Boca ancha
Las ranas tienen bocas muy grandes para poder tragarse las presas enteras.

Piel húmeda
La humedad de la piel le permite absorber el oxígeno del aire.

Corazón
El corazón bombea sangre por todo el cuerpo y hacia los órganos vitales.

Estómago
El estómago se puede expandir para que quepan presas enteras.

Esqueleto
El esqueleto de la rana está diseñado para saltar, con espalda corta y patas potentes.

CAMBIO DE FORMA

Los anfibios son los únicos vertebrados cuya forma cambia al entrar en la adultez, en lo que se denomina metamorfosis. El huevo típico de rana se convierte en un renacuajo que vive como un pez durante semanas. Después le crecen patas y se convierte en una ranita que respira aire. Al final pierde la cola y salta a tierra firme para empezar la vida como adulto.

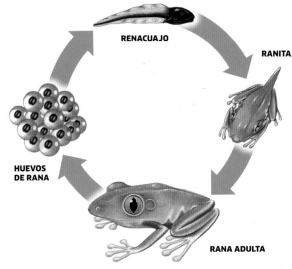

RENACUAJO

RANITA

HUEVOS DE RANA

RANA ADULTA

PIEL QUE RESPIRA

Muchos anfibios nacen como renacuajos acuáticos dotados de branquias con las que absorben el oxígeno del agua. Cuando se convierten en adultos, desarrollan pulmones y respiran aire. Pero su fina piel absorbe el oxígeno del agua o del aire, siempre que conserven la humedad. Así, el grupo de salamandras apulmonadas sobrevive sin pulmones ni branquias.

DEFENSA MORTAL

El espectacular colorido de esta rana arborícola advierte a pájaros y otros enemigos de que es extremadamente peligroso comerla: tiene veneno en la piel, que produce a partir de los insectos de los que se alimenta. Se trata de un veneno tan potente que la secreción de esta rana se utiliza para envenenar flechas. Otros anfibios tienen defensas tóxicas parecidas.

Colores de aviso
Los colores vivos advierten a los predadores de su toxicidad.

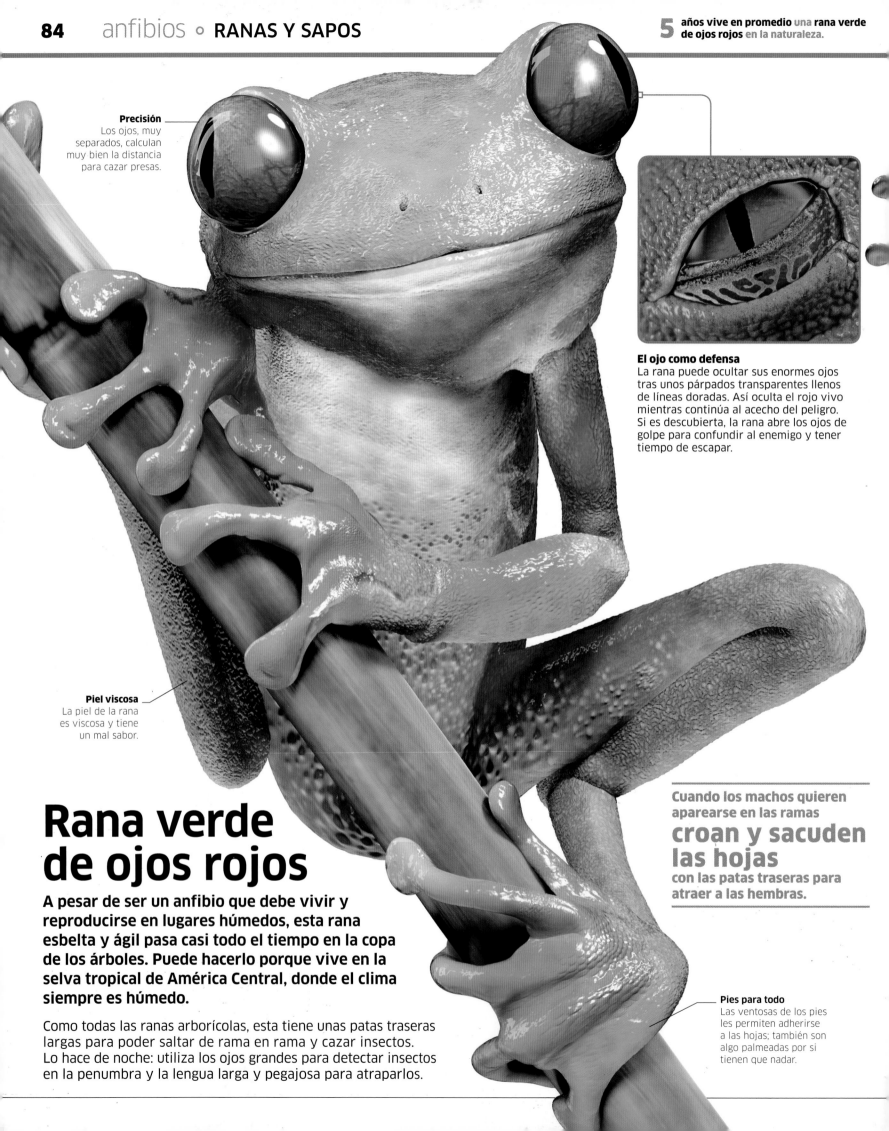

Precisión
Los ojos, muy separados, calculan muy bien la distancia para cazar presas.

El ojo como defensa
La rana puede ocultar sus enormes ojos tras unos párpados transparentes llenos de líneas doradas. Así oculta el rojo vivo mientras continúa al acecho del peligro. Si es descubierta, la rana abre los ojos de golpe para confundir al enemigo y tener tiempo de escapar.

Piel viscosa
La piel de la rana es viscosa y tiene un mal sabor.

Rana verde de ojos rojos

A pesar de ser un anfibio que debe vivir y reproducirse en lugares húmedos, esta rana esbelta y ágil pasa casi todo el tiempo en la copa de los árboles. Puede hacerlo porque vive en la selva tropical de América Central, donde el clima siempre es húmedo.

Como todas las ranas arborícolas, esta tiene unas patas traseras largas para poder saltar de rama en rama y cazar insectos. Lo hace de noche: utiliza los ojos grandes para detectar insectos en la penumbra y la lengua larga y pegajosa para atraparlos.

Cuando los machos quieren aparearse en las ramas **croan y sacuden las hojas** con las patas traseras para atraer a las hembras.

Pies para todo
Las ventosas de los pies les permiten adherirse a las hojas; también son algo palmeadas por si tienen que nadar.

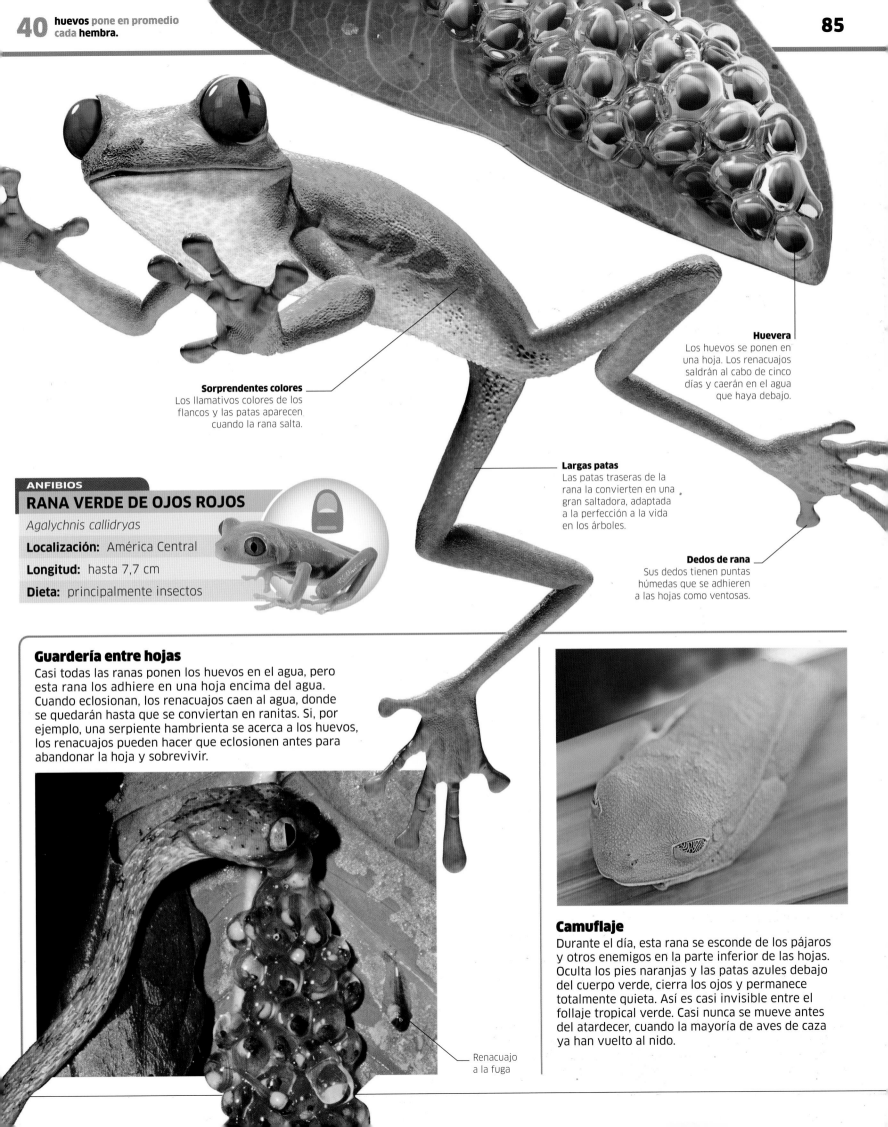

Huevera
Los huevos se ponen en una hoja. Los renacuajos saldrán al cabo de cinco días y caerán en el agua que haya debajo.

Sorprendentes colores
Los llamativos colores de los flancos y las patas aparecen cuando la rana salta.

Largas patas
Las patas traseras de la rana la convierten en una gran saltadora, adaptada a la perfección a la vida en los árboles.

ANFIBIOS

RANA VERDE DE OJOS ROJOS

Agalychnis callidryas

Localización: América Central

Longitud: hasta 7,7 cm

Dieta: principalmente insectos

Dedos de rana
Sus dedos tienen puntas húmedas que se adhieren a las hojas como ventosas.

Guardería entre hojas

Casi todas las ranas ponen los huevos en el agua, pero esta rana los adhiere en una hoja encima del agua. Cuando eclosionan, los renacuajos caen al agua, donde se quedarán hasta que se conviertan en ranitas. Si, por ejemplo, una serpiente hambrienta se acerca a los huevos, los renacuajos pueden hacer que eclosionen antes para abandonar la hoja y sobrevivir.

Camuflaje

Durante el día, esta rana se esconde de los pájaros y otros enemigos en la parte inferior de las hojas. Oculta los pies naranjas y las patas azules debajo del cuerpo verde, cierra los ojos y permanece totalmente quieta. Así es casi invisible entre el follaje tropical verde. Casi nunca se mueve antes del atardecer, cuando la mayoría de aves de caza ya han vuelto al nido.

Renacuajo a la fuga

86 anfibios ○ **RANAS Y SAPOS**

50 años es la **esperanza de vida conocida** del **sapo común** en cautividad.

Veneno a chorro
La glándula parótida detrás de cada ojo secreta un líquido con bufotoxina, un veneno de sabor horroroso. Con eso basta para convencer a los predadores para que no se lo coman, pero a algunos, como la culebra de collar, no parece importarles.

ANFIBIOS
SAPO COMÚN
Bufo bufo

Localización: Europa, norte de África

Longitud: hasta 15 cm

Dieta: animales pequeños

Sapo común

El sapo común, de movimientos lentos, incapaz de saltar como las ranas y lleno de verrugas, no se comporta como un cazador. Pero para los insectos y otros animales pequeños es un predador letal, capaz de atraparlos y comérselos a la velocidad del rayo.

El sapo común, como otros sapos, vive en tierra firme salvo cuando se reproduce en el agua. Suele ocultarse de día y salir al atardecer para hartarse de insectos, gusanos, babosas y cualquier criatura pequeña que vea. Siempre atento, de repente saca la lengua, atrapa la víctima con la punta pegajosa y se la traga entera.

Rápido y fugaz
La lengua sale disparada para atrapar la presa.

Punta pegajosa
La lengua pegajosa del sapo sale de la parte delantera de la boca para poder llegar más lejos.

Ojos cobrizos
Los grandes ojos cobrizos tienen pupilas horizontales que se dilatan (abren) en la oscuridad.

Dedos nupciales
Al principio de la temporada de apareamiento en primavera, el sapo macho desarrolla almohadillas negras en los tres primeros dedos, de superficie rugosa para sujetar bien la piel húmeda y escurridiza de la hembra mientras pone huevos en el agua.

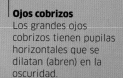

La textura rugosa le da agarre

Los renacuajos de sapo tardan entre 6 y 12 semanas en convertirse en sapitos y abandonar el agua.

Un sapo común grande es capaz de comer ratones e incluso pequeñas serpientes.

87

Los sapos pueden desplazarse hasta 3 km de distancia para aparearse, habitualmente en la charca donde nacieron.

Patas cortas
Las patas traseras son más cortas que las de las ranas, lo que los hace menos ágiles.

Piel marrón oliva
Su rechoncho cuerpo está cubierto por una piel llena de verrugas que absorbe oxígeno bajo el agua.

Dedos largos y parcialmente palmeados

Defensa hinchable

Cuando un predador les amenaza, como esta culebra de collar, el sapo traga aire y se pone de puntillas con la cabeza baja: en esta posición de defensa parece mayor, más peligroso y más difícil de tragar. Si el sapo tiene suerte, la culebra buscará un bocado más fácil.

PAREJA APAREÁNDOSE

HUEVOS RECIÉN FERTILIZADOS

Parejas en reproducción

Durante la primavera los machos vuelven a su charca y compiten para aparearse con las hembras, que llegan al cabo de unos días. Las hembras son mayores que los machos en esta especie. El macho se pega a la hembra para fertilizar los huevos cuando los ponga. Al eclosionar salen renacuajos acuáticos que acabarán siendo sapitos.

Ranas y sapos

Las ranas y sapos se reconocen al instante por su cabeza y boca grandes, cuerpo corto y sin cola, y patas largas. Son los anfibios con más éxito y diversidad.

No existen diferencias científicas entre ranas y sapos. Las especies más esbeltas y acuáticas se denominan ranas, mientras que los tipos terrestres, menos elegantes, se conocen como sapos. Aun así, hay sapos que viven en agua dulce y ranas que pasan su vida entera en los árboles.

RANA TORO
Pyxicephalus adspersus
Localización: África
Longitud: hasta 24,5 cm

Esta enorme rana vive en lugares secos, donde pasa casi toda su vida enterrada en el suelo para conservar la humedad. Durante la temporada húmeda sale para cazar pequeños mamíferos, aves, reptiles, otras ranas y cualquier cosa que atrape. Se traga sus presas enteras.

La rana toro, un caníbal consumado, llega incluso a **devorar a sus propias crías.**

Dientes
En la mandíbula inferior tiene tres estructuras grandes como dientes para que no se escapen las presas.

Peso pesado
Los machos son mucho mayores que las hembras, pueden pesar hasta 1,4 kg.

Dedos anchos y romos

RANA DE CRISTAL RETICULADA
Hyalinobatrachium valerioi
Localización: América Central y Sudamérica
Longitud: hasta 2,6 cm

El corazón rojo de esta pequeña rana arborícola tropical se ve a través de su piel transparente. El macho atrae a diversas hembras para que estas pongan huevos bajo una hoja; él los vigilará hasta que eclosionen.

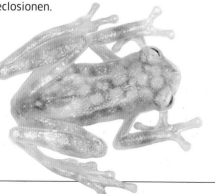

RANA EUROPEA COMÚN
Rana temporaria
Localización: Europa, Asia
Longitud: hasta 9 cm

Como la mayoría de anfibios, la rana común pasa gran parte de su vida cazando insectos, babosas y otros animalitos por la noche en lugares húmedos. Vuelve a las charcas para reproducirse; los machos llegan primero y croan para atraer a las hembras.

RANA VOLADORA DE WALLACE
Rhacophorus nigropalmatus
Localización: Asia SE
Longitud: hasta 10 cm

Las patas anchas y palmeadas de esta rana arborícola de Malasia actúan como un paracaídas al saltar de un árbol a otro. Así puede planear 15 m o más y aterrizar en otra rama sin tocar el suelo. Se sujeta en las hojas rugosas con sus pies pegajosos.

50–70 días lleva la **ranita de Darwin** a sus crías en el **saco vocal.**

8 mm de **longitud** mide la **rana adulta más pequeña,** la *Paedophryne amauensis* de Nueva Guinea.

89

SAPO DE VIENTRE DE FUEGO ORIENTAL
Bombina orientalis
Localización: Asia este y SE
Longitud: hasta 8 cm

Muchas ranas y sapos se defienden con secreciones tóxicas por la piel. Este sapo del este asiático avisa de su toxicidad con un vientre rojo y negro; incluso llega a tumbarse de espalda para que los enemigos lo vean. Obtiene su coloración roja de los pigmentos de las presas que consume.

RANA CORNUDA
Megophrys nasuta
Localización: Asia SE
Longitud: hasta 12 cm

Esta rana goza de un camuflaje espectacular: su forma espinosa e inclinada y su coloración imita las hojas muertas tan bien que la rana es casi invisible en el suelo de la selva tropical. Aprovecha el camuflaje para atrapar pequeños animales.

SAPO DE LA GRAN PLANICIE
Anaxyrus cognatus
Localización: Norteamérica y América Central
Longitud: hasta 11 cm

Durante la temporada de apareamiento, los machos compiten croando por las hembras. Este sapo norteamericano hincha su gran saco vocal para amplificar su canto metálico, que puede durar varios minutos.

RANA DARDO VENENOSO
Dendrobates tincturius
Localización: Sudamérica
Longitud: hasta 4,5 cm

El colorido de estas pequeñas ranas tropicales de Sudamérica avisa de que son uno de los animales más tóxicos del planeta. Los cazadores locales las utilizan para envenenar flechas.

RANITA DE DARWIN
Rhinoderma darwinii
Localización: Sudamérica
Longitud: hasta 3 cm

Algunas ranas y sapos han encontrado maneras alternativas a criar en el agua. La ranita de Darwin macho se mete los huevos en la boca cuando eclosionan y protege los renacuajos en el saco vocal hasta que son ranitas.

RANA DE MADRIGUERA RAYADA
Cyclorana alboguttata
Localización: Australia
Longitud: hasta 7 cm

Esta rana australiana se encuentra entre las que superan las sequías enterrándose; almacenan agua en su cuerpo y se sellan dentro de una crisálida de moco impermeable. Permanece enterrada durante años antes de volver a salir con la lluvia.

RANA TOMATE
Dyscophus antongilii
Localización: Madagascar
Longitud: hasta 10,5 cm

La rana tomate, exclusiva de Madagascar, debe su nombre a sus colores vivos: estos avisan a los enemigos de que tiene toxinas en la piel. Pasa gran parte del tiempo inmóvil, a la espera de que algún insecto u otras presas se le pongan a tiro.

SAPO DE SURINAM
Pipa pipa
Localización: Sudamérica
Longitud: hasta 18 cm

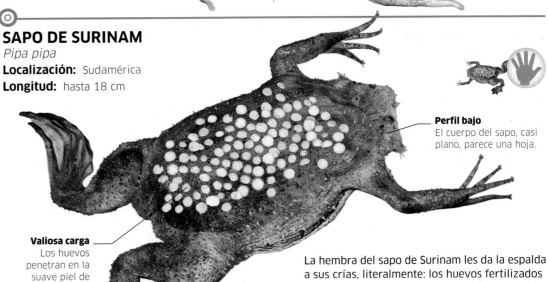

Perfil bajo
El cuerpo del sapo, casi plano, parece una hoja.

Valiosa carga
Los huevos penetran en la suave piel de la hembra.

La hembra del sapo de Surinam les da la espalda a sus crías, literalmente: los huevos fertilizados penetran en los orificios de la piel de la espalda, donde crecen las crías. Cuando los renacuajos se transforman en sapitos, salen e inician su vida solos.

Los tritones crestados solo se encuentran en
el norte de Europa, entre Bretaña y Ucrania.

ANFIBIOS

TRITÓN CRESTADO

Triturus cristatus

Localización: Europa septentrional

Tamaño: hasta 16 cm

Dieta: animales pequeños

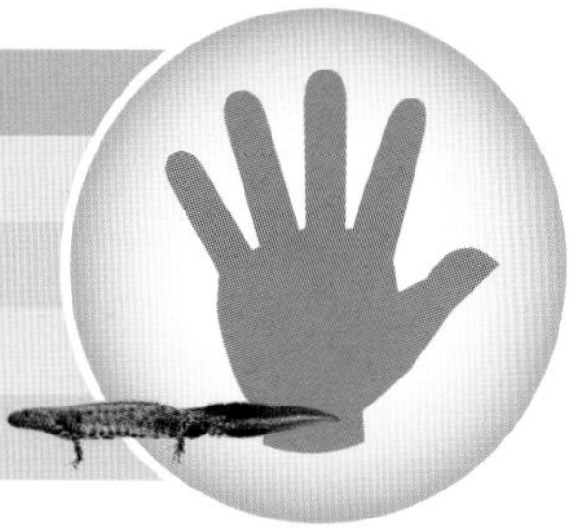

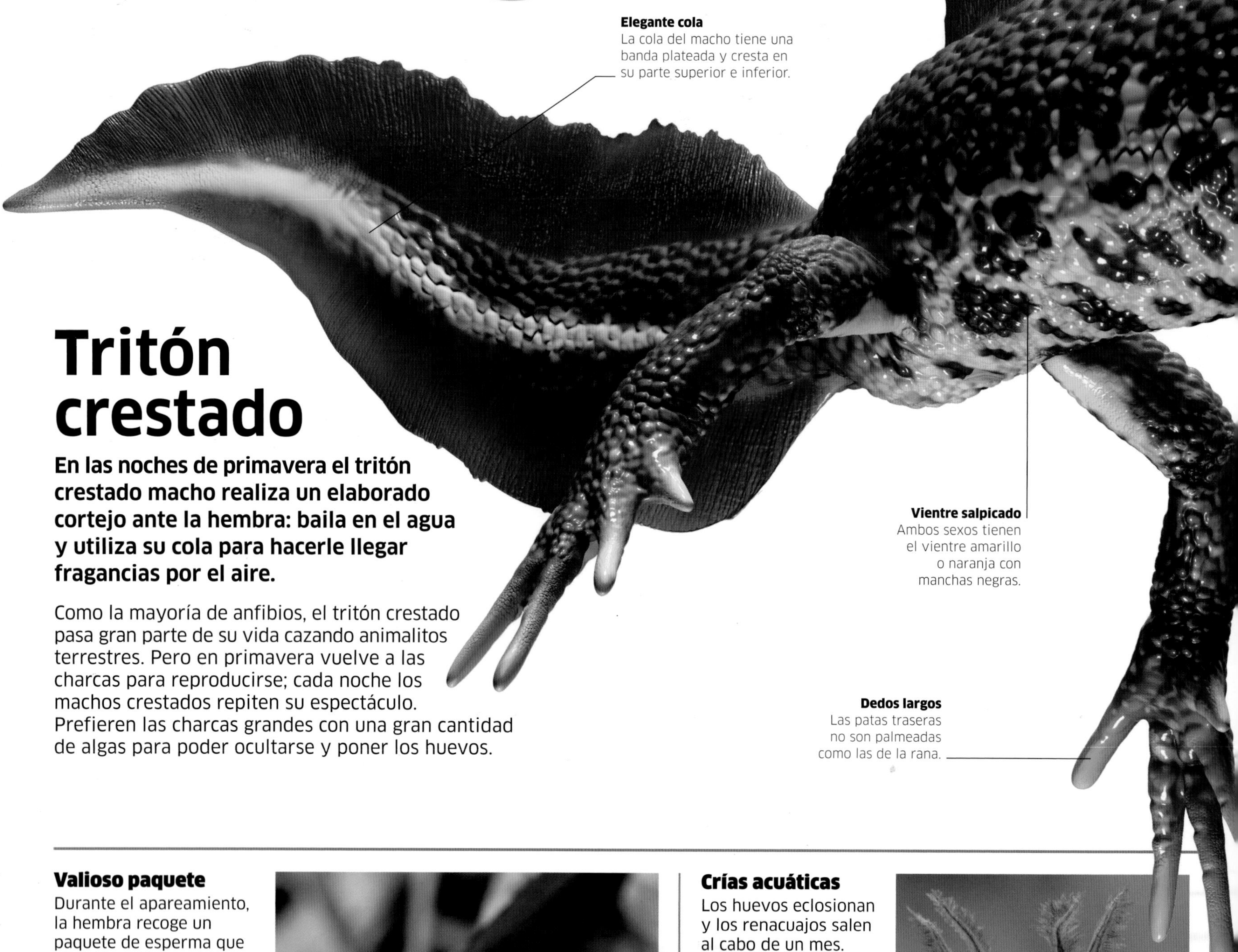

Cresta dentada
Al macho le crece la cresta
durante la temporada de
apareamiento.

Elegante cola
La cola del macho tiene una
banda plateada y cresta en
su parte superior e inferior.

Tritón crestado

En las noches de primavera el tritón crestado macho realiza un elaborado cortejo ante la hembra: baila en el agua y utiliza su cola para hacerle llegar fragancias por el aire.

Como la mayoría de anfibios, el tritón crestado
pasa gran parte de su vida cazando animalitos
terrestres. Pero en primavera vuelve a las
charcas para reproducirse; cada noche los
machos crestados repiten su espectáculo.
Prefieren las charcas grandes con una gran cantidad
de algas para poder ocultarse y poner los huevos.

Vientre salpicado
Ambos sexos tienen
el vientre amarillo
o naranja con
manchas negras.

Dedos largos
Las patas traseras
no son palmeadas
como las de la rana.

Valioso paquete

Durante el apareamiento,
la hembra recoge un
paquete de esperma que
el macho deja en el lecho
de la charca; lo utiliza
para fertilizar los huevos
que empieza a poner.
Coloca con cuidado un
huevo o una cadena de
dos o tres sobre una hoja
y utiliza las patas traseras
para enrollar la hoja.
La sustancia pegajosa
que recubre el huevo
mantiene cerrada la hoja.

Crías acuáticas

Los huevos eclosionan
y los renacuajos salen
al cabo de un mes.
Tienen la piel amarilla
y branquias para
captar el oxígeno
del agua. Primero
les crecen las patas
delanteras y después
las traseras. La piel
se les oscurece, les
desaparecen las
branquias y salen
de la charca como
juveniles terrestres.

El tritón crestado **vive** unos **ocho años.**

600 **huevos** puede llegar a poner **una hembra** por temporada.

Visión nocturna
El tritón ve y caza a oscuras.

Hembra sin cresta
La hembra no tiene cresta en la espalda ni bajo la cola.

Piel oscura
La piel es principalmente negra y está cubierta por granitos.

La pérdida de hábitats
ha hecho entrar al tritón crestado en la lista de animales en peligro de extinción. Por ello, están muy protegidos.

Banda en la cola
La hembra tiene una banda de color amarillo claro bajo la cola. Los inmaduros no tienen crestas ni bandas, el aspecto de ambos sexos es idéntico.

Pata delantera
La pata delantera solo tiene cuatro dedos.

SALAMANDRA GIGANTE DEL JAPÓN
Andrias japonicus
Localización: Japón
Longitud: hasta 1,4 m

Esta salamandra gigante vive en arroyos de montaña y nunca sale a tierra. Como la mayoría de salamandras, absorbe el oxígeno vital del agua a través de su piel gris, arrugada y fina.

Potente cola
La salamandra usa su cola plana para impulsarse por el agua.

Mala vista
Sus pequeños ojos no captan detalles.

Salamandras y tritones

Aunque parezcan lagartos por la cola larga y las patas cortas, estos animales son anfibios, parientes de las ranas y los sapos. Pierden la humedad corporal con facilidad y no sobreviven en lugares secos. Aun así, algunos viven siempre en tierra.

Los tritones forman parte del mismo grupo de anfibios que las salamandras, pero son más acuáticos, y cada primavera vuelven a la charca para criar. La mayoría pone los huevos en sitios húmedos de tierra. Pero hay salamandras más acuáticas que los tritones y nunca salen del agua.

Haciendo eses
El cuerpo largo de la sirena le permite nadar como una anguila.

SALAMANDRA SIBERIANA
Salamandrella keyserlingii
Localización: noreste asiático
Longitud: hasta 15 cm

Este animal de sangre fría, por increíble que parezca, vive en regiones donde la temperatura baja hasta -35 ºC. Puede sobrevivir congelado durante años, y cuando se descongela vuelve a su vida normal.

SIRENA MAYOR
Siren lacertina
Localización: EE. UU. SE
Longitud: hasta 90 cm

Algunas salamandras tienen las patas muy cortas, pero las sirenas son un grupo que ha perdido las patas traseras por completo. La sirena mayor es la más grande de ellas y, como todas, es acuática. Tiene branquias a cada lado de la cabeza para respirar bajo el agua. Por la noche caza insectos y otros animalitos.

SALAMANDRA COMÚN
Salamandra salamandra
Localización: Europa central y meridional
Longitud: hasta 28 cm

La combinación de colores chillones de la salamandra común avisa a los predadores de que sus glándulas cutáneas segregan veneno. La salamandra puede dispararlo a chorro por la espalda.

SALAMANDRA GIGANTE DE CALIFORNIA
Dicamptodon ensatus
Localización: Norteamérica occidental
Longitud: hasta 30 cm

Aunque ni se acerque a la talla de la salamandra gigante del Japón, es mucho mayor que la mayoría de especies. Pasa casi toda su vida inicial en el agua respirando por las branquias; cuando es adulto suele vivir en tierra firme, pero algunas conservan las branquias y se quedan en el agua.

ANFIUMA DE DOS DEDOS
Amphiuma means
Localización: EE. UU. SE
Longitud: hasta 1,1 m

Esta es la especie más grande de las tres anfiumas, un grupo de salamandras acuáticas. Le encantan las aguas estancadas. Sus cuatro patas son vestigiales, no desempeñan función alguna.

Extremidades vestigiales

585 especies de salamandras y tritones. Más de la mitad son **salamandras apulmonadas.**

1,5 cm de longitud tiene la ***Thorius arboreus***, la **salamandra más pequeña.**

93

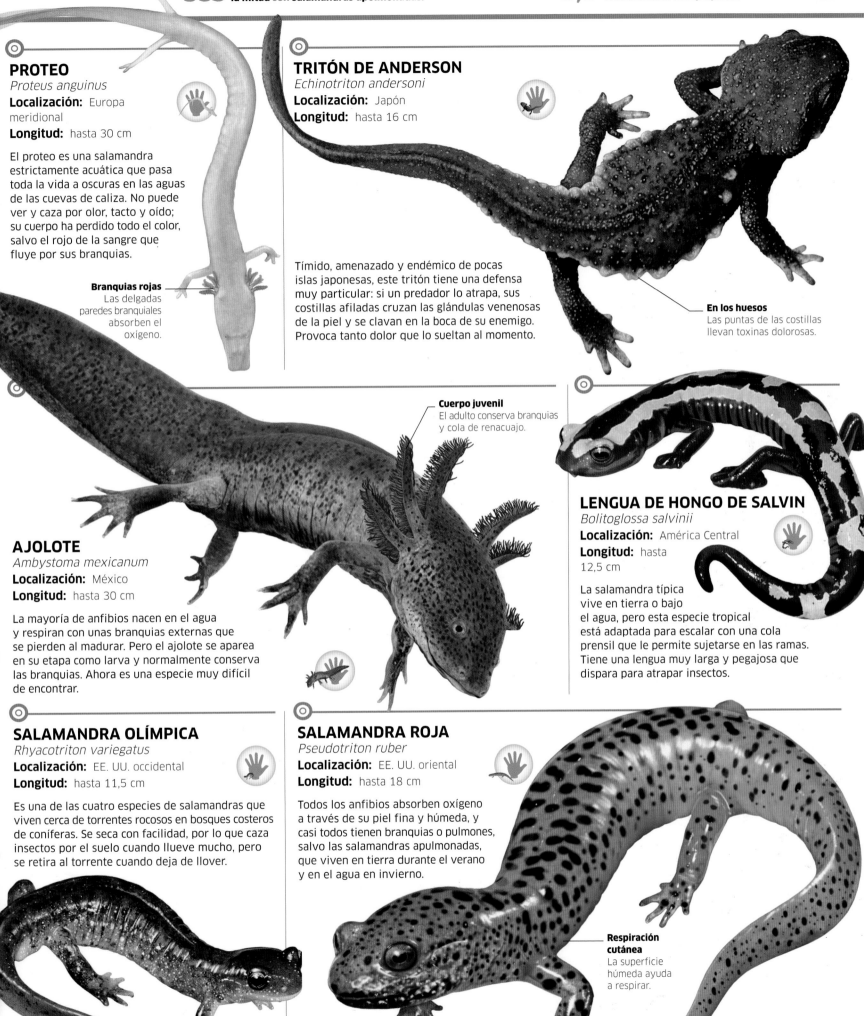

PROTEO
Proteus anguinus
Localización: Europa meridional
Longitud: hasta 30 cm

El proteo es una salamandra estrictamente acuática que pasa toda la vida a oscuras en las aguas de las cuevas de caliza. No puede ver y caza por olor, tacto y oído; su cuerpo ha perdido todo el color, salvo el rojo de la sangre que fluye por sus branquias.

Branquias rojas
Las delgadas paredes branquiales absorben el oxígeno.

TRITÓN DE ANDERSON
Echinotriton andersoni
Localización: Japón
Longitud: hasta 16 cm

Tímido, amenazado y endémico de pocas islas japonesas, este tritón tiene una defensa muy particular: si un predador lo atrapa, sus costillas afiladas cruzan las glándulas venenosas de la piel y se clavan en la boca de su enemigo. Provoca tanto dolor que lo sueltan al momento.

En los huesos
Las puntas de las costillas llevan toxinas dolorosas.

Cuerpo juvenil
El adulto conserva branquias y cola de renacuajo.

AJOLOTE
Ambystoma mexicanum
Localización: México
Longitud: hasta 30 cm

La mayoría de anfibios nacen en el agua y respiran con unas branquias externas que se pierden al madurar. Pero el ajolote se aparea en su etapa como larva y normalmente conserva las branquias. Ahora es una especie muy difícil de encontrar.

LENGUA DE HONGO DE SALVIN
Bolitoglossa salvinii
Localización: América Central
Longitud: hasta 12,5 cm

La salamandra típica vive en tierra o bajo el agua, pero esta especie tropical está adaptada para escalar con una cola prensil que le permite sujetarse en las ramas. Tiene una lengua muy larga y pegajosa que dispara para atrapar insectos.

SALAMANDRA OLÍMPICA
Rhyacotriton variegatus
Localización: EE. UU. occidental
Longitud: hasta 11,5 cm

Es una de las cuatro especies de salamandras que viven cerca de torrentes rocosos en bosques costeros de coníferas. Se seca con facilidad, por lo que caza insectos por el suelo cuando llueve mucho, pero se retira al torrente cuando deja de llover.

SALAMANDRA ROJA
Pseudotriton ruber
Localización: EE. UU. oriental
Longitud: hasta 18 cm

Todos los anfibios absorben oxígeno a través de su piel fina y húmeda, y casi todos tienen branquias o pulmones, salvo las salamandras apulmonadas, que viven en tierra durante el verano y en el agua en invierno.

Respiración cutánea
La superficie húmeda ayuda a respirar.

REPTILES

Los reptiles, con escamas, de sangre fría e incluso con veneno, quizás inspiren más miedo que admiración. Aun así, son animales fascinantes, muy adaptados para sobrevivir. Desde las lentas tortugas hasta las increíbles serpientes voladoras, incluyen algunos de los animales más extraordinarios del mundo.

¿QUÉ ES UN REPTIL?

Los reptiles fueron los primeros animales vertebrados capaces de vivir completamente en tierra firme. La evolución los equipó con una piel escamosa e impermeable que les permite conservar la humedad en climas secos y calientes. Asimismo, la mayoría pone huevos con cubierta dura. Como resultado, los reptiles viven en todos los hábitats terrestres, salvo en las partes más frías del mundo.

Caparazón protector
Un duro caparazón protege el cuerpo de la tortuga.

TIPOS DE REPTIL

Existen cuatro órdenes principales de reptiles, pero uno de ellos solo cuenta con una especie superviviente: la tuátara. Los otros corresponden a tortugas acuáticas y terrestres, cocodrilos y caimanes, además de un orden único compuesto por lagartos, serpientes y anfisbenas, unas criaturas que se parecen a los gusanos.

Tortugas de agua y de tierra
Son los reptiles más fáciles de reconocer, con su caparazón en forma de cúpula unido a la columna y costillas. Las tortugas pueden vivir en tierra firme, mares y aguas dulces. Existen un total de 340 especies.

TORTUGA ESPALDA DE DIAMANTE

Digestión
Un gran sistema digestivo procesa su dieta, a base de hojas.

Tuátara
La tuátara es el único superviviente de un grupo de reptiles que se remonta a la edad de los grandes dinosaurios; casi todos murieron hace 100 millones de años. Vive en Nueva Zelanda.

TUÁTARA

Lagartos y serpientes
Las serpientes y los lagartos pertenecen al orden más grande de reptiles, con 9.905 especies. Las anfisbenas o culebrillas ciegas también pertenecen a este grupo, aunque tengan pocas especies.

SERPIENTE DE CORAL

RASGOS COMUNES

Los reptiles incluyen una diversidad fantástica de animales adaptados a una gran variedad de hábitats, desde océanos hasta desiertos, pero todos comparten unos rasgos comunes: todos son vertebrados de sangre fría con piel impermeable y dura que les permite sobrevivir en los puntos más secos de la Tierra. La mayoría ponen huevos con cáscara impermeable, pero unos pocos paren crías vivas.

Crocodílidos
Los cocodrilos, caimanes y sus parientes solo suman 25 especies, pero cuentan con los reptiles más grandes y formidables. Los crocodílidos son principalmente acuáticos, aunque a veces algunos cacen por tierra.

COCODRILO DEL NILO

Vertebrado
Un esqueleto óseo sostiene el cuerpo del reptil.

Sangre fría
La temperatura corporal depende del entorno.

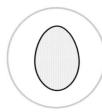

Pone huevos
Los huevos de reptil tienen cáscara impermeable.

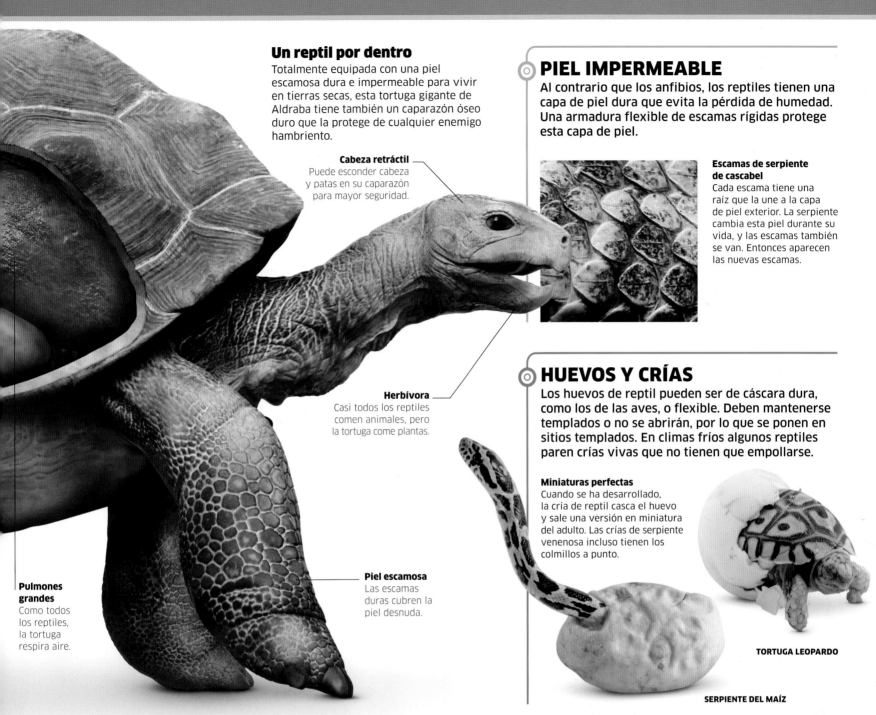

Un reptil por dentro
Totalmente equipada con una piel escamosa dura e impermeable para vivir en tierras secas, esta tortuga gigante de Aldraba tiene también un caparazón óseo duro que la protege de cualquier enemigo hambriento.

Cabeza retráctil
Puede esconder cabeza y patas en su caparazón para mayor seguridad.

Herbívora
Casi todos los reptiles comen animales, pero la tortuga come plantas.

Pulmones grandes
Como todos los reptiles, la tortuga respira aire.

Piel escamosa
Las escamas duras cubren la piel desnuda.

PIEL IMPERMEABLE
Al contrario que los anfibios, los reptiles tienen una capa de piel dura que evita la pérdida de humedad. Una armadura flexible de escamas rígidas protege esta capa de piel.

Escamas de serpiente de cascabel
Cada escama tiene una raíz que la une a la capa de piel exterior. La serpiente cambia esta piel durante su vida, y las escamas también se van. Entonces aparecen las nuevas escamas.

HUEVOS Y CRÍAS
Los huevos de reptil pueden ser de cáscara dura, como los de las aves, o flexible. Deben mantenerse templados o no se abrirán, por lo que se ponen en sitios templados. En climas fríos algunos reptiles paren crías vivas que no tienen que empollarse.

Miniaturas perfectas
Cuando se ha desarrollado, la cría de reptil casca el huevo y sale una versión en miniatura del adulto. Las crías de serpiente venenosa incluso tienen los colmillos a punto.

TORTUGA LEOPARDO

SERPIENTE DEL MAÍZ

EN EL PASADO REMOTO, ENTRE LOS REPTILES, ESTABAN TAMBIÉN LOS GIGANTES **DINOSAURIOS:** LOS ANIMALES TERRESTRES MÁS GRANDES QUE HAYAN **EXISTIDO JAMÁS.**

Pieles escamosas
Las escamas protegen la piel y evitan que pierda agua.

Autonomía
Algunas serpientes y lagartos paren crías ya desarrolladas.

AHORRADORES DE ENERGÍA
Aunque se diga que son de sangre fría, tienen que tener el cuerpo caliente para funcionar bien. Confían en el entorno para conseguir este calor, por lo que pocos reptiles viven en regiones con inviernos rigurosos; los que lo hacen solo están activos en verano. En las regiones tropicales esto no supone problema alguno, y el reptil ahorra mucha energía al no tener que generar su calor corporal. Así es capaz de vivir con mucha menos comida que un animal de sangre caliente del mismo tamaño.

Al sol
Este lagarto tiene que tomar el sol para activarse.

IGUANA COMÚN

Control de temperatura
Un reptil como la iguana común controla su temperatura mediante la conducta: si tiene que calentarse, toma el sol un rato; si está demasiado caliente y debe enfriarse, se pone a la sombra.

Tortuga de las Galápagos

Se calcula que una tortuga de las Galápagos en cautividad ha llegado a vivir **nada menos que 170 años.**

Las tortugas de las Galápagos son las tortugas de tierra más grandes del planeta, capaces de llegar a tamaños colosales y edades venerables. Vivían por miles en como mínimo siete de las islas Galápagos; su éxito se debía a lo remotas que eran sus islas, sin predadores ni competencia por la comida.

Su aislamiento causó la evolución de 15 subespecies locales, cada una con sus rasgos únicos. Actualmente, está en riesgo por diversas especies introducidas, como las ratas que se comen las tortugas jóvenes o las cabras que compiten por su comida. El número de subespecies ha pasado a 10, algunas de ellas en peligro de extinción.

Anillos de crecimiento
Cuando una cría de tortuga sale del huevo no es más grande que un ratón, pero ya tiene el caparazón con su patrón de escudos (escamas duras) que le durará toda la vida. A medida que crece, también lo hacen los escudos, que cada año cuentan con otro anillo. Pero como las partes más antiguas se gastan, contar los anillos no sirve para determinar su edad.

Patas escamosas
La piel de las patas está cubierta por escamas protectoras fuertes.

400 kg pesaba la **mayor tortuga de las Galápagos** jamás registrada.

Las hembras de **tortugas de las Galápagos** ponen entre 2 y 16 huevos. Las **crías salen** al cabo de 4 meses y medio. **99**

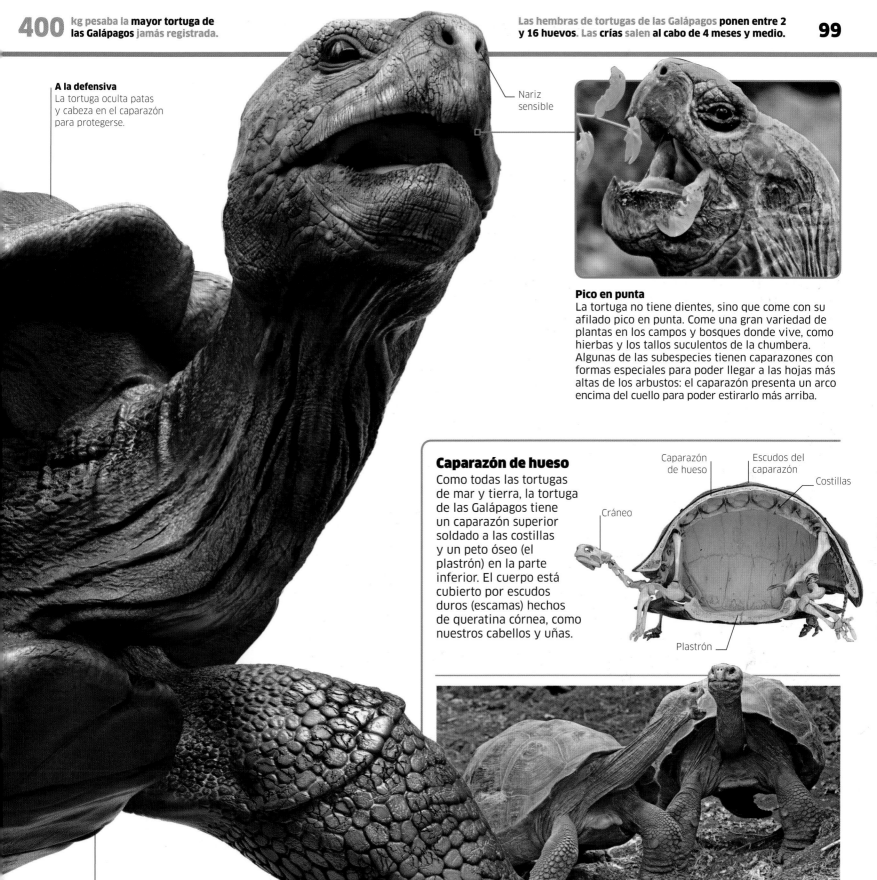

A la defensiva
La tortuga oculta patas y cabeza en el caparazón para protegerse.

Nariz sensible

Pico en punta
La tortuga no tiene dientes, sino que come con su afilado pico en punta. Come una gran variedad de plantas en los campos y bosques donde vive, como hierbas y los tallos suculentos de la chumbera. Algunas de las subespecies tienen caparazones con formas especiales para poder llegar a las hojas más altas de los arbustos: el caparazón presenta un arco encima del cuello para poder estirarlo más arriba.

Caparazón de hueso
Como todas las tortugas de mar y tierra, la tortuga de las Galápagos tiene un caparazón superior soldado a las costillas y un peto óseo (el plastrón) en la parte inferior. El cuerpo está cubierto por escudos duros (escamas) hechos de queratina córnea, como nuestros cabellos y uñas.

Caparazón de hueso

Escudos del caparazón

Costillas

Cráneo

Plastrón

Placa de armadura
El peto, o plastrón, protege la parte inferior.

Machos rivales
Cuando los machos maduros se enfrentan durante la temporada de apareamiento, compiten entre ellos para demostrar quién domina. Se colocan tan altos como pueden, estiran el cuello arriba y abren la boca al máximo. Pueden luchar, pero a menudo la tortuga con el cuello más corto se retira antes.

REPTILES

TORTUGA DE LAS GALÁPAGOS

Chelonoidis nigra

Localización: Islas Galápagos

Longitud: hasta 1,2 m

Dieta: hojas, cactus, bayas y líquenes.

Garras anchas
Los pies delanteros tienen cinco garras anchas. Los traseros solo tienen cuatro.

100 reptiles ○ **TORTUGAS DE AGUA Y DE TIERRA**

188 años puede haber vivido una **tortuga radiada**, más que cualquier otro animal terrestre.

TORTUGA CAIMÁN
Macrochelys temminckii
Localización: Norteamérica
Longitud: hasta 80 cm

Esta tortuga de agua dulce debe su nombre a su mordisco. Caza quedándose quieta con la boca abierta y la lengua, en forma de gusano, a la vista. Cualquiera que se acerque recibe un buen mordisco.

TORTUGA BOBA PAPUANA
Carettochelys insculpta
Localización: Nueva Guinea, Australia
Longitud: hasta 75 cm

Al contrario que otras tortugas de agua dulce, esta tiene aletas como las tortugas marinas en lugar de patas con garras. Debe su nombre a su localización geográfica.

TORTUGA ASIÁTICA DE CAPARAZÓN BLANDO DE CABEZA ESTRECHA
Chitra chitra
Localización: Asia sur, Indonesia
Longitud: hasta 1,6 m

También tiene caparazón, pero es de piel y no de escudos duros. Esta especie es una de las más grandes. Los machos tienen la cola más larga y gruesa que las hembras.

Señuelo tentador
Pocos peces se resisten a la tentación del gusano-lengua de la tortuga.

Caparazón
El caparazón de piel tiene siete picos para nadar mejor.

Tortugas de agua y de tierra

Las tortugas de agua y tierra presentan muchas formas y tamaños y ocupan diversos hábitats. De las 341 especies, la mayoría son acuáticas. Las de tierra son 58 especies, todas de la misma familia.

Estos reptiles tienen mucha historia: se remontan a más de 220 millones de años atrás, cuando evolucionaban los primeros dinosaurios. La armadura ósea les ha ido bien, especialmente en el agua, donde el peso no es un problema, pero en tierra son muy lentas.

Pico en punta
El pico afilado es ideal para cortar pastos marinos.

TORTUGA LAÚD
Dermochelys coriacea
Localización: por todo el planeta
Longitud: hasta 2,7 m

Este gigante oceánico, la tortuga más grande, y con diferencia, tiene un caparazón cubierto de piel. Come medusas y otras criaturas de cuerpo blando a la deriva.

TORTUGA VERDE
Chelonia mydas
Localización: por todo el planeta
Longitud: hasta 1,5 m

La tortuga verde, un nadador elegante, vive en todos los océanos tropicales. Igual que otras tortugas marinas, realiza grandes migraciones hasta playas idóneas para poner sus huevos. A menudo vuelve a la misma playa año tras año. Casi todas las tortugas son carnívoras, pero esta es herbívora, se alimenta sobre todo de pastos y algas marinas.

Las medusas son una buena presa.

TORTUGA ESPALDA DE DIAMANTE
Malaclemys terrapin
Localización: Norteamérica
Longitud: hasta 23 cm

Esta tortuga pequeña es muy común por la costa atlántica de Norteamérica y está adaptada para vivir en las marismas salinas y los manglares. Caza caracoles, almejas y otros moluscos.

Escudos de diseño

Rompeconchas
Las mandíbulas potentes pueden romper conchas.

Cola escamosa
La larguísima cola está cubierta de escamas.

TORTUGA ALMIZCLADA
Sternotherus odoratus
Localización: Norteamérica
Longitud: hasta 14 cm

Cuando se asusta, esta tortuga pequeña de cuello largo libera un líquido apestoso por las glándulas de debajo del caparazón. Come todo tipo de alimentos, que encuentra caminando por el lecho en lugar de nadando.

TORTUGA CABEZONA
Platysternon megacephalum
Localización: este de Asia
Longitud: hasta 40 cm

Esta tortuga de agua dulce tiene una cabeza tan grande que no puede esconderla en su caparazón. Para compensarlo tiene la cabeza muy dura y una potente capacidad de mordisco.

TORTUGA RADIADA
Astrochelys radiata
Localización: sur de Madagascar
Longitud: hasta 40 cm

Las tortugas terrestres están adaptadas a la vida terrestre. Esta especie de Madagascar tiene un caparazón muy ornamentado. Reside en bosques secos y come sobre todo hierba, pero también le gusta la fruta y la carne de cactus suculentos.

TORTUGA DE CUÑA
Malacochersus tornieri
Localización: este de África
Longitud: hasta 20 cm

Esta tortuga vive en colinas rocosas y tiene un caparazón muy plano y flexible que le permite pasar por grietas estrechas. Se mueve muy rápido para ser una tortuga y cuando nota peligro desaparece de golpe.

TORTUGA DE CUELLO DE SERPIENTE COMÚN
Chelodina longicollis
Localización: Australia
Longitud: hasta 28 cm

Al contrario que las tortugas típicas, las de cuello de serpiente ocultan la cabeza doblando el cuello de lado. Esta especie pesca pequeños animales acuáticos.

TORTUGA MATAMATA
Chelus fimbriatus
Hábitat: Sudamérica
Longitud: hasta 70 cm

Esta tortuga confía en su magnífico camuflaje para ocultarse y cazar en los lechos de ríos y charcas poco profundas. Cuando la presa está lo bastante cerca, la tortuga abre de golpe la boca para que entre el agua y la víctima al momento.

Camuflaje
A menudo tiene el caparazón cubierto de algas.

Colgajos
Su contorno irregular disimula la silueta de la tortuga.

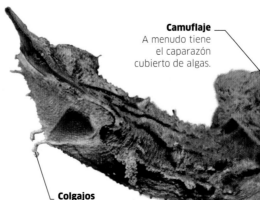

Piel escamosa

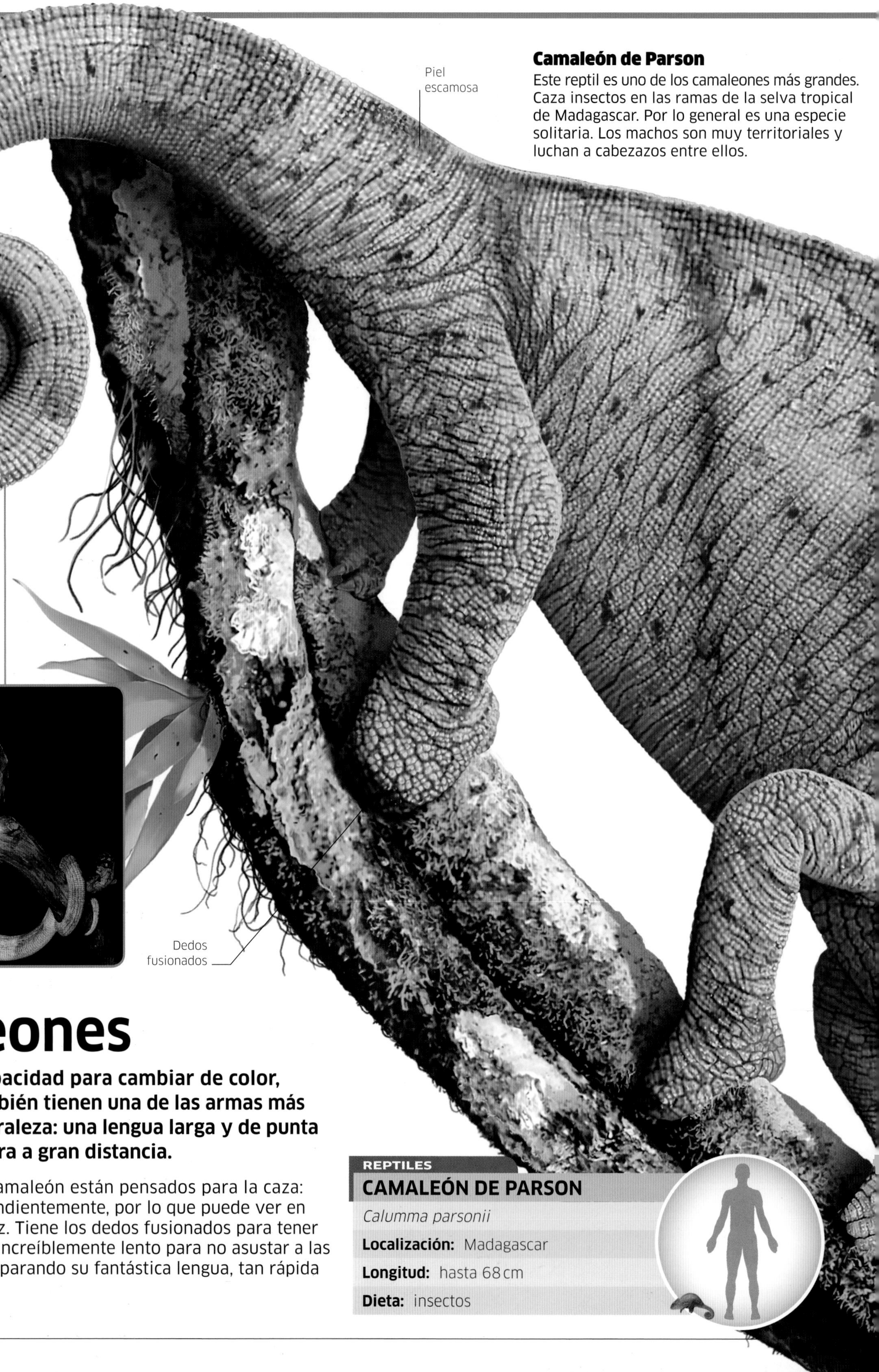

Camaleón de Parson

Este reptil es uno de los camaleones más grandes. Caza insectos en las ramas de la selva tropical de Madagascar. Por lo general es una especie solitaria. Los machos son muy territoriales y luchan a cabezazos entre ellos.

Cola prensil
La cola, móvil y musculada, suele estar enrollada como un muelle y se puede enroscar en cualquier sitio para ganar estabilidad, lo que resulta muy útil cuando se buscan presas.

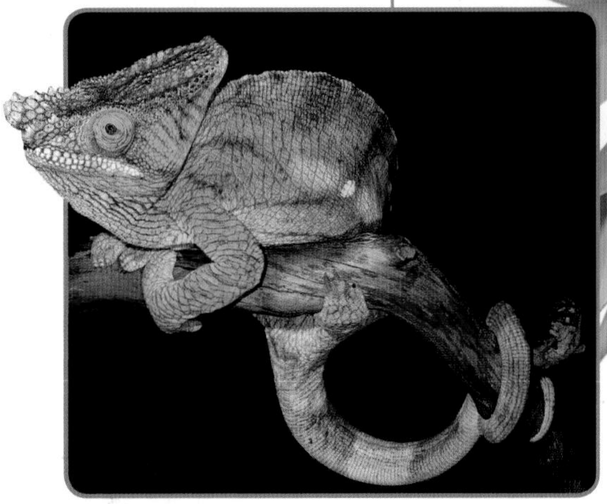

Dedos fusionados

Camaleones

Famosos por su capacidad para cambiar de color, los camaleones también tienen una de las armas más efectivas de la naturaleza: una lengua larga y de punta pegajosa, que dispara a gran distancia.

Todos los rasgos del camaleón están pensados para la caza: mueve los ojos independientemente, por lo que puede ver en dos direcciones a la vez. Tiene los dedos fusionados para tener más agarre. Se mueve increíblemente lento para no asustar a las presas, que captura disparando su fantástica lengua, tan rápida que ni se ve.

REPTILES

CAMALEÓN DE PARSON

Calumma parsonii

Localización: Madagascar

Longitud: hasta 68 cm

Dieta: insectos

La **lengua** del camaleón impacta en su presa en **una décima de segundo.**

La **lengua** de algunos camaleones **se estira hasta dos veces la longitud del cuerpo** para atrapar su presa.

103

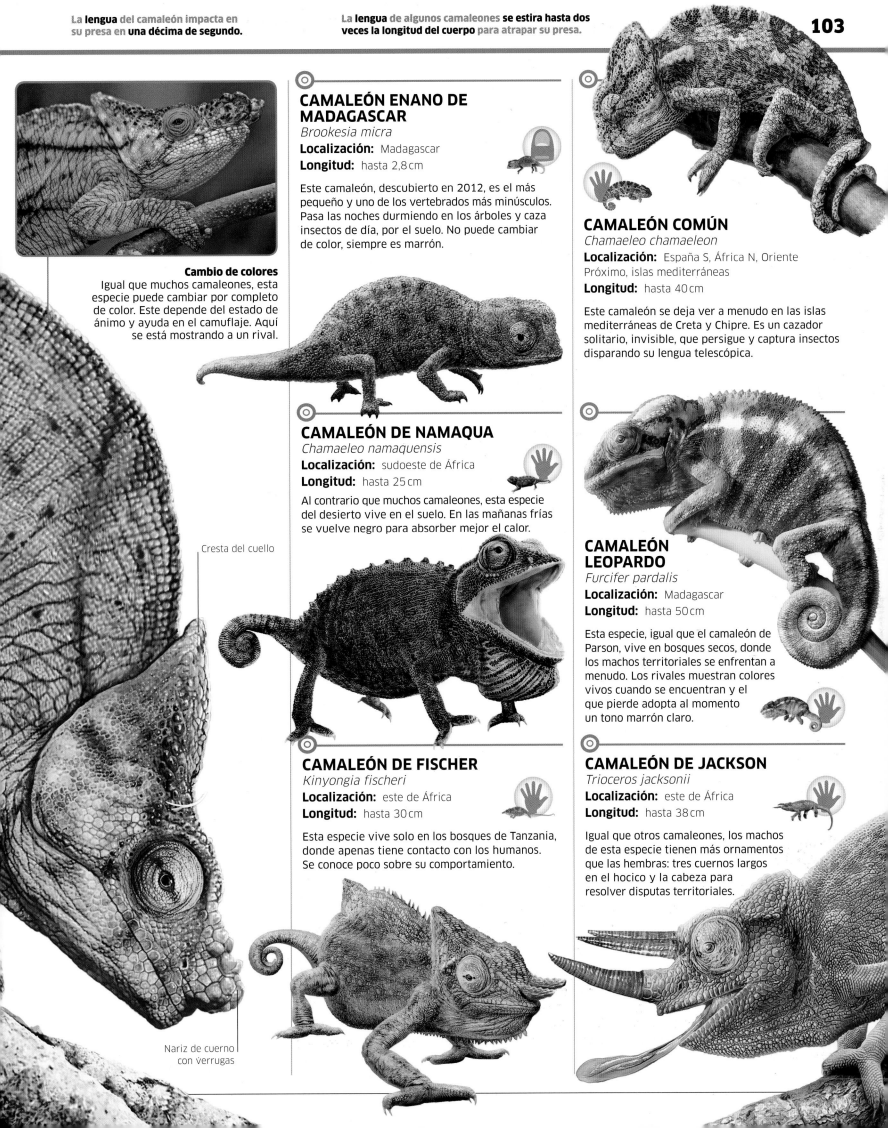

CAMALEÓN ENANO DE MADAGASCAR
Brookesia micra
Localización: Madagascar
Longitud: hasta 2,8 cm

Este camaleón, descubierto en 2012, es el más pequeño y uno de los vertebrados más minúsculos. Pasa las noches durmiendo en los árboles y caza insectos de día, por el suelo. No puede cambiar de color, siempre es marrón.

Cambio de colores
Igual que muchos camaleones, esta especie puede cambiar por completo de color. Este depende del estado de ánimo y ayuda en el camuflaje. Aquí se está mostrando a un rival.

Cresta del cuello

CAMALEÓN DE NAMAQUA
Chamaeleo namaquensis
Localización: sudoeste de África
Longitud: hasta 25 cm

Al contrario que muchos camaleones, esta especie del desierto vive en el suelo. En las mañanas frías se vuelve negro para absorber mejor el calor.

CAMALEÓN DE FISCHER
Kinyongia fischeri
Localización: este de África
Longitud: hasta 30 cm

Esta especie vive solo en los bosques de Tanzania, donde apenas tiene contacto con los humanos. Se conoce poco sobre su comportamiento.

Nariz de cuerno con verrugas

CAMALEÓN COMÚN
Chamaeleo chamaeleon
Localización: España S, África N, Oriente Próximo, islas mediterráneas
Longitud: hasta 40 cm

Este camaleón se deja ver a menudo en las islas mediterráneas de Creta y Chipre. Es un cazador solitario, invisible, que persigue y captura insectos disparando su lengua telescópica.

CAMALEÓN LEOPARDO
Furcifer pardalis
Localización: Madagascar
Longitud: hasta 50 cm

Esta especie, igual que el camaleón de Parson, vive en bosques secos, donde los machos territoriales se enfrentan a menudo. Los rivales muestran colores vivos cuando se encuentran y el que pierde adopta al momento un tono marrón claro.

CAMALEÓN DE JACKSON
Trioceros jacksonii
Localización: este de África
Longitud: hasta 38 cm

Igual que otros camaleones, los machos de esta especie tienen más ornamentos que las hembras: tres cuernos largos en el hocico y la cabeza para resolver disputas territoriales.

104 reptiles ○ **LAGARTOS**

El dragón de Komodo **detecta el olor de un cadáver** a 10 km.

30 **años puede vivir** un dragón de Komodo.

Dragón de Komodo

El mítico dragón de Komodo, el lagarto más grande, es un predador temible, con la fuerza suficiente para perseguir, cazar y devorar a un búfalo acuático adulto. Incluso mata y se come a los suyos.

El dragón de Komodo vive en la isla de Komodo y las islas y costas cercanas de Java, en el sur de Indonesia, donde caza todo lo que se le ponga por delante. Un adulto puede tumbar a un ciervo de un coletazo y sujetar después a la víctima con sus fuertes garras largas mientras utiliza sus dientes de sierra para matarlo y descuartizarlo. Los machos rivales también se enfrentan con ferocidad cuando luchan por las hembras o el territorio. Se tienen en pie para enfrentarse hasta que uno consigue tirar al otro al suelo.

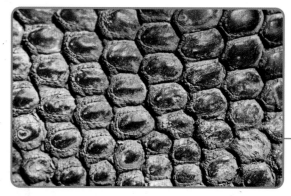

Armadura de piel
La piel del dragón de Komodo está cubierta de escamas que contienen unos huesos pequeños denominados osteodermos, que forman una armadura dura pero flexible, como la cota de malla hecha de anillos de acero de los soldados medievales. Una armadura similar defiende a otros lagartos contra predadores grandes; en el caso de los dragones de Komodo, es para defenderse entre ellos.

A salvo

Los únicos animales a los que debe temer un dragón de Komodo son otros dragones de Komodo más grandes, pues no dudarán en intentar cazarlo y comérselo. Las crías de dragón se suben a los árboles al nacer y no bajan al suelo hasta que miden 1,2 m. Incluso entonces, los dragones pequeños dejarán comer antes a los más grandes. Se revuelcan en las tripas de sus presas para oler mal y ser poco apetecibles para cualquier otro congénere que pudiera estar hambriento.

Un gran cuerpo
Su voluminoso cuerpo puede acumular reservas de alimento para todo un mes.

Un dragón de Komodo adulto puede llegar a ingerir hasta el **80 % de su peso** corporal de una sentada.

Cola musculada
Su larga cola le sirve de apoyo cuando se pone en pie para luchar contra un rival.

Patas escamosas
Sus potentes patas salen del cuerpo hacia los lados y le dan el caminar típico de los lagartos.

12 grandes comidas le bastan a un dragón de Komodo para sobrevivir todo un año.

La ciencia occidental no conoció a los komodos hasta 1912. **105**

Lengua bífida
La lengua larga se bifurca como la de una serpiente y sirve para captar olor de cadáveres y seguir rastros de olor.

Visión
El dragón capta colores, pero tiene muy mala visión nocturna y confía en su olfato.

Dientes afilados
Con hasta 60 dientes curvos y serrados como cuchillos de carne, el dragón corta la piel dura y la carne de las presas.

Mordisco venenoso
La saliva del dragón de Komodo contiene veneno de unas glándulas de la mandíbula inferior. Este veneno se mezcla con la saliva del lagarto y penetra en las heridas que provocan los dientes afilados. Una vez allí, no deja que la sangre se coagule y también puede provocar hemorragias internas. Así que quien se escapa del ataque inicial, al cabo de poco se desmaya por la pérdida de sangre y se convierte en presa fácil para el dragón.

REPTILES

DRAGÓN DE KOMODO

Varanus komodoensis

Localización: Indonesia

Longitud: hasta 3 m

Dieta: carroña y animales vivos

Uñas largas
Cada pata tiene cinco formidables uñas para atrapar las presas. Los dragones jóvenes también las utilizan para trepar.

Iguana marina

Este lagarto extraordinario sobrevive en su remota isla natal alimentándose de algas marinas que arranca de las rocas de la costa con sus dientes afilados. Algunas iguanas marinas llegan a bucear por el mar para recoger más algas.

La iguana marina vive en las costas rocosas de las islas Galápagos, en el Pacífico oriental, donde gran parte de la tierra es roca volcánica con pocas plantas. Sin embargo, hay muchas algas, y durante millones de años la iguana marina ha desarrollado maneras especiales para aprovecharlas al máximo.

REPTILES
IGUANA MARINA

Amblyrhynchus cristatus

Localización: Islas Galápagos

Longitud: hasta 1,5 m

Dieta: algas marinas

Cresta puntiaguda
Una cresta dentada de escamas largas y puntiagudas lo recorre de la cabeza a la cola.

Hocico chato
Gracias a su nariz chata, la iguana pasta algas con facilidad.

Dientes de cincel
Los dientes de la iguana son pequeños y planos, y cada uno de ellos tiene tres cúspides. Estas tienen puntas muy afiladas, ideales para cortar las algas de las rocas. Nunca se desafilan porque se renuevan continuamente: se caen los viejos y aparecen otros nuevos y afilados.

45 minutos puede aguantar sin respirar una iguana marina.

Las hembras ponen, como mucho, **seis huevos** que después **entierran bajo arena** o suelo blando.

Potente cola
La cola es plana por los lados, de manera que la iguana puede impulsarse mejor por el agua.

Colores llamativos
Las iguanas marinas suelen ser negras; no obstante, durante la temporada de cría los machos presentan tonos verde y rosa vivos.

Escamas protectoras
Las escamas córneas duras protegen la piel de cualquier daño.

Uñas largas
Las patas de la iguana, muy fuertes para un lagarto, tienen dedos largos y uñas extralargas y afiladas para agarrarse a las rocas repletas de algas. Así pueden mantenerse en las costas con fuerte oleaje y no se las llevan las corrientes oceánicas cuando comen bajo el agua.

Comida bajo el agua
La mayoría de iguanas come algas de las rocas expuestas durante la marea baja. Solo unas cuantas iguanas, sobre todo los machos más grandes, comen bajo el agua. Pueden pastar hasta media hora, pero la mayoría lo deja antes porque el agua fría de la corriente de Humboldt pasa por las Galápagos y las enfría.

Las iguanas marinas más grandes bajan
hasta más de 10 m
de profundidad en busca de comida.

Estornudos salados
Cuando la iguana marina sale del agua tiene que calentarse para poder digerir la comida. Para conseguirlo, se tumba al sol tropical en las rocas calientes de la costa. Mientras tanto se deshace del exceso de sal que acompaña las algas estornudando a menudo y eyectando sal y agua por las glándulas especiales de la nariz.

6.145 especies conocidas de lagartos.

El 60 % de todas las especies de reptiles son lagartos.

IGUANA COMÚN
Iguana iguana
Localización: América Central y Sudamérica
Longitud: hasta 1,5 m

Por raro que parezca en un lagarto, esta gran especie tropical es herbívora: trepa por los árboles y usa sus afilados dientes para comer hojas y fruta. Su cresta de espinas la protege de halcones y águilas. Suele ser verde, pero también puede ser naranja, negra o azul.

DIABLO ESPINOSO
Moloch horridus
Localización: Australia
Longitud: hasta 20 cm

El diablo espinoso vive en desiertos calientes y está repleto de espinas cónicas para defenderse de los predadores. Los canales entre las espinas recogen la humedad del aire. Se alimenta casi exclusivamente de hormigas.

BASILISCO DE DOBLE CRESTA
Basiliscus plumifrons
Localización: América Central
Longitud: hasta 60 cm

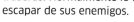

Este lagarto de cresta espectacular es famoso por caminar por la superficie del agua gracias a los dedos largos y planos de las patas traseras. Normalmente lo hace para escapar de sus enemigos.

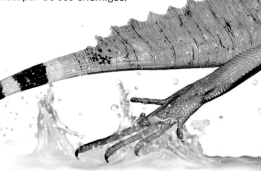

LAGARTO ARMADILLO
Ouroborus cataphractus
Localización: África meridional
Longitud: hasta 10 cm

Con una armadura de escamas duras y espinosas en la espalda, este lagarto se defiende enrollándose y mordiéndose la cola. Así se convierte en un bocado espinoso para cualquier predador. Se alimenta de insectos, arañas y otros animales pequeños, que caza de día en el desierto rocoso.

ESCINCO DE LENGUA AZUL
Tiliqua scincoides
Localización: Australia oriental
Longitud: hasta 61 cm

Este reptil es uno de los escincos, una gran familia de lagartos de cola corta, más grandes del mundo. Saca su lengua azul cuando se le acerca un predador. La vista repentina del azul eléctrico confunde al enemigo y da tiempo para huir al escinco.

Acción defensiva

ESCINCO PEZ DE ARENA
Scincus scincus
Localización: norte de África
Longitud: hasta 20 cm

Este escinco ha evolucionado para desplazarse rápidamente por la arena seca como si fuera un pez. Tiene un cuerpo muy estilizado para escurrirse por la arena, con una cabeza en forma de cuña y escamas suaves y brillantes. Caza insectos al detectar los movimientos que hacen en la arena.

LAGARTO PLATEADO ENANO
Cordylosaurus subtessellatus
Localización: África meridional
Longitud: hasta 15 cm

Este lagarto alargado vive en paisajes rocosos y es famoso por su larga cola azul, que puede perder, igual que otros lagartos, ante cualquier amenaza. El enemigo se distrae mirando cómo esta colea mientras el lagarto se escapa. La cola vuelve a crecer, pero más corta.

LAGARTIJA DE TURBERA
Zootoca vivipara
Localización: Europa, Asia
Longitud: hasta 15 cm

Casi todos los lagartos ponen huevos y confían en que el clima temperado los incubará. Sin embargo, unos pocos, como esta habitual especie eurasiática, paren crías vivas. Así puede vivir en regiones más frías que otros lagartos, incluso en el Ártico. Es principalmente insectívora.

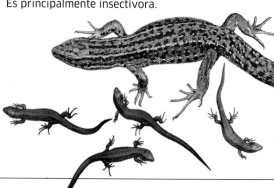

LUCIÓN
Anguis fragilis
Localización: Eurasia, África NO
Longitud: hasta 48 cm

Aunque lo parezca, no es un gusano, sino una de las diversas especies de lagartos sin patas. Parece una serpiente pequeña, pero al contrario que estas, puede parpadear y no puede tragarse presas grandes enteras. Come insectos, babosas y gusanos.

GECO DE COLA DE HOJA
Uroplatus fimbriatus
Localización: Madagascar
Longitud: hasta 33 cm

Los gecos conforman un grupo de lagartos con una soberbia adaptación para trepar gracias a las estructuras pegajosas de las puntas de los dedos. Esta especie se camufla muy bien y es invisible cuando se pega a la corteza de un árbol. Tiene una excelente visión nocturna para cazar insectos.

Lagartos

Con más de 6.000 especies en el planeta, el premio al grupo más grande y diverso de reptiles es para los lagartos. Tienen formas y tamaños diferentes, desde pequeños camaleones (pp. 102-103) hasta los varanes gigantes del Nilo, del tamaño de los cocodrilos.

El lagarto típico tiene piel escamosa, cuatro patas y una cola larga. Las patas le salen por los lados del cuerpo, lo que les da su postura tirada con el vientre tocando el suelo. Algunos tienen patas muy cortas, o no tienen patas. Unos pocos incluso tienen veneno.

MONSTRUO DE GILA
Heloderma suspectum
Localización: Norteamérica
Longitud: hasta 60 cm

A pesar de ser parientes cercanos de las serpientes, muy pocos lagartos tienen veneno. Este musculado cazador es una de las excepciones. Tiene glándulas venenosas en la mandíbula inferior que utiliza para defenderse, junto con su visible coloración.

Con la piel
desplegada

Patas delanteras
potentes para escarbar

CLAMIDOSAURIO DE KING
Chlamydosaurus kingii
Localización: Nueva Guinea, Australia
Longitud: hasta 90 cm

La espectacular piel del cuello de este lagarto normalmente está plegada junto al cuerpo. Pero si lo acorrala un predador, el lagarto la despliega y abre la boca para mostrar un colorido brillante. Utiliza el mismo truco durante el cortejo.

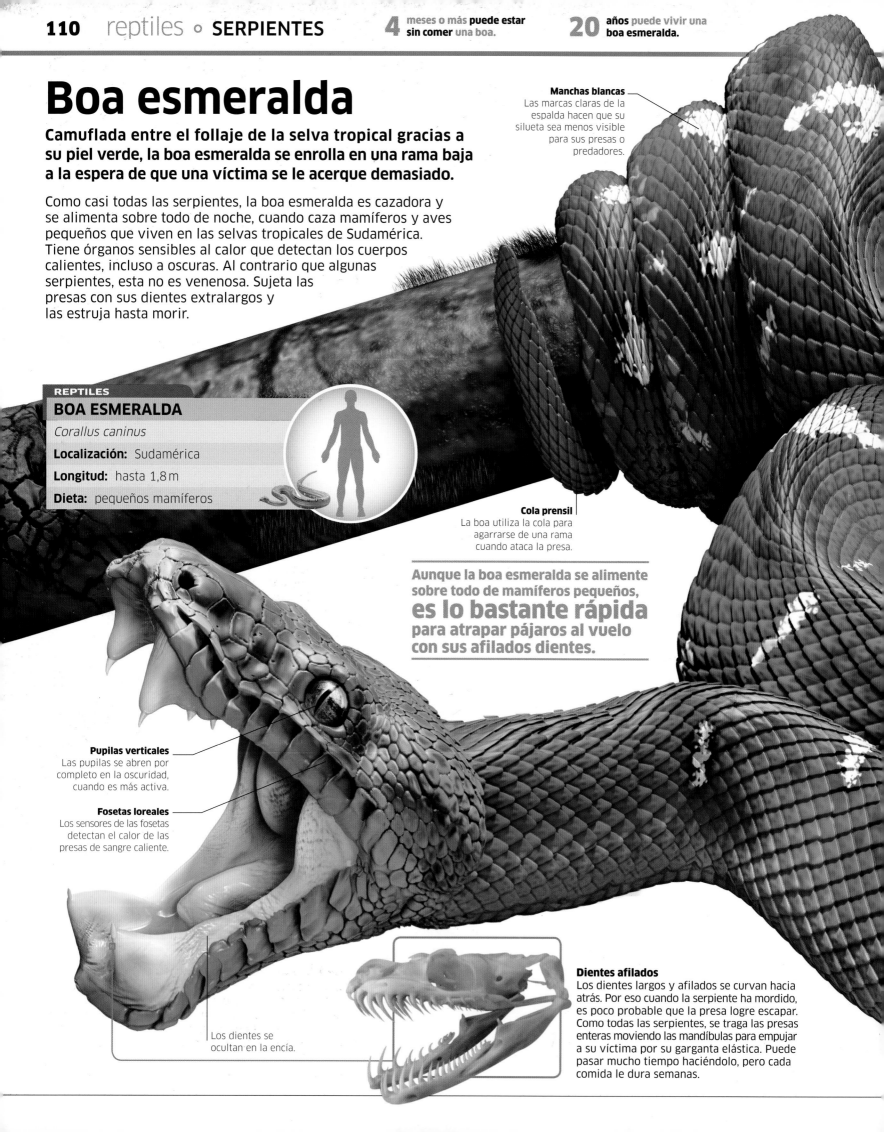

Boa esmeralda

Camuflada entre el follaje de la selva tropical gracias a su piel verde, la boa esmeralda se enrolla en una rama baja a la espera de que una víctima se le acerque demasiado.

Como casi todas las serpientes, la boa esmeralda es cazadora y se alimenta sobre todo de noche, cuando caza mamíferos y aves pequeños que viven en las selvas tropicales de Sudamérica. Tiene órganos sensibles al calor que detectan los cuerpos calientes, incluso a oscuras. Al contrario que algunas serpientes, esta no es venenosa. Sujeta las presas con sus dientes extralargos y las estruja hasta morir.

Manchas blancas
Las marcas claras de la espalda hacen que su silueta sea menos visible para sus presas o predadores.

REPTILES
BOA ESMERALDA
Corallus caninus
Localización: Sudamérica
Longitud: hasta 1,8 m
Dieta: pequeños mamíferos

Cola prensil
La boa utiliza la cola para agarrarse de una rama cuando ataca la presa.

Aunque la boa esmeralda se alimente sobre todo de mamíferos pequeños, **es lo bastante rápida** para atrapar pájaros al vuelo con sus afilados dientes.

Pupilas verticales
Las pupilas se abren por completo en la oscuridad, cuando es más activa.

Fosetas loreales
Los sensores de las fosetas detectan el calor de las presas de sangre caliente.

Los dientes se ocultan en la encía.

Dientes afilados
Los dientes largos y afilados se curvan hacia atrás. Por eso cuando la serpiente ha mordido, es poco probable que la presa logre escapar. Como todas las serpientes, se traga las presas enteras moviendo las mandíbulas para empujar a su víctima por su garganta elástica. Puede pasar mucho tiempo haciéndolo, pero cada comida le dura semanas.

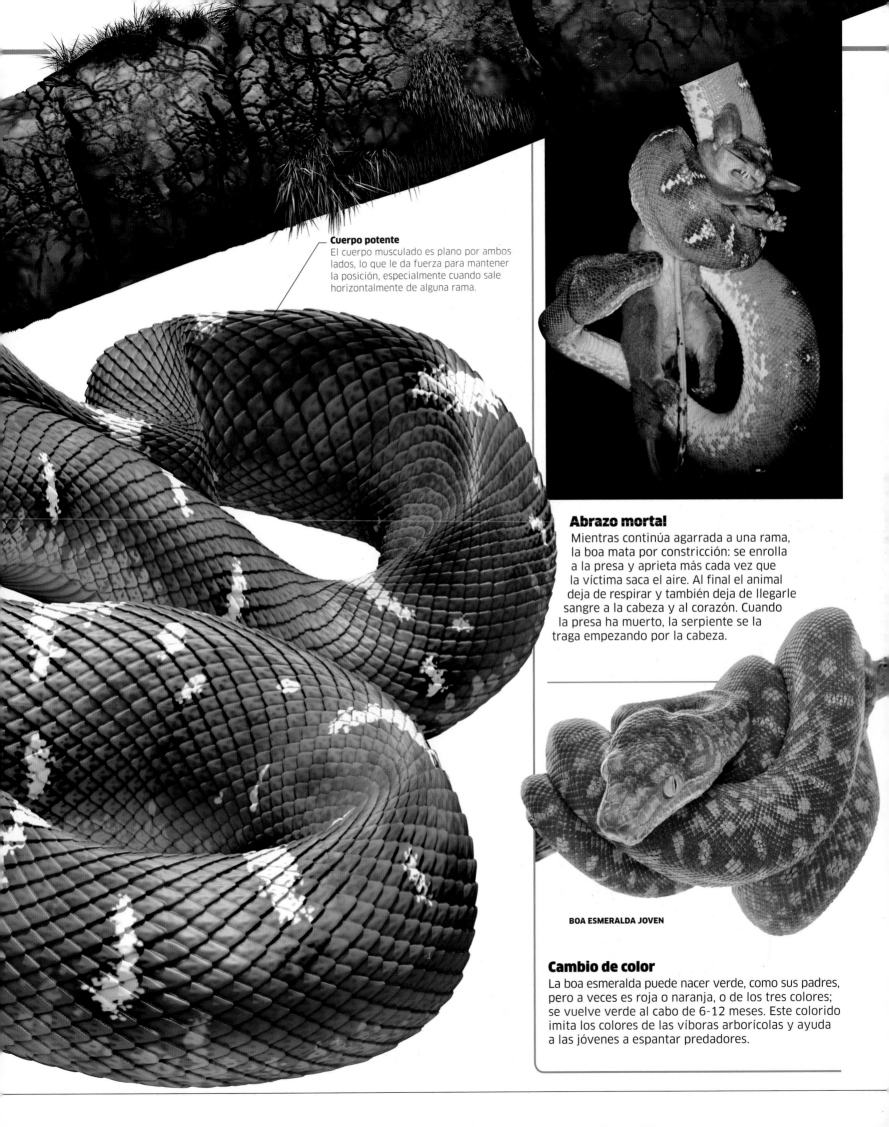

Cuerpo potente
El cuerpo musculado es plano por ambos lados, lo que le da fuerza para mantener la posición, especialmente cuando sale horizontalmente de alguna rama.

Abrazo mortal

Mientras continúa agarrada a una rama, la boa mata por constricción: se enrolla a la presa y aprieta más cada vez que la víctima saca el aire. Al final el animal deja de respirar y también deja de llegarle sangre a la cabeza y al corazón. Cuando la presa ha muerto, la serpiente se la traga empezando por la cabeza.

BOA ESMERALDA JOVEN

Cambio de color

La boa esmeralda puede nacer verde, como sus padres, pero a veces es roja o naranja, o de los tres colores; se vuelve verde al cabo de 6-12 meses. Este colorido imita los colores de las víboras arborícolas y ayuda a las jóvenes a espantar predadores.

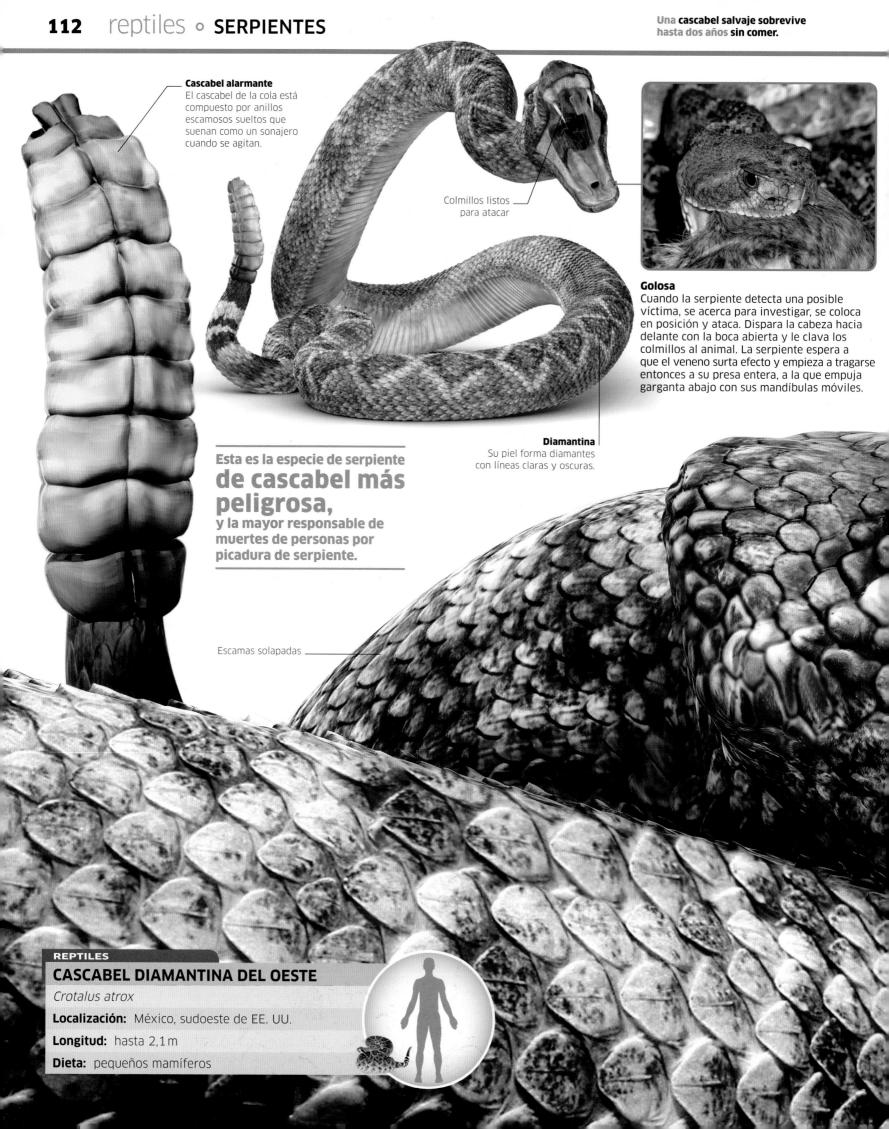

Cascabel alarmante
El cascabel de la cola está compuesto por anillos escamosos sueltos que suenan como un sonajero cuando se agitan.

Colmillos listos para atacar

Golosa
Cuando la serpiente detecta una posible víctima, se acerca para investigar, se coloca en posición y ataca. Dispara la cabeza hacia delante con la boca abierta y le clava los colmillos al animal. La serpiente espera a que el veneno surta efecto y empieza a tragarse entonces a su presa entera, a la que empuja garganta abajo con sus mandíbulas móviles.

Diamantina
Su piel forma diamantes con líneas claras y oscuras.

Esta es la especie de serpiente
de cascabel más peligrosa,
y la mayor responsable de muertes de personas por picadura de serpiente.

Escamas solapadas

REPTILES
CASCABEL DIAMANTINA DEL OESTE
Crotalus atrox

Localización: México, sudoeste de EE. UU.

Longitud: hasta 2,1 m

Dieta: pequeños mamíferos

A pesar de su **veneno y su sonido de advertencia**, la cascabel suele ser **presa de** zorros, águilas y búhos.

La cascabel hembra **da a luz** un máximo de **25 crías vivas**, **todas venenosas** desde el primer momento.

113

Cascabel diamantina del oeste

Equipada con unos colmillos venenosos enormes y un sexto sentido para detectar presas a oscuras, la cascabel diamantina del oeste es uno de los predadores más letales del mundo.

La cascabel es una víbora, una serpiente venenosa con colmillos largos en la parte delantera de la boca que se pliegan para que pueda cerrarla. Los colmillos inyectan un veneno potente que destruye vasos sanguíneos y músculos, capaz de matar a una persona adulta. Pero la serpiente se reserva el veneno para cazar, utiliza su cascabel para advertir a los enemigos.

Escamas carenadas
Las escamas de la cascabel tienen una carena en el centro, desvían la luz de manera que las escamas no destellan a pleno sol, por lo que las presas y los enemigos no la ven.

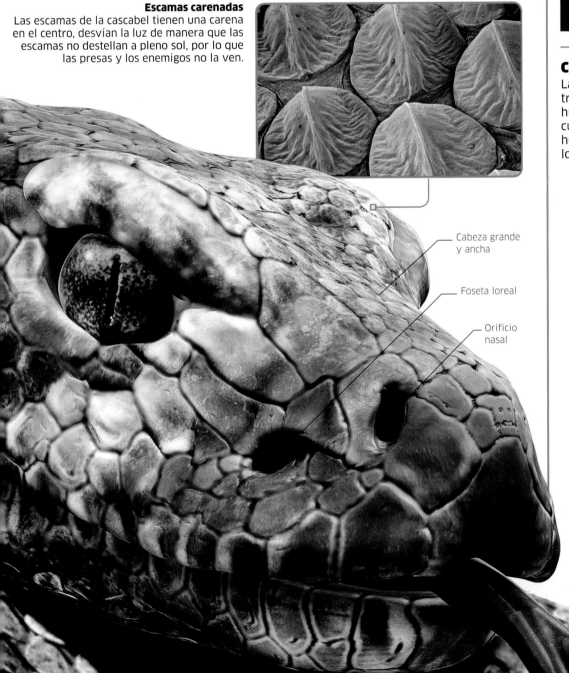

Cabeza grande y ancha

Foseta loreal

Orificio nasal

Caza en las tinieblas
La cascabel es una víbora de foseta, un tipo de víbora con órganos detectores del calor llamados fosetas loreales, una a cada lado de la cabeza. Estas detectan el calor de las presas, por lo que la serpiente «ve» en la oscuridad. Por eso, el ratón siempre brilla en la oscuridad y es imposible fallar.

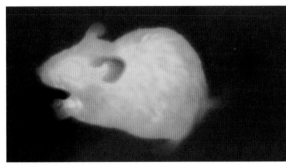

Colmillos con bisagra
La cascabel puede abrir muchísimo la boca para tragarse las presas, gracias a la unión entre los huesos de la mandíbula inferior y los huesos cuadrados. Cuando abre las mandíbulas, los huesos móviles superiores se van adelante, lo que hace aparecer los colmillos.

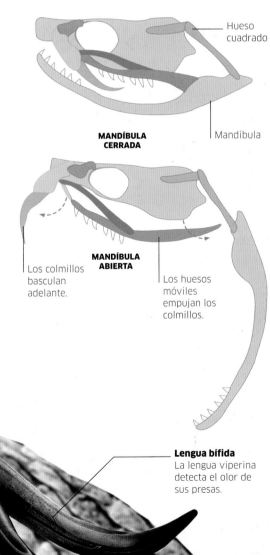

Hueso cuadrado

MANDÍBULA CERRADA

Mandíbula

MANDÍBULA ABIERTA

Los colmillos basculan adelante.

Los huesos móviles empujan los colmillos.

Lengua bífida
La lengua viperina detecta el olor de sus presas.

5 cm pueden crecer los **colmillos** de la **víbora de Gabón**.

La **serpiente voladora dorada** puede planear hasta **100 m**.

PITÓN RETICULADA
Malayopython reticulatus
Localización: Asia SE
Longitud: hasta 10 m

Es la serpiente más larga del planeta y una de las más pesadas. Este gigante asiático tropical es una constrictor que mata enrollándose a su presa y ahogándola.

SERPIENTE CIEGA GIGANTE DE SCHLEGEL
Afrotyphlops schlegelii
Localización: África oriental y meridional
Longitud: hasta 1 m

Esta serpiente africana, especializada en cavar túneles y muy tímida, tiene ojos, pero son muy pequeños y están cubiertos por escamas duras. Utiliza la cabeza en forma de pala para cavar túneles y perseguir termitas, su única presa.

Cabeza
Terminada en punta y adaptada para cavar.

Ojos
Los ojos tienen pupilas verticales, como las de los gatos.

Serpientes

Las serpientes están entre los cazadores más eficientes, gracias a su estilo de vida predador altamente especializado. Sus adaptaciones también las convierten en animales muy peligrosos.

Las serpientes son asesinas natas. Con muy pocas excepciones, todas prefieren presas vivas, las matan y se las tragan enteras. Tienen sentidos especializados para detectar a sus víctimas y se mueven muy rápidamente pese a no tener patas. El cráneo y las mandíbulas están muy modificados para poder tragarse animales más grandes que sus cabezas. Algunas tienen veneno mortal.

Lengua bífida
La lengua de la pitón capta el olor de las presas.

UROPELTIS MACROLEPIS
Uropeltis macrolepis
Localización: Asia meridional
Longitud: hasta 30 cm

Esta pequeña serpiente de los bosques del sur de la India cava túneles. Tiene la cola en forma de cuña protegida por escamas muy duras que utiliza para bloquear la parte trasera del túnel y alejar predadores hambrientos.

CASCABEL CORNUDO
Crotalus cerastes
Localización: Norteamérica
Longitud: hasta 80 cm

Camuflaje
Sus escamas se confunden con la arena del desierto.

Una de las cascabeles venenosas, la cascabel cornudo se arrastra por la arena del desierto caliente y seco haciendo saltar de lado su cuerpo. Vive en los desiertos del norte de México y en el sudoeste de Estados Unidos.

VÍBORA DEL GABÓN
Bitis gabonica
Localización: África occidental y central
Longitud: 2 m

Es una asesina enorme que aprovecha su buen camuflaje para cazar presas en la selva tropical. Es la serpiente con los colmillos venenosos más largos del mundo.

Una **pitón reticulada** grande puede **comerse un cerdo** de más de 60 kg.

25.000 personas mueren cada año por picaduras de serpiente.

115

COBRA INDIA
Naja naja
Localización: Asia meridional
Longitud: hasta 2,4 m

Una de las serpientes más peligrosas, la cobra india es muy venenosa y famosa por su capucha amenazante. Tiene los colmillos más cortos que una víbora, pero inyectan un veneno potente con neurotoxinas paralizantes.

Capucha
Las costillas forman la capucha.

Piel escamosa
Las escamas finas protegen el cuerpo.

SERPIENTE DE CORAL ORIENTAL
Micrurus fulvius
Localización: Norteamérica
Longitud: hasta 1,2 m

Los colores vivos avisan del peligro que supone atacar esta serpiente tan venenosa. La advertencia es tan eficaz que algunas especies inofensivas, como la escarlata real, imitan los anillos para su propia defensa.

Cuerpo esbelto
La serpiente de liana asiática tiene el cuerpo plano por los lados.

Visión binocular
La forma de la cabeza de las serpientes arborícolas hace que el área donde los ojos se cruzan sea mayor. Así pueden discernir distancias con mayor facilidad.

SERPIENTE DE LIANA ASIÁTICA
Ahaetulla prasina
Localización: Asia S y SE
Longitud: hasta 1,8 m

Perfectamente camuflada para cazar en los árboles, la serpiente de liana asiática ataca a lagartos, ranas arborícolas y polluelos gracias a su excelente vista. Oculta entre el follaje, la serpiente mata sus víctimas con una picadura venenosa.

COBRA MARINA DE BALI
Laticauda colubrina
Localización: región indo-pacífica
Longitud: hasta 1,5 m

Cola aplanada
La cola en forma de remo es muy útil para nadar.

Esta serpiente está casi siempre en aguas poco profundas y pone huevos en tierra. Tiene los colmillos cortos, pero su veneno potente mata los peces antes de que escapen.

Cuerpo plano
La serpiente abre las costillas para aplanar el cuerpo.

SERPIENTE VOLADORA DORADA
Chrysopelea ornata
Localización: Asia sur y SE
Longitud: hasta 1,3 m

Esta serpiente extraordinaria caza animales pequeños por los árboles y evita tocar el suelo saltando y planeando entre estos. Cuando está en el aire, coloca el cuerpo en forma de «S» y se mantiene suspendida como un disco volador.

SERPIENTE COMEDORA DE HUEVOS
Dasypeltis scabra
Localización: África, oeste de Asia
Longitud: hasta 1,2 m

Todas las serpientes comen cosas enormes, pero a esta le cabe un huevo entero en la boca; lo rompe con las espinas óseas de las vértebras y escupe la cáscara.

CULEBRA CUELLO DE ANILLO
Diadophis punctatus
Localización: Norteamérica
Longitud: hasta 45 cm

Si se nota amenazada, esta pequeña serpiente americana enrolla la cola y la gira para enseñar los colores vivos y advertir así a los enemigos de que la serpiente pica. Su veneno no es muy potente.

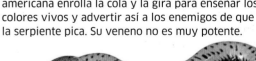

Un cocodrilo del Nilo puede **matar** un **búfalo africano** adulto.

100 años o más puede **vivir** un crocodílido.

Crocodílidos

Los crocodílidos, los reptiles más grandes y potentes, están preparados para vivir en el agua y son famosos por sus potentes mandíbulas y su capacidad de matar y comer casi todo.

Tres familias forman los crocodílidos: gaviales, aligátores y caimanes, y los cocodrilos. Todos son carnívoros estrictos y sus cuerpos comparten la misma forma, pero tienen las mandíbulas diferentes según su dieta. Se propulsan por el agua con la larga cola muscular y son capaces de ocultarse bajo el agua sin respirar durante largos periodos de tiempo a la espera de atacar su presa.

REPTILES

COCODRILO DEL NILO
Crocodylus niloticus

Localización: África tropical

Longitud: hasta 6 m

Dieta: peces, mamíferos, aves

Escudos blindados
La espalda del cocodrilo tiene unas placas óseas grandes incrustadas en escamas gruesas denominadas escudos, que los protegen de cocodrilos más grandes y también de las pezuñas y cuernos de las presas que luchan por sobrevivir.

Cola aplanada

Patas salidas
Sus cortas patas sirven para virar bajo el agua.

Procesador de comida
Sus ácidos jugos gástricos lo digieren todo, incluso pelo, huesos, pezuñas y cuernos.

Dientes siempre nuevos
El cocodrilo tiene hasta 68 dientes. Algunos son mucho más grandes que otros y, como en todos los cocodrilos auténticos, se ven algunos cuando cierra la boca. Cuando un diente se gasta, aparece otro en su lugar. El cocodrilo siempre tiene la dentadura completa.

Fuerte diente en punta

Abrazo mortal
Las potentes mandíbulas ejercen una fuerza colosal para agarrar y descuartizar sus presas.

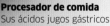

Sus **parientes vivos más cercanos** son las aves.

Tras una buena comida, el cocodrilo puede pasar sin comer **seis meses**, o incluso más.

117

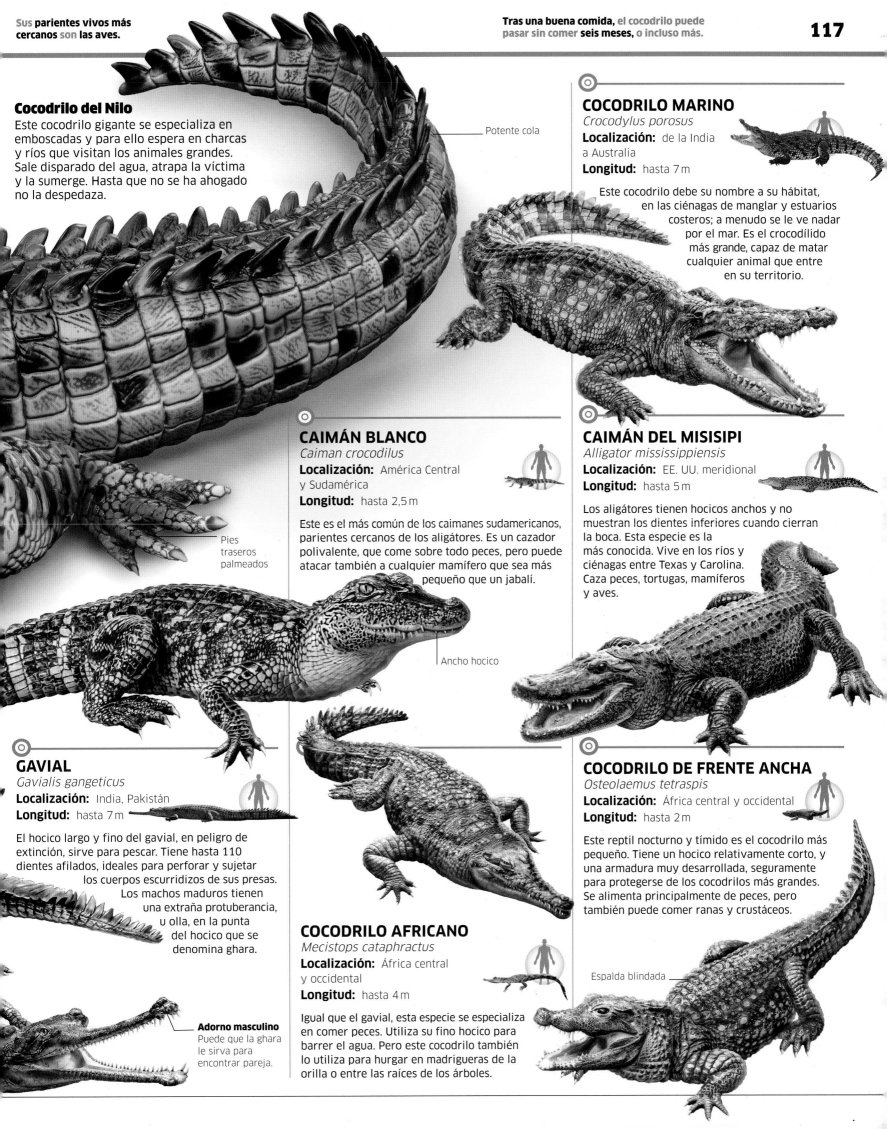

Cocodrilo del Nilo

Este cocodrilo gigante se especializa en emboscadas y para ello espera en charcas y ríos que visitan los animales grandes. Sale disparado del agua, atrapa la víctima y la sumerge. Hasta que no se ha ahogado no la despedaza.

Potente cola

Pies traseros palmeados

COCODRILO MARINO
Crocodylus porosus
Localización: de la India a Australia
Longitud: hasta 7 m

Este cocodrilo debe su nombre a su hábitat, en las ciénagas de manglar y estuarios costeros; a menudo se le ve nadar por el mar. Es el crocodílido más grande, capaz de matar cualquier animal que entre en su territorio.

CAIMÁN BLANCO
Caiman crocodilus
Localización: América Central y Sudamérica
Longitud: hasta 2,5 m

Este es el más común de los caimanes sudamericanos, parientes cercanos de los aligátores. Es un cazador polivalente, que come sobre todo peces, pero puede atacar también a cualquier mamífero que sea más pequeño que un jabalí.

Ancho hocico

CAIMÁN DEL MISISIPI
Alligator mississippiensis
Localización: EE. UU. meridional
Longitud: hasta 5 m

Los aligátores tienen hocicos anchos y no muestran los dientes inferiores cuando cierran la boca. Esta especie es la más conocida. Vive en los ríos y ciénagas entre Texas y Carolina. Caza peces, tortugas, mamíferos y aves.

GAVIAL
Gavialis gangeticus
Localización: India, Pakistán
Longitud: hasta 7 m

El hocico largo y fino del gavial, en peligro de extinción, sirve para pescar. Tiene hasta 110 dientes afilados, ideales para perforar y sujetar los cuerpos escurridizos de sus presas. Los machos maduros tienen una extraña protuberancia, u olla, en la punta del hocico que se denomina ghara.

Adorno masculino
Puede que la ghara le sirva para encontrar pareja.

COCODRILO AFRICANO
Mecistops cataphractus
Localización: África central y occidental
Longitud: hasta 4 m

Igual que el gavial, esta especie se especializa en comer peces. Utiliza su fino hocico para barrer el agua. Pero este cocodrilo también lo utiliza para hurgar en madrigueras de la orilla o entre las raíces de los árboles.

COCODRILO DE FRENTE ANCHA
Osteolaemus tetraspis
Localización: África central y occidental
Longitud: hasta 2 m

Este reptil nocturno y tímido es el cocodrilo más pequeño. Tiene un hocico relativamente corto, y una armadura muy desarrollada, seguramente para protegerse de los cocodrilos más grandes. Se alimenta principalmente de peces, pero también puede comer ranas y crustáceos.

Espalda blindada

AVES

Con su encantador plumaje y su dominio del aire, las aves enamoran a primera vista. Además, algunas son cantoras y llenan el aire de música durante la primavera, su época de cría. Adaptadas al máximo para volar, están entre los vertebrados más especializados.

¿QUÉ ES UN AVE?

En la década de 1990, el descubrimiento de fósiles muy bien conservados demostró que las aves eran dinosaurios con plumas: parientes de cazadores bípedos como el velociraptor. Las aves heredaron las plumas de estos animales, además de la sangre caliente y los eficientes pulmones, lo que permitió a las aves primitivas conquistar el aire hace más de 140 millones de años. Hace 66 millones ya habían evolucionado hasta ser pájaros muy parecidos a los actuales.

A todo color
Las plumas pueden tener pigmentos vivos y también reflejar la luz para crear colores iridiscentes.

Anatomía del ala
Cada ala es un brazo modificado, con los huesos de la mano largos y dedos cortos.

Control de vuelo
La parte más desarrollada del cerebro es la sección que controla el vuelo.

AVES VARIADAS

Existen mucho más de 100.000 especies de pájaros, divididas en 28 grupos principales u órdenes. Un orden, el de los pájaros cantores, cuenta con más de la mitad de las especies; otros órdenes incluyen aves tan distintas como búhos, loros y rapaces.

COLIBRÍ ZUNZUNCITO

AVESTRUZ

Ojos avizores
Las aves confían mucho en la vista para encontrar comida y durante el vuelo.

El más grande y el más pequeño
El ave más grande es el avestruz, incapaz de volar y con un peso ocho veces superior al del ave voladora más pesada. El ave más pequeña, el colibrí zunzuncito, es un poco más grande que el ojo del avestruz.

Músculos voladores
Unos músculos grandes para volar unidos a un esternón prominente les dan la fuerza necesaria para batir las alas.

Pico sin dientes

LA FORMA DEL PICO

Los picos han evolucionado de maneras distintas según el tipo de alimento y la manera de comer, desde libar néctar dulce de flores a descuartizar presas.

Libar néctar
El pico del colibrí es una herramienta de precisión ideal para meterlo en flores estrechas y extraer el néctar.

Romper cáscaras
Los que comen grano tienen picos muy fuertes. El potente pico del picogordo puede partir un hueso de cereza.

Destripar carne
El pico ganchudo de este pigargo sirve para arrancar la carne de los huesos de peces, aves y mamíferos.

Hurgar en el barro
Muchas aves playeras, como el zarapito real, tienen picos muy largos y sensibles para hurgar en el barro y encontrar presas.

Colar agua
La espátula mueve su pico por el agua poco profunda para hacerse con los animales pequeños.

MAGNÍFICOS PULMONES

Los pulmones de las aves son estructuras relativamente rígidas cruzadas por tubos de aire. Estos tubos acaban en sacos aéreos que bombean aire a través del tejido pulmonar. El sistema es mucho más eficaz que el de los pulmones de los mamíferos, y absorben el oxígeno esencial para los músculos de vuelo.

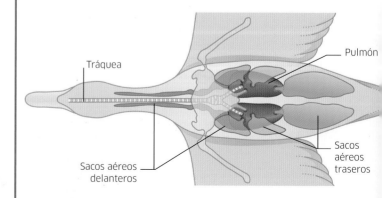

Tráquea

Pulmón

Sacos aéreos delanteros

Sacos aéreos traseros

Un pájaro por dentro

El esqueleto fuerte y ligero, los músculos potentes y las plumas livianas de este martín pescador son especializaciones para volar: la característica que ha hecho que las aves reinen en los cielos.

◎ NIDOS Y HUEVOS

La mayoría de aves forma nidos para poner los huevos, mantenerlos calientes hasta que se abran y cuidar de los polluelos. Los nidos van desde unos surcos en el suelo hasta construcciones complejas tejidas con diversos materiales. Algunos se ocultan en agujeros, y otros los construyen en árboles o cornisas.

NIDO DE ESCRIBANO PALUSTRE

◎ TIPOS DE PLUMAJE

Los plumajes de las aves desempeñan diversas funciones. El plumón esponjoso y la parte inferior del plumaje exterior proporcionan aislamiento para el frío. El plumaje de las alas y la cola es rígido y ligero, ideal para los rigores del vuelo.

Plumaje de vuelo
Gran parte del ala está compuesta por largas plumas de vuelo que se solapan.

PLUMÓN

PLUMAJE DEL CUERPO (EXTERIOR)

PLUMA DE VUELO

Barba

Barbilla

Estructura de una pluma
Cada barba de una pluma de vuelo acaba en barbillas en gancho que se unen entre sí para formar una superficie plana denominada vexilo.

◎ RASGOS COMUNES

Todas las aves comparten rasgos comunes. Como los mamíferos, son vertebrados de sangre caliente, pero tienen el cuerpo cubierto por plumas en lugar de pelo. Ponen huevos y la mayoría vuela, o tiene antepasados voladores. Esta combinación de rasgos es lo que define a los pájaros.

A MENUDO PENSAMOS QUE LAS AVES SON **CABEZAS DE CHORLITO,** PERO ALGUNOS CUERVOS Y CIERTOS LOROS **SON TAN INTELIGENTES COMO LOS SIMIOS Y LOS DELFINES.**

Patas escamosas
Las patas tienen piel escamosa y dedos de uñas afiladas a fin de agarrarse.

Cola
Igual que las alas, la cola está formada por plumas. Sirve para virar y frenar en el aire.

Vertebrados
Un esqueleto interno sostiene el cuerpo del ave.

Sangre caliente
Las aves generan su calor corporal en cualquier entorno.

Pone huevos
Todas se reproducen poniendo huevos de cáscara dura.

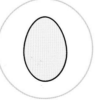

Casi todas vuelan
Algunas aves pasan casi toda la vida en el aire.

Plumíferos
El plumaje retiene el calor y les permite volar.

1,5 kg pesa un único **huevo de avestruz**, más que **20 huevos de gallina**.

Enemigo mortal
El guepardo es uno de los pocos cazadores capaces de atrapar un avestruz

AVES
AVESTRUZ
Struthio camelus

Localización: África

Altura: hasta 2,8 m

Dieta: plantas pequeñas y animales

Parasoles
El avestruz utiliza las alas para bailar y para dar sombra a sus polluelos.

Ratites

El avestruz, enorme y espectacular, es la más grande de las ratites, el grupo de aves no voladoras que confía en sus patas veloces para escapar de los predadores. Algunas son famosas por ser feroces si se las acorrala.

Aunque las ratites tienen alas, no pueden volar porque tienen plumas suaves, esponjosas o como pelo en lugar de plumas de vuelo rígidas. Los músculos pectorales, relativamente débiles, se unen a un esternón plano en lugar de uno curvo como en otras aves. Se cree que comparten un antepasado común con las perdices, un grupo de aves que vive en el suelo pero que puede volar, aunque solo distancias cortas.

Plumas esponjosas
Las plumas de los avestruces son esponjosas y suaves, se parecen al plumón de otras aves. No tienen las barbillas con ganchos que se unen para formar el vexilo de las plumas de vuelo.

Potencia en las patas
Las largas patas del avestruz le permiten dejar atrás a la mayoría de enemigos.

Dos dedos
Cada pata tiene dos dedos, con una uña grande como una pezuña en el dedo grande.

Avestruz
El avestruz, el ave más grande, está especializado en deambular por las praderas y desiertos abiertos de África tropical en busca de la escasa comida. Los machos blanquinegros se aparean con hasta siete hembras pardas, que ponen los huevos en un nido común. El macho ayuda a incubar los huevos.

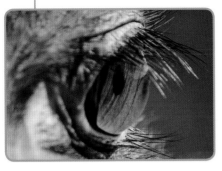

Grandes ojos
Los ojos del avestruz son enormes: cada globo ocular mide hasta 5 cm. Como casi todas las aves, confía en su vista aguda para localizar comida, detectar peligros y encontrar pareja.

 ÑANDÚ
Rhea americana
Localización: Sudamérica
Altura: hasta 1,5 m

Cuello largo
El avestruz tiene buena visión para ver si se acerca peligro gracias a su largo cuello.

El avestruz no mastica,
se traga piedras
para que la molleja muscular triture mejor la comida.

Fino plumaje
Los machos muestran las alas durante el cortejo.

Es el homólogo sudamericano del avestruz, con el que comparte estilo de vida. Vive en grupo en praderas abiertas y come plantas y animales variados.

 CASUARIO MERIDIONAL
Casuarius casuarius
Localización: Indonesia, Nueva Guinea, Australia septentrional
Altura: hasta 1,8 m

El casuario es grande y potente, habita en la selva tropical y tiene uñas afiladas como lanzas, un peligro para cualquiera que se le acerque. La hembra es más colorida que el macho y tiene el casco, en forma de cresta, más grande.

Camuflaje infantil
El plumaje a rayas del polluelo de casuario no sigue el perfil del ave para que sea más complicado de ver.

 **EMÚ**
Dromaius novaehollandiae
Localización: Australia
Altura: hasta 1,9 m

Es el equivalente australiano del avestruz y deambula como un nómada por casi todo el continente. Prefiere territorios boscosos con comida abundante, pero puede sobrevivir largo tiempo sin comer.

 **KIWI COMÚN**
Apteryx australis
Localización: Isla Sur, Nueva Zelanda
Altura: hasta 65 cm

Mucho más pequeños que el resto de ratites, los kiwis de Nueva Zelanda tienen un plumaje que parece pelo. De noche picotean el suelo para cazar invertebrados.

Bigotes sensibles

  PERDIZ CRESTADA ELEGANTE
Eudromia elegans
Localización: de Chile meridional a Argentina
Altura: hasta 40 cm

Las perdices de Sudamérica y América Central se considera que forman parte de las ratites, aunque puedan volar. Esta especie vive en bandadas en las extensiones de matorrales de la Patagonia.

Plumaje moteado

50 años vive un pingüino emperador.

Un pingüino emperador en cría suele caminar más de 100 km por el hielo en mar abierto para comer.

Pingüino emperador

El pingüino es un pescador esbelto que bucea por el hielo antártico en busca de peces y calamares. Los emperadores crían sobre el hielo: la hembra pone un solo huevo y vuelve al mar abierto para comer. El macho empolla el huevo mientras espera que vuelva su pareja antes de embarcarse en el largo viaje para alimentarse.

Los emperadores son los primeros pingüinos que ponen los huevos, para que los polluelos tengan la primavera y el verano para crecer antes de que vuelva el invierno. Los pingüinos más pequeños crecen más rápido, por lo que esperan hasta el deshielo de primavera para poner los huevos en las rocas costeras.

El pingüino emperador puede bucear hasta
500 m de profundidad
o incluso más para llegar al lecho marino.

Excelente aislamiento
El emperador está adaptado para resistir el frío extremo, con una gruesa capa de grasa aislante bajo la piel. Tiene plumas cortas y rígidas que se solapan para formar una capa impermeable y evitar así que penetre el frío.

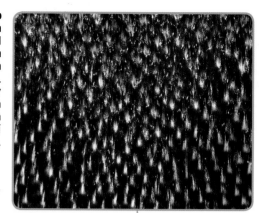

Alas que no vuelan
Las alas de los pingüinos sirven para nadar: actúan como aletas rígidas para impulsarlos en el agua.

Lengua espinosa
El pingüino emperador pesca diversos peces pequeños, calamares y kril, los atrapa uno por uno gracias a su nado veloz. Tiene púas hacia atrás en la lengua que evitan que las presas se escapen antes de que el pingüino se las trague.

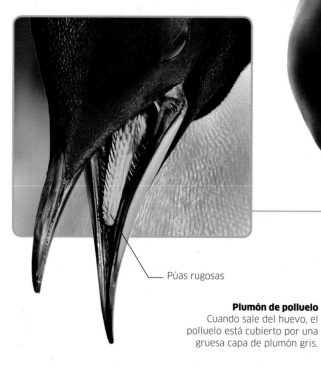

Púas rugosas

Plumón de polluelo
Cuando sale del huevo, el polluelo está cubierto por una gruesa capa de plumón gris.

Primeras plumas
El plumón dura unos tres meses antes de dejar paso al plumaje juvenil del animal.

AVES
PINGÜINO EMPERADOR
Aptenodytes forsteri

Localización: Antártida

Altura: 1,2 m

Dieta: peces, calamares y kril

Tieso y sacando pecho
El emperador camina de pie, columpiándose, a fin de consumir muy poca energía.

Pico pintado
La parte inferior del pico puede ser naranja, rosa o lila.

Cuerpo estilizado
El cuerpo del emperador es largo y acaba en punta por cada lado, lo que le da una silueta ideal para nadar bajo el agua.

Palmeados
Los pies palmeados y escamosos son un timón bajo el agua.

Guardia de invierno

El macho se encarga de guardar el huevo durante el invierno. Lo cubre con un pliegue de piel entre los pies para que no se congele. Mientras lo empolla, no come nada y pierde la mitad de su peso en dos meses.

En su elemento

Como todo pingüino, el emperador es un magnífico nadador. Es rápido (alcanza los 25 km/h) y aguanta sin respirar bajo el agua durante unos 20 minutos.

El frío, fuera

Para sobrevivir al invierno antártico, los emperadores macho forman bandadas de hasta 5.000 aves. Van girando continuamente para que a todos les toque en algún momento soportar el frío de la parte exterior.

PINGÜINO REY
Aptenodytes patagonicus
Localización: islas subantárticas
Altura: 95 cm

El pingüino rey se parece mucho al emperador, pero es un poco más pequeño. Vive en grandes colonias en las islas subantárticas. Se alimenta de peces y calamares.

PINGÜINO BARBIJO
Pygoscelis antarcticus
Localización: costas e islas antárticas
Altura: 70 cm

Varios millones de pingüinos barbijos crían en las costas e islas antárticas. Algunas colonias viven sobre volcanes activos, donde la roca templada ayuda a incubar los huevos.

Aletas
Las alas sirven para «nadar» bajo el agua.

Pingüinos

Los pingüinos, altamente adaptados para pescar bajo el agua, son el ave oceánica más especializada. Casi todos viven muy al sur, en las aguas más frías de la Tierra.

Los pingüinos están diseñados para nadar, con su estilizado cuerpo, aletas rígidas y pies palmeados al final del cuerpo, la posición ideal para moverse bajo el agua. No obstante, estas adaptaciones le convierten en una rareza vulnerable en tierra, por eso la mayoría de especies forman colonias en costas remotas sin predadores terrestres.

Esbelta figura
El cuerpo es hidrodinámico gracias a las capas de grasa.

PÁJARO BOBO DE CORONA BLANCA
Pygoscelis papua
Localización: islas subantárticas
Altura: 80 cm

Esta especie de pingüinos es la tercera más grande y tiene una curiosa cola larga. Vive en pequeñas colonias en las islas alrededor de la Antártida, hasta las Malvinas como punto más septentrional.

Corona blanca
La marca blanca en la cabeza es exclusiva de esta especie.

Pez linterna

PINGÜINO DE ADELIA
Pygoscelis adeliae
Localización: Antártida
Altura: 70 cm

Este pequeño pingüino es el que vive más al sur, salvo el emperador. Forma grandes colonias en las orillas rocosas antárticas que quedan sin nieve durante la primavera y el verano. Se alimenta de kril y a menudo descansa sobre placas de hielo e icebergs a la deriva.

Algunas colonias de pingüino de Adelia tienen más de 250.000 parejas de cría.

Camuflaje claro
En el agua es difícil que los predadores reconozcan el vientre blanco por debajo.

La palabra «pingüino» se usó por primera vez para describir un ave similar del Atlántico norte: la extinta alca gigante.

127

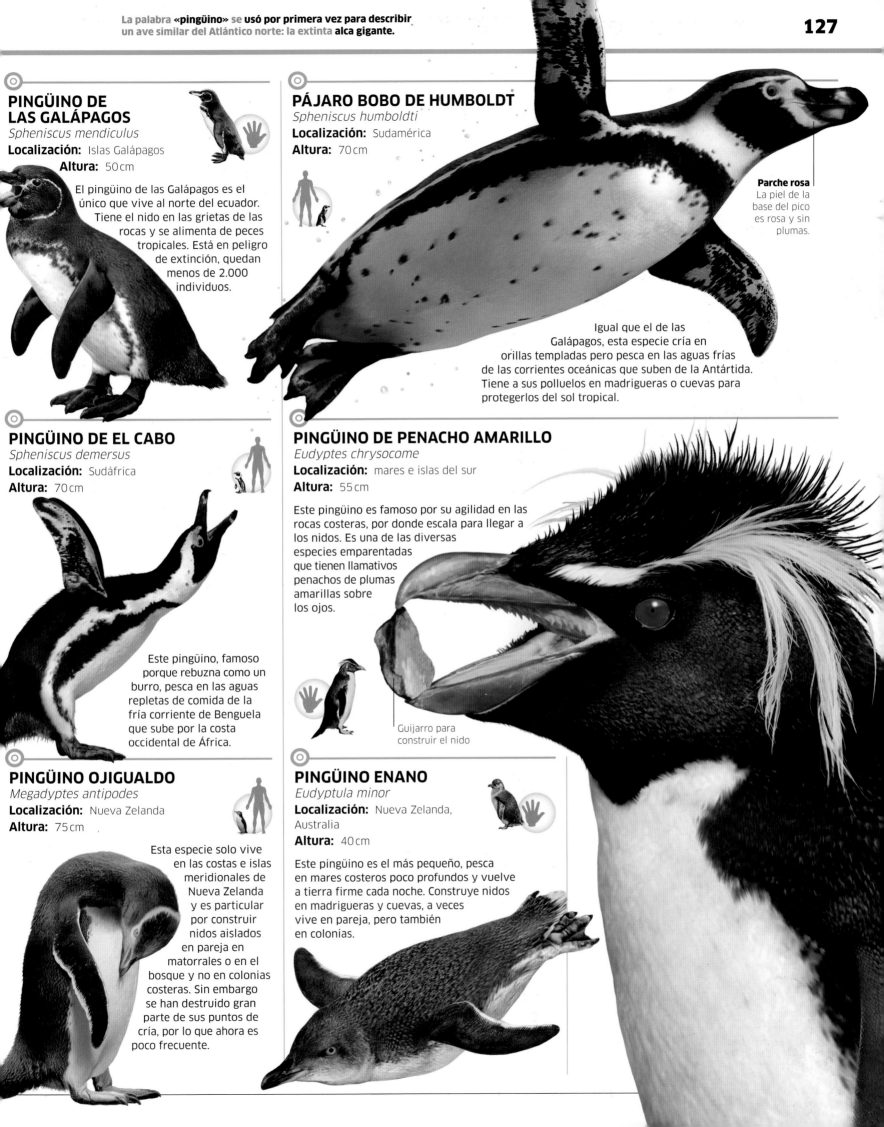

PINGÜINO DE LAS GALÁPAGOS

Spheniscus mendiculus

Localización: Islas Galápagos

Altura: 50 cm

El pingüino de las Galápagos es el único que vive al norte del ecuador. Tiene el nido en las grietas de las rocas y se alimenta de peces tropicales. Está en peligro de extinción, quedan menos de 2.000 individuos.

PÁJARO BOBO DE HUMBOLDT

Spheniscus humboldti

Localización: Sudamérica

Altura: 70 cm

Parche rosa
La piel de la base del pico es rosa y sin plumas.

Igual que el de las Galápagos, esta especie cría en orillas templadas pero pesca en las aguas frías de las corrientes oceánicas que suben de la Antártida. Tiene a sus polluelos en madrigueras o cuevas para protegerlos del sol tropical.

PINGÜINO DE EL CABO

Spheniscus demersus

Localización: Sudáfrica

Altura: 70 cm

Este pingüino, famoso porque rebuzna como un burro, pesca en las aguas repletas de comida de la fría corriente de Benguela que sube por la costa occidental de África.

PINGÜINO DE PENACHO AMARILLO

Eudyptes chrysocome

Localización: mares e islas del sur

Altura: 55 cm

Este pingüino es famoso por su agilidad en las rocas costeras, por donde escala para llegar a los nidos. Es una de las diversas especies emparentadas que tienen llamativos penachos de plumas amarillas sobre los ojos.

Guijarro para construir el nido

PINGÜINO OJIGUALDO

Megadyptes antipodes

Localización: Nueva Zelanda

Altura: 75 cm

Esta especie solo vive en las costas e islas meridionales de Nueva Zelanda y es particular por construir nidos aislados en pareja en matorrales o en el bosque y no en colonias costeras. Sin embargo se han destruido gran parte de sus puntos de cría, por lo que ahora es poco frecuente.

PINGÜINO ENANO

Eudyptula minor

Localización: Nueva Zelanda, Australia

Altura: 40 cm

Este pingüino es el más pequeño, pesca en mares costeros poco profundos y vuelve a tierra firme cada noche. Construye nidos en madrigueras y cuevas, a veces vive en pareja, pero también en colonias.

Los **antepasados de las gallinas** se
domesticaron hace más de 5.000 años.

PAVO REAL DE LA INDIA

Pavo cristatus

Localización: India

Longitud: hasta 2,2 m

Dieta: semillas, fruta, insectos

Plumaje glorioso
La «cola» no es tal:
son plumas alargadas
que parten de la
espalda del macho.

En pleno vuelo
Su gran abanico de plumas molesta un
poco, pero los pavos reales pueden
volar lo suficiente como para
llegar a una rama segura donde
pasar la noche. En los bosques
donde vive es vital para
sobrevivir.

Colores sutiles
La pava real tiene
un plumaje discreto
y una cola de plumas
más corta.

Herramientas de jardinero
Utiliza sus potentes patas
para escarbar el suelo en
busca de insectos y semillas.

Pavo real de la India

El pavo real es un tipo de faisán con el cortejo
más extravagante. El macho, con sus colores
vivos, atrae a la hembra abriendo un abanico
espectacular de plumas iridiscentes, salpicada
de «ojos» brillantes. Si la hembra se queda
impresionada, quizás acceda a aparearse.

25 huevos puede poner **la hembra de perdiz pardilla:** la puesta **más grande** de cualquier ave.

2 m puede alcanzar la **cola de plumas del pavo.** Puede suponer más del **60 % de la longitud** del ave.

129

TALÉGALO LEIPOA
Leipoa ocellata
Localización: Australia
Longitud: hasta 60 cm

Este es uno de los talégalos: aves que apilan montañas de vegetación en descomposición que cubren de tierra para incubar los huevos. El macho controla la temperatura y ventila la pila o añade más tierra para que se caliente.

HOCOFAISÁN
Crax rubra
Localización: América Central
Longitud: hasta 92 cm

El hocofaisán vuela mal y pasa gran parte del tiempo en el suelo del bosque buscando frutas y animales pequeños. Aun así anida en las copas de los árboles. La destrucción de la selva tropical ha hecho que ahora sea poco frecuente.

PAVO SALVAJE
Meleagris gallopavo
Localización: Norteamérica
Longitud: hasta 1,2 m

Igual que el pavo real, el pavo salvaje macho es muy diferente de la hembra, pues es un ave muy ornamentada que bailotea y grazna pomposamente. Come semillas, fruta e insectos.

GALLO DE LAS PRADERAS GRANDE
Tympanuchus cupido
Localización: Norteamérica
Longitud: hasta 45 cm

Galliformes

Muchas de estas aves redondas que se alimentan en el suelo han sido carne de caza durante siglos. Algunas como el pavo real tienen plumajes espectacularmente bonitos.

Los faisanes, perdices, pavos, gangas y sus parientes son aves de bosque que viven en el suelo y casi nunca vuelan. Muchas tienen un sistema de cría polígamo: el macho estrafalario corteja a tantas hembras como le es posible. En la mayoría de especies, las hembras hacen el nido y crían a los polluelos solas; pueden hacerlo porque estos ya comen solos poco después de nacer.

Adaptada a la vida en la pradera, esta especie tiene machos espectaculares que compiten para aparearse con el máximo número de hembras posible. Los machos hinchan su saco naranja y graznan mientras bailan con fuertes pisotones.

PERDIZ PARDILLA
Perdix perdix
Localización: Europa
Longitud: hasta 30 cm

Al contrario que muchos galliformes, la perdiz pardilla solo tiene una pareja durante la temporada de cría y ambos sexos son muy parecidos. Es un ave de campo abierto; antes era habitual en los campos agrícolas, pero se vio muy afectada por los pesticidas que matan los insectos que comen los polluelos.

GALLO BANKIVA
Gallus gallus
Localización: sudeste asiático
Longitud: hasta 80 cm

Este faisán de la jungla de aspecto exótico es el antepasado del pollo doméstico. En estado salvaje busca semillas e insectos en selvas de bambú, claros y matorrales cercanos, a menudo en bandadas de 50 aves. Cada macho corteja y se aparea con diversas hembras.

Armas letales
El macho tiene un espolón afilado en cada pata que utiliza contra sus rivales.

El águila real vive hasta 20 años en la naturaleza, y más de 40 en cautividad.

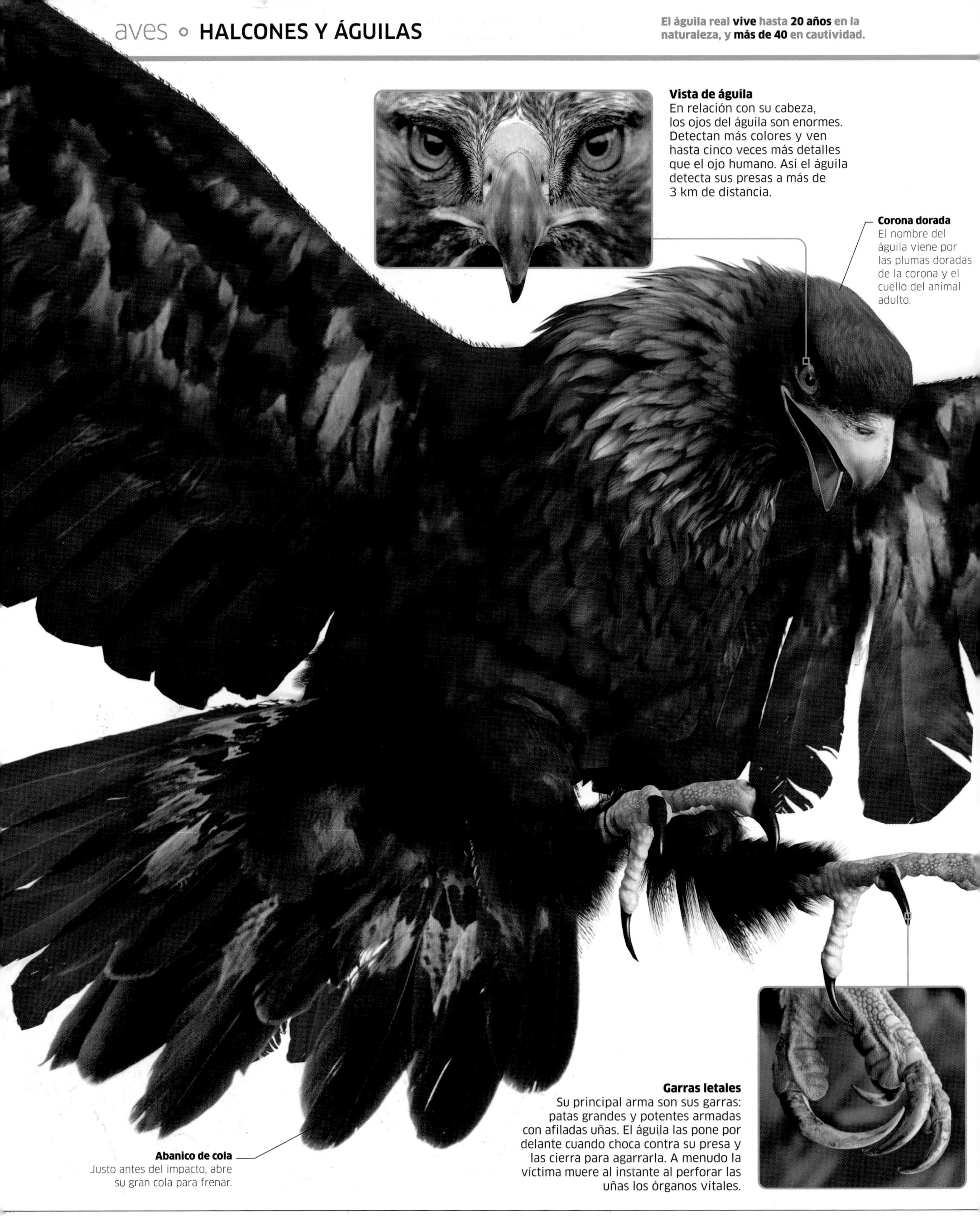

Vista de águila
En relación con su cabeza, los ojos del águila son enormes. Detectan más colores y ven hasta cinco veces más detalles que el ojo humano. Así el águila detecta sus presas a más de 3 km de distancia.

Corona dorada
El nombre del águila viene por las plumas doradas de la corona y el cuello del animal adulto.

Garras letales
Su principal arma son sus garras: patas grandes y potentes armadas con afiladas uñas. El águila las pone por delante cuando choca contra su presa y las cierra para agarrarla. A menudo la víctima muere al instante al perforar las uñas los órganos vitales.

Abanico de cola
Justo antes del impacto, abre su gran cola para frenar.

El águila real **apenas hace ruido,** **apenas un leve silbido** al volar.

Las hembras de águila real son algo **más grandes que los machos.**

131

AVES

ÁGUILA REAL

Aquila chrysaetos

Localización: Norteamérica, Europa, Asia, África N

Longitud: hasta 90 cm

Dieta: pequeños animales y carroña

Plumas de vuelo
Al abrir las plumas de la punta de las alas, el ave evita precipitarse abajo al volar a poca velocidad.

Águila real

Esta magnífica ave es el águila más común y una de las más grandes. Sobrevolando el campo abierto con sus anchas alas, mira al suelo para detectar presas a las que atrapar.

Las águilas son las más grandes de las rapaces, aves que matan y comen aves pequeñas, mamíferos y otros vertebrados. Matan las presas con las uñas de las garras y las despedazan con el pico ganchudo. Algunas se especializan en atrapar peces, pero el águila real suele cazar conejos, liebres y grandes animales que coman en el suelo. Puede volar durante horas aprovechando las corrientes de aire ascendiente con las alas abiertas hasta que detecta una presa y se lanza al ataque.

La pareja del águila real **es para toda la vida** **y vuelve al mismo nido año tras año.**

Diana en movimiento
Las presas habituales son conejos y liebres, pero también se atreven con cervatillos.

Instinto asesino

Las águilas reales forman parejas de por vida y construyen nidos en precipicios y en árboles. La hembra pone dos huevos. El primero que pone será el primero en abrirse, por lo que un polluelo será mayor y más fuerte que el otro. Si la comida escasea, el más fuerte matará al otro para comerse su parte. Este método garantiza que como mínimo sobreviva un polluelo.

CÓNDOR ANDINO
Vultur gryphus
Localización: Sudamérica
Longitud: hasta 1,1 m

El cóndor andino, el buitre más grande y el ave rapaz más grande, busca comida por las montañas abriendo sus alas majestuosas en las corrientes ascendentes. Puede planear durante una hora o más sin mover un ápice de las alas.

Cabeza pelada
La piel desnuda de la cabeza le permite picotear carne a más profundidad sin ensuciarse el plumaje.

ÁGUILA PESCADORA
Pandion haliaetus
Localización: por todo el planeta excepto en la Antártida
Longitud: hasta 58 cm

El águila pescadora es un pescador que se tira al agua de ríos, lagos y mares poco profundos para pescar con sus garras. Tiene espinas en las palmas para agarrar los peces escurridizos cuando sale del agua en busca de alguna rama para comérselos.

CARACOLERO COMÚN
Rostrhamus sociabilis
Localización: América N, S y C
Longitud: hasta 45 cm

Este especialista del vuelo lento se alimenta casi exclusivamente de caracoles de agua dulce, que captura en pantanos y saca del caparazón con su pico ganchudo. Vive principalmente en las ciénagas de América Central y Sudamérica, pero también en los Everglades de Florida.

Caracol

PIGARGO CABECIBLANCO
Haliaeetus leucocephalus
Localización: Norteamérica
Longitud: hasta 90 cm

Conocida como el «águila americana», símbolo nacional de Estados Unidos, este cazador poderoso apenas come algo más que peces. Aunque llega hasta México, la mayoría se concentra en el norte, en Alaska y Canadá occidental. También se denomina águila calva.

No es tan calva
Las plumas blancas hacen que parezca calva.

El nido del pigargo cabeciblanco **es el más grande** que el de cualquier otra ave. Puede superar los 2.700 kg, más que un rinoceronte.

Halcones y águilas

Las rapaces son los predadores más importantes entre las aves, voladores potentes con garras afiladas y picos ganchudos que atacan y comen animales. La mayoría son cazadores activos, aunque unos pocos se han adaptado para alimentarse de cadáveres.

Desde halcones del tamaño de un gorrión hasta los cóndores gigantes, las rapaces (también conocidas como aves de presa) están entre las aves más espectaculares. Incluyen águilas poderosas capaces de arrancar a un mono de los árboles, halcones veloces que persiguen y matan otras aves en pleno vuelo, halcones de bosque extremadamente ágiles, pescadores especializados y buitres carroñeros.

Garras poderosas
Las garras enormes capturan peces, aves, conejos y ardillas.

Un **halcón común en picado** puede alcanzar los **320 km/h** o incluso más.

El **secretario** a veces mata las **serpientes** saltando sobre la espalda y rompiéndoles el cuello.

El **cóndor andino** tiene una envergadura de **más de 3 m.**

BUITRE PALMERO
Gypohierax angolensis
Localización: África tropical
Longitud: hasta 60 cm

Esta ave grande blanquinegra técnicamente es un ave rapaz emparentada con los buitres carroñeros, pero se alimenta sobre todo de la fruta de la palma aceitera. Usa su pico ganchudo para romper la cáscara y comerse el contenido.

QUEBRANTA-HUESOS
Gypaetus barbatus
Localización: Eurasia, África
Longitud: hasta 1,1 m

Su nombre científico es buitre barbudo, por los pelos oscuros alrededor del pico. Suele vivir en hábitats de montaña rocosos. Es muy famoso por coger huesos grandes y soltarlos en pleno vuelo sobre las rocas para que se rompan y poder comerse así el tuétano, de ahí que se le llame quebrantahuesos.

AGUILUCHO PÁLIDO
Circus cyaneus
Localización: Eurasia, América N y C
Longitud: hasta 50 cm

Los aguiluchos son aves esbeltas de alas largas especializadas en cazar volando bajo en espacios abiertos. El aguilucho pálido macho tiene el color gris de las palomas.

AZOR COMÚN
Accipiter gentilis
Localización: Norteamérica, Eurasia
Longitud: hasta 65 cm

Es uno de los halcones de bosque más grandes: cazadores de alas cortas y cola larga que vuelan a gran velocidad por los árboles. Con su dominio del vuelo caza ardillas y pájaros en las ramas, además de otras presas, como faisanes, en el suelo.

Alas cortas y anchas

ARPÍA MAYOR
Harpia harpyja
Localización: América tropical
Longitud: hasta 1,1 m

Una de las rapaces más poderosas del mundo, esta enorme águila de la selva tropical usa sus temibles garras para arrancar a los monos y perezosos de las copas de los árboles.

PIGARGO
Aquila audax
Localización: Australia, Nueva Guinea
Longitud: hasta 1 m

Identificable por su cola en punta, es el ave rapaz más grande de Australia. Caza volando sobre la llanura o parapetada en algún punto elevado. Es capaz de cazar un canguro pequeño.

SECRETARIO
Sagittarius serpentarius
Localización: África tropical
Longitud: hasta 1,5 m

El secretario ronda por la sabana africana con sus largas patas. Atrapa y mata pequeños mamíferos, insectos y serpientes con las garras.

HALCÓN COMÚN
Falco peregrinus
Localización: casi todo el planeta
Longitud: hasta 50 cm

La mayoría de halcones se especializa en cazar presas al vuelo, incluidos insectos y murciélagos. Cuando ataca otras aves, se desploma desde la altura con las alas medio plegadas para destripar a la víctima con las garras.

CACATÚA GALAH
Eolophus roseicapilla

Localización: Australia
Longitud: hasta 35 cm

Este loro con cresta es muy común en las llanuras y bosques de Australia. Come semillas pequeñas y cereales, trigo incluido. Se alimenta en bandadas, pero su pareja es para toda la vida. Hace el nido en agujeros de árbol.

KAKAPO
Strigops habroptila
Localización: Nueva Zelanda
Longitud: hasta 60 cm

El kakapo es un loro de suelo gigante incapaz de volar que evolucionó en Nueva Zelanda cuando no había predadores que lo amenazaran. La introducción de armiños, ratas y gatos casi lo extingue. Actualmente vive en bosques y matorrales de contadas islas remotas.

LORI ARCOÍRIS
Trichoglossus moluccanus
Localización: Australia, Nueva Guinea
Longitud: hasta 30 cm

Las bandadas ruidosas de loris arcoíris buscan comida en los bosques de Australia y Nueva Guinea. La lengua del lori tiene punta en forma de pincel para libar néctar, pero también come fruta e insectos. Al atardecer se reúnen en enormes nidos comunes para pasar la noche.

Loros

Famosos por su inteligencia y capacidad de imitar la voz humana, los loros son aves coloridas con picos ganchudos potentes. La mayoría de loros vive en selvas tropicales y praderas, a menudo en grandes bandadas.

Desde los loros pigmeos, del tamaño de un ratón, hasta los gigantes como el guacamayo jacinto, hay loros en todos los continentes templados al sur del ecuador, así como en América Central y Asia meridional. La mayoría come semillas, pero los loris están especializados en libar néctar. Algunos comen insectos y unos pocos incluso son carroñeros.

PERIQUITO COMÚN
Melopsittacus undulatus
Localización: Australia
Longitud: hasta 20 cm

El periquito común silvestre vive en grandes bandadas nómadas en las praderas de Australia, buscando cultivos de semillas de aquí para allá. Cría en agujeros de árbol siempre que haya comida abundante. Una pareja puede criar varias veces un buen año.

Lengua móvil
El guacamayo jacinto se alimenta básicamente del fruto de la palma aceitera: rompe su cáscara con el pico y saca el hueso con la lengua. Su lengua es fuerte y sensible, y por eso la usa para explorar el entorno, como hacemos nosotros con los dedos.

Guacamayo jacinto

El espectacular guacamayo jacinto es el loro más largo y más grande, pero no el más pesado: este es el kakapo. Vive en las selvas tropicales de Brasil y sus alrededores, donde busca comida en pequeñas bandadas. Anida en agujeros de árbol.

Pata ágil
Las patas son muy móviles, tienen dos dedos hacia delante y dos hacia atrás.

AVES

GUACAMAYO JACINTO

Anodorhynchus hyacinthinus

Localización: Sudamérica

Longitud: hasta 1 m

Dieta: frutos secos, semillas, fruta

LORO ECLÉCTICO
Eclectus roratus
Localización: Australasia
Longitud: hasta 45 cm

El macho y la hembra de loro ecléctico son tan diferentes que se creía que eran de especies diferentes. El macho es verde esmeralda con manchas rojas y azules, y la hembra es carmesí con el vientre azul. Viven en las selvas tropicales de Nueva Guinea.

LORO YACO
Psittacus erithacus
Localización: África
Longitud: hasta 35 cm

Esta especie es famosa por su inteligencia y capacidad vocal. En libertad, el loro yaco se mueve en grupos pequeños para conseguir comida como fruta y frutos secos, pero duerme en grandes grupos. Se sirve del pico para trepar.

Los albatros viajeros **realmente viajan**; se registró un ejemplar que viajó **6.000 km** en **12 días**.

Hacia arriba

Para cubrir grandes distancias sobre el océano, el albatros inclina las alas abiertas contra el viento de cara para ganar sustentación y altura, y a continuación gira y planea en la dirección del viento. Puede mantenerse en el aire durante días haciendo lo mismo.

Hijo único

Cada pareja de albatros construye un nido de barro y vegetación en un acantilado cerca del mar. Tras la eclosión los padres se turnan para cuidar al polluelo durante seis semanas. Después ambos se van de pesca al mar y vuelven de vez en cuando para alimentarle.

Orificio nasal tubular
Los albatros y sus parientes cercanos tienen orificios nasales tubulares que mejoran el olfato para encontrar comida más fácilmente. También detectan la presión del aire al volar y actúan como indicadores de la velocidad del aire.

Vientre blanco como la nieve

Pies palmeados
Con sus pies palmeados anchos, el albatros nada como un pato. Incluso llega a bucear un poco si la presa se lo merece.

Patas firmes
Las patas fuertes y los pies anchos ayudan a la hora de aterrizar y nadar.

ALBATROS VIAJERO

Diomedea exulans

Localización: océano Antártico

Longitud: hasta 1,3 m

Dieta: pequeños animales marinos

El **estómago** del albatros produce un **aceite hediondo**, que **come su cría** y que puede **regurgitar para defenderse**.

Las **alas** del albatros viajero miden hasta **3,7 m.**

137

Alas en posición
Para volar mejor, la articulación del codo se bloquea para que las alas queden abiertas.

Pico rosa ganchudo y grande

Marcas negras en la parte superior

A bailar
Las parejas de albatros suelen ser de por vida, crían cada dos años y renuevan sus lazos bailando.

Albatros viajero

Durante el verano, las aburridas islas batidas por el viento de la Antártida se convierten en el escenario de los bailes de cortejo del albatros viajero.

Equipada con las alas más largas del planeta, esta ave marina está especializada para vivir en el aire, donde se mantiene durante días sobre el gélido océano antártico. Vuela bajo, con un ojo puesto en la superficie para capturar peces pequeños, calamares y kril. Puede amerizar para comer, pero las alas largas no le facilitan el despegue, sino todo lo contrario.

Plumaje claro
Los machos adultos tienen casi todo su plumaje blanco. Las hembras son algo más pardas.

SOMORMUJO LAVANCO
Podiceps cristatus

Localización: Eurasia, África, Australia
Longitud: hasta 50 cm

Los somormujos están muy bien adaptados para bucear, pero tienen los pies tan al final del cuerpo que les cuesta caminar. Esta especie construye un nido flotante para poder acceder bien desde el agua y es famosa por sus elaborados bailes de cortejo.

RABIHORCADO MAGNÍFICO
Fregata magnificens

Localización: mares tropicales de América
Longitud: hasta 1,1 m

El rabihorcado tropical y sus largas alas planean por el océano buscando presas o incluso robándoselas a otras aves en pleno vuelo. Los machos tienen el buche rojo, que hinchan durante el cortejo.

GARZA IMPERIAL
Ardea purpurea

Localización: Eurasia S, África
Longitud: hasta 90 cm

Las garzas pescan sobre todo en agua dulce esperando inmóviles a sus presas en las partes poco profundas. Como todas las garzas, la imperial tiene el cuello «torcido», para poder mover rápido la cabeza adelante y atrapar su presa de golpe con su pico de lanza.

Distribución del peso
Sus dedos extralargos le ayudan a caminar sobre la vegetación flotante.

Buche elástico

PELÍCANO ALCATRAZ
Pelecanus occidentalis

Localización: Caribe y América
Longitud: hasta 1,4 m

Los pelícanos tienen buches enormes y elásticos que llenan de agua repleta de peces pequeños. Al contrario que otros pelícanos, esta especie se tira de cabeza al mar desde el aire para pescar.

Aves acuáticas, marinas y playeras

Una gran variedad de aves se ha especializado para alimentarse en el agua o su cercanía, algunas en el mar y otras en playas o pantanales de agua dulce.

Algunas tienen pies palmeados y otras adaptaciones para nadar mejor. Otras tienen las patas largas para pasearse por aguas profundas. Muchas tienen picos modificados para alimentarse de manera especial.

FLAMENCO
Phoenicopterus roseus

Localización: Eurasia S, África, América Central
Longitud: hasta 1,5 m

Los flamencos son aves extraordinarias especializadas en filtrar organismos acuáticos diminutos. Algunos comen algas microscópicas, pero el de la imagen se alimenta de insectos y gambas. Con la cabeza del revés en las aguas poco profundas, bombea agua a través del pico especializado, que atrapa las presas con una estructura de peine.

El plumaje rosado del flamenco se debe **a los pigmentos de la comida.**

CORMORÁN GRANDE
Phalacrocorax carbo

Localización: por todo el planeta excepto Sudamérica y Antártida
Longitud: hasta 1 m

Común en costas y agua dulce, este cazador subacuático pesca impulsándose con sus pies palmeados grandes. El plumaje absorbe el agua para reducir su flotación, así puede bucear con más facilidad.

Tamizador profesional
La forma del pico es ideal para tamizar la comida de la superficie del agua.

El charrán ártico **vuela de polo a polo dos veces al año**, **en un viaje de ida y vuelta** de más de 32.000 km.

Con un **peso récord** de casi 16 kg, **el cisne cantor** es una de las **aves voladoras más pesadas**.

139

CISNE CANTOR
Cygnus cygnus
Localización: Eurasia
Longitud: hasta 1,6 m

El cisne cantor, de color blanco nuclear, cría en el subártico en verano y migra al sur para pasar el invierno. Forma grandes bandadas en ciénagas y estuarios. Debe su nombre a su canto potente y estridente.

JOYUYO
Aix sponsa
Localización: Norteamérica
Longitud: hasta 50 cm

El colorido del joyuyo macho contrasta con el gris pardo de la hembra. El plumaje del macho sirve para cortejar, mientras que el diseño apagado de la hembra permite ocultarla mientras empolla los huevos. Al contrario que la mayoría de patos, el joyuyo anida en agujeros de árbol.

RASCÓN
Rallus aquaticus
Localización: Eurasia, norte de África
Longitud: hasta 28 cm

Los rascones son aves acuáticas de alas cortas que viven en pantanales de agua dulce. Esta ave es muy tímida, tiene un cuerpo estrecho ideal para escurrirse por los juncales densos. Se le oye más que se le ve, su voz recuerda la de un cerdo.

Dedos largos
Los dedos reparten el peso del ave al caminar sobre lodo.

ZARAPITO REAL EURASIÁTICO
Numenius arquata
Localización: Eurasia, África
Longitud: hasta 60 cm

Patilargo y picolargo, forma parte de las aves playeras, aves adaptadas para alimentarse en orillas y pantanales. Tiene el pico extremadamente largo y curvo, especializado para buscar gusanos, cangrejos y otros animales por las profundidades del lodo.

¿Dónde está?
El plumaje moteado ofrece un buen camuflaje.

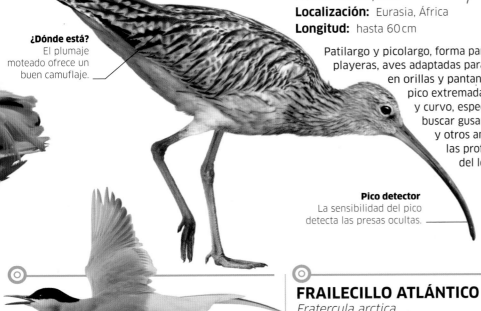

Pico detector
La sensibilidad del pico detecta las presas ocultas.

Cola doble en punta

FRAILECILLO ATLÁNTICO
Fratercula arctica
Localización: Atlántico norte, Ártico
Longitud: hasta 30 cm

El frailecillo atlántico forma parte de los álcidos, las aves norteñas especializadas en pescar bajo el agua que utilizan las alas como los pingüinos. Tienen un pico grande y colorido, adaptado para llevar muchos peces dentro.

Unas alas, dos usos
Las alas sirven para impulsarse en el agua, y también para volar.

Color de temporada
El pico y las patas naranjas son menos vivos en invierno.

CHARRÁN ÁRTICO
Sterna paradisaea
Localización: regiones árticas y antárticas
Longitud: hasta 35 cm

El charrán ártico, elegante y esbelto, tiene el récord de migración más larga de las aves. Se aparea en el Ártico durante el verano boreal y cruza el planeta entero, hasta el océano Antártico, para alimentarse durante el invierno boreal.

El búho real **caza en un territorio de hasta 80 km².**

El **alarido grave** del búho real macho **se oye a más de 1 km de distancia.**

Vuelo flotante
Las alas grandes baten despacio, por lo que no hacen apenas ruido.

¿Penachos u orejas?
Los penachos plumados parecen orejas, pero no se sabe para qué sirven.

Búho real

Esta ave magnífica es uno de los búhos más grandes, un cazador potente capaz de matar un ciervo joven. Sus enormes ojos son muy eficientes en la penumbra, lo que le permite volar casi a oscuras e incluso cazar a la luz de la luna.

El búho real casi siempre caza al atardecer y al amanecer, cuando las presas están activas. Tiene el oído excelente como todos los búhos, pero confía más en su vista magnífica que los otros búhos. Habita en muchos sitios, existen 12 subespecies por Europa, Asia y el norte de África.

Rey de la noche
La mayoría de búhos cazan presas que puedan comerse enteras, de un bocado. El búho real lo hace, pero también ataca y mata algún animal más grande, cuya carne despedaza en trozos más pequeños con su pico ganchudo, como un águila auténtica.

Vista directa
Los ojos del búho no son esféricos como los nuestros, sino cónicos y fijos en el cráneo. El búho no puede girarlos para mirar, sino que tiene que girar la cabeza entera. Por suerte, su cuello es flexible y puede girarlo hasta 270º, tres cuartos de vuelta.

1,8 m de **envergadura** puede alcanzar un búho real.

Visión nocturna
Sus ojos son el triple de sensibles en la oscuridad que los ojos humanos.

Pies plumados
Las patas y garras están cubiertas de plumas para protegerse de los dientes de las presas.

Armas mortales
Las potentes garras de uñas negras atrapan y matan la presa.

Plumas suaves
El plumaje de vuelo del búho es especial: acaba en peine para reducir el ruido del aire en las alas. Así puede volar en silencio, oír cualquier presa y atacarla por sorpresa.

AVES

BÚHO REAL

Bubo bubo

Localización: Eurasia, norte de África

Longitud: hasta 75 cm

Dieta: básicamente pequeños mamíferos

Búhos

Los búhos son los equivalentes nocturnos de halcones y águilas y utilizan su oído agudo y vista sensible para cazar animales pequeños, como ratones. Pero algunos búhos también cazan de día y unos pocos son pescadores.

El búho se reconoce al instante por sus grandes ojos, que se ven mayores de lo que son porque están envueltos por un disco de plumas rígidas que amplifica el sonido que captan las orejas. La mayoría tiene alas grandes que le permiten volar lentamente y en silencio cuando barre el suelo buscando presas.

LECHUZA COMÚN
Tyto alba

Localización: por todo el planeta excepto en la Antártida

Longitud: hasta 35 cm

Tiene ojos negros y un distintivo disco facial blanco en forma de corazón. Está adaptado para la caza nocturna y es uno de los pocos búhos que caza de oído a oscuras. También caza de día, especialmente durante la primavera, cuando alimenta a los polluelos.

Garras afiladas
Las patas largas y las garras afiladas están adaptadas para atrapar presas.

BÚHO VIRGINIANO
Bubo virginianus

Localización: América

Longitud: hasta 55 cm

Este búho grande y fuerte es el equivalente americano del búho real, ambos con penachos plumados similares. Vive en diferentes tipos de hábitats, como bosques, praderas y desiertos, donde caza todo tipo de presas. Por raro que parezca en un búho, caza presas grandes que no puede tragarse enteras, como conejos, y también caza pájaros durmiendo en las ramas.

Amenaza a la vista
Si un intruso le molesta, el búho virginiano abre las alas en señal de amenaza.

BÚHO NIVAL
Bubo scandiacus

Localización: regiones árticas

Longitud: hasta 65 cm

Aislado del frío gracias a sus plumas gruesas, el búho nival es un cazador ártico que detecta campañoles, lemmings y otros animales pequeños por el ruido que hacen bajo la nieve. Las hembras, como esta, presentan bandas en el plumaje. Los machos son blancos casi por completo.

CÁRABO PESCADOR COMÚN
Scotopelia peli

Localización: África

Longitud: hasta 60 cm

La mayoría de búhos cazan animales del suelo, pero este búho tropical grande es un pescador experto. Los detecta de noche desde las ramas bajas de los árboles sobre el agua. Si el agua se mueve y delata a la presa, se lanza disparada para atraparla con las garras.

Se ha visto algún cárabo pescador matar y comerse a una cría de cocodrilo del Nilo.

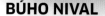

El **suave plumaje** del búho **no es impermeable,** y, al contrario que la mayoría de aves, **no vuela si llueve.**

Los polluelos de mochuelo de madriguera ahuyentan a **los predadores** de sus **madrigueras** imitando a **una cascabel.**

CÁRABO
Strix aluco

Localización: Europa, Asia, África N

Longitud: hasta 40 cm

El alarido vibrante del cárabo macho es muy frecuente en las noches de gran parte de Eurasia. Este búho nocturno estricto vive en territorios boscosos, donde conoce todos los rincones y madrigueras, lo que le permite cazar de noche.

CÁRABO LAPÓN
Strix nebulosa

Localización: Norteamérica septentrional, Eurasia

Longitud: hasta 70 cm

Esta ave majestuosa, uno de los búhos más grandes, vive en bosques grandes, donde caza campañoles y ratones. Defiende con celo su nido, ataca los intrusos y les provoca lesiones graves.

BÚHO CORNIBLANCO
Lophostrix cristata

Localización: América Central y Sudamérica

Longitud: hasta 40 cm

Diversos búhos tienen penachos de plumas que parecen cuernos u orejas, pero el que los tiene más estrafalarios es el búho corniblanco. Es un cazador nocturno que pasa el día oculto entre el follaje espeso.

LECHUZÓN DE ANTEOJOS
Pulsatrix perspicillata

Localización: América Central y Sudamérica

Longitud: hasta 45 cm

La mayoría de búhos se camuflan bien para poder dormir de día, pero este tiene un diseño marrón oscuro y blanco muy vistoso, con «anteojos» claros ante los grandes ojos amarillos. Los jóvenes son claros y con la cara parda.

MOCHUELO DE LOS SAGUAROS
Micrathene whitneyi

Localización: Norteamérica

Longitud: hasta 15 cm

El búho más pequeño del mundo, el mochuelo de los saguaros, vive en desiertos, donde caza insectos, arañas y escorpiones de noche. A pesar de su tamaño, ulula muy fuerte y variado. Anida en agujeros de carpintero, a menudo en los tallos de los gigantes saguaros.

Al ataque
El mochuelo de los saguaros persigue insectos y los caza al vuelo.

MOCHUELO DE MADRIGUERA
Athene cunicularia

Localización: América y Caribe

Longitud: hasta 25 cm

Este búho excepcional hace honor a su nombre y vive en madrigueras, que puede cavar él mismo con su pico y patas largas, pero prefiere robárselas a otros animales. Al contrario que la mayoría de búhos, no es nocturno y se deja ver en la entrada de la madriguera durante el día.

NÍNOX MAORÍ
Ninox novaeseelandiae

Localización: Australasia

Longitud: hasta 35 cm

Este búho emite un alarido en dos tiempos y se oye a menudo en los árboles de Australia y Nueva Zelanda, de aquí su nombre «maorí». Se alimenta sobre todo de insectos; en las áreas urbanas caza polillas en las farolas.

LECHUZA CAMPESTRE
Asio flammeus

Localización: Norteamérica, Sudamérica, Europa, Asia y África

Longitud: hasta 40 cm

Esta especie, muy común, es uno de los diversos búhos que cazan de día volando bajo sobre pantanales y praderas para capturar pequeños mamíferos. No teme a los humanos y a menudo se acerca para inspeccionarlos con sus penetrantes ojos amarillos.

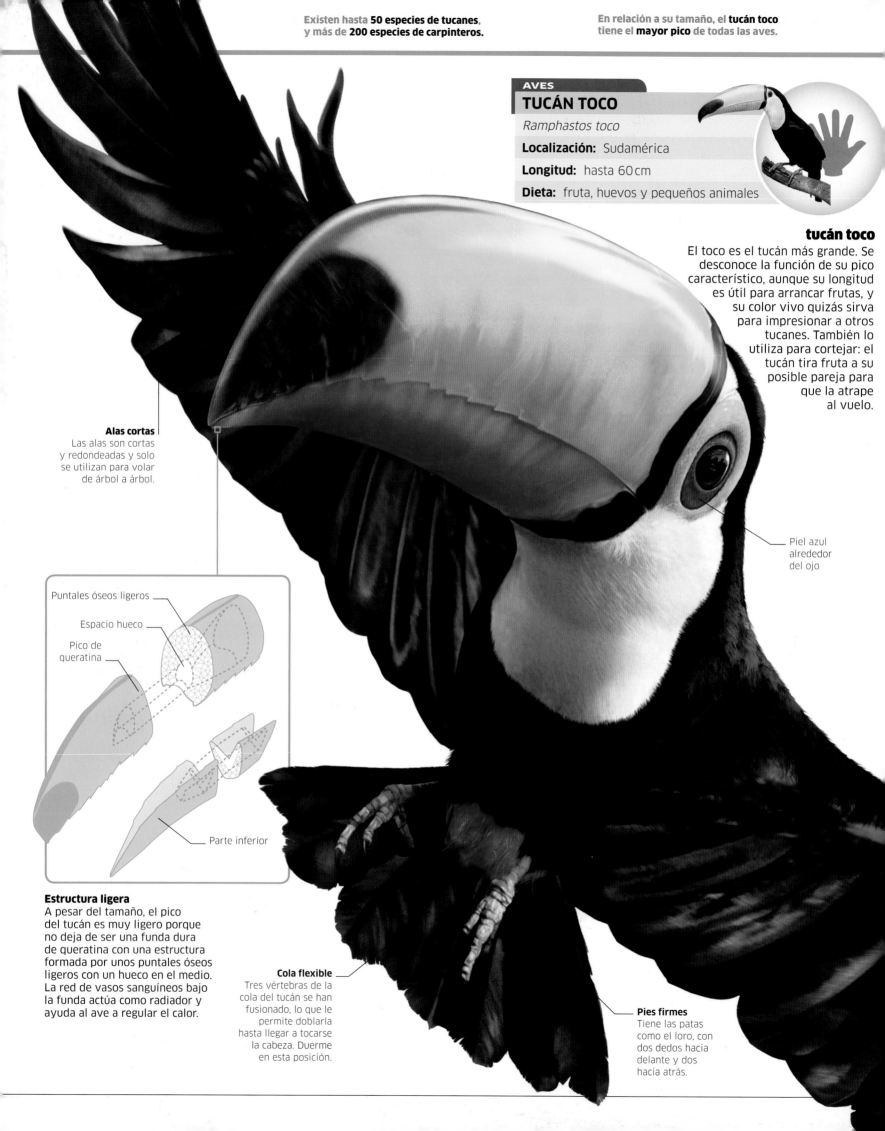

Existen hasta **50 especies de tucanes**, y más de **200 especies de carpinteros**.

En relación a su tamaño, el **tucán toco** tiene el **mayor pico** de todas las aves.

AVES
TUCÁN TOCO

Ramphastos toco

Localización: Sudamérica

Longitud: hasta 60 cm

Dieta: fruta, huevos y pequeños animales

tucán toco

El toco es el tucán más grande. Se desconoce la función de su pico característico, aunque su longitud es útil para arrancar frutas, y su color vivo quizás sirva para impresionar a otros tucanes. También lo utiliza para cortejar: el tucán tira fruta a su posible pareja para que la atrape al vuelo.

Alas cortas
Las alas son cortas y redondeadas y solo se utilizan para volar de árbol a árbol.

Piel azul alrededor del ojo

Puntales óseos ligeros

Espacio hueco

Pico de queratina

Parte inferior

Estructura ligera
A pesar del tamaño, el pico del tucán es muy ligero porque no deja de ser una funda dura de queratina con una estructura formada por unos puntales óseos ligeros con un hueco en el medio. La red de vasos sanguíneos bajo la funda actúa como radiador y ayuda al ave a regular el calor.

Cola flexible
Tres vértebras de la cola del tucán se han fusionado, lo que le permite doblarla hasta llegar a tocarse la cabeza. Duerme en esta posición.

Pies firmes
Tiene las patas como el loro, con dos dedos hacia delante y dos hacia atrás.

En lugar de cantar para reclamar su territorio, los carpinteros picotean los árboles a toda velocidad.

Los tucanes distribuyen las semillas de algunos árboles, ya que pasan por el ave sin digerirse.

CHUPASAVIA PECHIRROJO
Sphyrapicus ruber
Localización: América N
Longitud: hasta 20 cm

La mayoría de carpinteros son insectívoros, pero esta especie norteamericana consigue casi toda su comida perforando la corteza de los árboles y chupando su savia. Hace algunos agujeros de prueba hasta que encuentra una buena fuente. Entonces chupa la savia, y también se come cualquier insecto que merodee por ahí.

PITO REAL
Picus viridis
Localización: Europa
Longitud: hasta 30 cm

Los carpinteros tienen lenguas extremadamente largas que utilizan para capturar los insectos de los árboles. No obstante, esta especie se alimenta de hormigas, cuyos nidos busca saltando por el suelo de campos y praderas. Emite un sonido muy estridente.

Lengua larga y pegajosa

PITO NEGRO
Dryocopus martius
Localización: Europa, Asia
Longitud: hasta 45 cm

El pito negro vive en bosques y usa el pico y sus potentes músculos para martillear los árboles en busca de larvas de escarabajo. También construye el nido así. Las plumas rígidas de la cola le sirven de apoyo.

TUCANETE CULIK
Selenidera piperivora
Localización: Sudamérica
Longitud: hasta 35 cm

Tucanes y carpinteros

Estas aves emparentadas han encontrado usos muy distintos para su rasgo más típico: el pico. El del carpintero es una herramienta, mientras que el del tucán casi solo es para enseñar.

Aunque ambas sean aves de bosque, los tucanes están confinados en las junglas tropicales de América Central y Sudamérica, mientras que hay carpinteros por casi todo el planeta. Los tucanes comen fruta y también cazan animales pequeños y roban huevos y polluelos de otras aves. El carpintero típico se dedica a picar árboles para encontrar insectos y excavar nidos.

El macho y la hembra de tucanete culik tienen plumajes muy diferentes, raro entre los tucanes, aunque ambos comparten una mancha amarilla detrás del ojo. Barren la copa de los árboles en busca de bayas e insectos.

Macho de pecho negro

TUCANCILLO COLLAREJO
Pteroglossus torquatus
Localización: América Central y Sudamérica
Longitud: hasta 40 cm

Los tucancillos son más pequeños que los típicos tucanes. Esta especie forma pequeños grupos por el bosque que van picando fruta, robando huevos y comiéndose cualquier insecto y animales semejantes que encuentre.

TUCANCILLO VERDE
Aulacorhynchus prasinus
Localización: América Central y Sudamérica
Longitud: hasta 35 cm

Su plumaje es espectacular, pero si está parado entre el follaje tropical resulta casi invisible. No obstante, es una especie ruidosa que produce todo tipo de alaridos. Como todos los tucanes, es un oportunista que come todo tipo de alimentos.

Machos rivales

Los machos del ave del paraíso raggiana son polígamos: compiten para conseguir tantas hembras como puedan. Se reúnen en sus árboles de cortejo tradicionales e intentan eclipsar a los rivales con la danza más impresionante. Los machos deciden entre ellos cuál gana y puede subir a la rama más alta. Las hembras eligen a los machos de más arriba, que después les ofrecen el baile definitivo antes de aparearse. Como pasa con todos los polígamos, los machos no participan en la cría.

DOS ESPECIES DE AVE DEL PARAÍSO EN EL MISMO ÁRBOL.

Baile de cortejo
El macho baila ante la hembra después de competir contra otros machos para quedarse el mejor sitio.

Ave del paraíso raggiana

Muchas aves tienen bonito plumaje, pero pocas tienen la belleza de las aves del paraíso macho. Su colorido magnífico y espectacular plumaje son el resultado de la feroz competencia por aparearse. Solo los machos más atractivos tienen oportunidad de hacerlo.

Muy frecuente en las selvas tropicales de Nueva Guinea, el ave del paraíso raggiana es una de las especies más estrafalarias. La hembra tiene un plumaje rojo pardo relativamente apagado, pero el macho está adornado por una cascada gloriosa de plumas castañas o tejas. La muestra por completo con su danza elaborada para impresionar a posibles parejas.

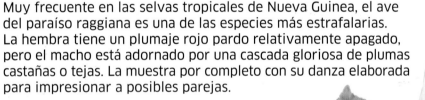

Pico multifunción
Estas aves son parientes cercanos de los cuervos y tienen picos parecidos para comer todo tipo de plantas y animales.

Dedos con agarre
Igual que en aves parecidas, tienen un dedo hacia atrás para mejorar el agarre.

Perfil bajo
El plumaje rojo pardo apagado camufla a la hembra cuando empolla sola los huevos.

Plumas flotantes
La cascada de plumas del macho se compone de plumas largas que puede levantar como si fueran una fuente multicolor para mostrarse ante la hembra. Estas plumas tienen una estructura abierta que les permite flotar sobre el cuerpo.

Potentes patas

A sus pies
El ave macho hace una reverencia y abre las alas para quedar envuelto en su plumaje.

Corona amarilla
El macho tiene corona y collar dorado, garganta verde oscuro y pecho negro.

AVES

AVE DEL PARAÍSO RAGGIANA

Paradisaea raggiana

Localización: Nueva Guinea

Longitud: hasta 35 cm

Dieta: fruta, insectos, arañas

Estornino pinto

Uno de los pájaros cantores más extensos y adaptables, este estornino ruidoso y muy sociable ha ido más allá de sus dominios originales, gracias en buena parte a su introducción humana.

Existen aves especializadas en un determinado tipo de vida, pero el estornino pinto es un oportunista que utiliza su pico duro y afilado para encontrar comida allí donde esté. Se alimenta en espacios abiertos, en grupos que buscan animales pequeños bajo tierra pero también caza insectos en pleno vuelo. En invierno forma bandadas gigantes para pasar la noche en árboles o edificios.

AVES

ESTORNINO PINTO

Sturnus vulgaris

Localización: Europa, Asia occidental, introducido en el resto

Longitud: hasta 22 cm

Dieta: insectos, gusanos, semillas, bayas

Cola corta
La cola corta y cuadrada le permite maniobrar en el aire.

Plumas de temporada
Sus plumas son moteadas en invierno.

Cambio de plumaje
Durante el invierno el plumaje pardo del estornino está salpicado de puntos. Son las puntas claras de las plumas, que pierde por primavera para revelar el plumaje negro brillante con tonos verdes y púrpura iridiscentes. Tras la temporada de cría muda y vuelve a su plumaje de invierno.

Potentes patas
El estornino camina, en lugar de saltar como hacen muchos cantores.

Se calcula que hay unos 150 millones de estorninos pintos en Norteamérica, descienden de solo 60 pájaros liberados en Nueva York en 1890.

Alas triangulares
Las alas del estornino son triangulares y le dan forma de flecha durante el vuelo.

Plumas marrón oscuro del ala

Nidos en agujeros

Los estorninos anidan en cualquier agujero que encuentren: árboles, rocas o tejados. Cada pareja recubre el nido con hierba seca, musgo, plumas y otros materiales blandos para acolchar la postura de huevos azules. Los dos progenitores empollan los huevos y alimentan a las crías.

Perforaciones

El estornino busca comida en el suelo blando con una técnica poco convencional: camina y va hundiendo el pico afilado en el suelo, y después lo abre para hacer más grande el agujero. Lo va repitiendo hasta que encuentra alguna larva o gusano que llevarse a la boca.

A gritos
Son muchos los pájaros cantores que trinan melodiosamente, pero este no es el caso del estornino. Su trino es una mezcla gutural de silbidos, gorjeos o chasquidos, e incluye imitaciones de otros pájaros. Cada ave cuenta con su repertorio, e incluso se los puede entrenar para que imiten los sonidos que producen los humanos.

Pico invernal
En invierno ambos sexos tienen el pico oscuro. En verano se torna amarillo.

Baile aéreo

Al final de la temporada de cría en verano, los estorninos abandonan sus nidos y empiezan a pasar la noche en enormes grupos. Antes de irse a dormir estas bandadas realizan unas espectaculares maniobras con miles de aves danzando por el aire en olas coordinadas que parecen nubes de humo negro.

A VER...

¡BRAVO!

MOSQUERO CARDENAL
Pyrocephalus rubinus
Localización: Norteamérica, América Central y Sudamérica
Longitud: hasta 15 cm

Los mosqueros se alimentan cazando insectos al vuelo. Los machos de esta especie tienen el cuerpo de color rojo chillón y las alas negras; las hembras son grises y blancas para camuflarse mientras empollan.

AVE-LIRA SOBERBIA
Menura novaehollandiae
Localización: Australia SE
Longitud: hasta 95 cm

El ave-lira pasa el día en el suelo de la selva y la noche en los árboles. El macho tiene una cola espectacular que usa durante el cortejo para atraer a tantas hembras como sea posible.

Dedos típicos de pájaro cantor

GOLONDRINA COMÚN
Hirundo rustica
Localización: por todo el planeta excepto en la Antártida
Longitud: hasta 18 cm

Como muchos pájaros, esta ave tiene un vuelo excelente: es un cazador aéreo grácil que captura insectos en el aire y realiza grandes migraciones tropicales cada año. Anida a menudo en edificios, así que al contrario que otras especies, se ha beneficiado del crecimiento mundial de población humana.

Cola doble en punta
Las plumas exteriores de la cola son más largas en los machos.

Alas en punta largas y curvas.

RUISEÑOR COMÚN
Luscinia megarhynchos
Localización: Europa, Asia occidental, África
Longitud: hasta 16,5 cm

Muchos pájaros cantan para reclamar el territorio como propio y atraer a las hembras. El trino del ruiseñor macho es uno de los más ricos y originales. Su plumaje pardo le oculta de predadores hambrientos.

RATONA AUSTRALIANA AZUL
Malurus cyaneus
Localización: Australia SE
Longitud: hasta 14 cm

Casi todos los pájaros cantores suben las crías en parejas, pero esta especie ha desarrollado un método para repartir la carga de trabajo: el macho colorido y su pareja reclutan a la familia. Los machos más jóvenes y menos coloridos ayudan a alimentar a los polluelos.

TREPADOR AZUL
Sitta europea
Localización: Europa, Asia
Longitud: hasta 14 cm

Los pies especializados permiten a los pájaros hacer muchas acrobacias al buscar comida. El trepador azul es uno de los más ágiles: puede subir y bajar erguido por el tronco de un árbol y buscar insectos en la corteza mientras está cabeza abajo.

Cascanueces
Suele usar su largo pico para cascar frutos secos.

Pájaros cantores

Más de la mitad de las especies de aves del mundo son pájaros cantores. Comparten la capacidad de parapetarse en ramas finas e incluyen los pájaros más musicales.

Todas estas aves tienen el mismo pie, con tres dedos hacia delante y uno hacia atrás, para agarrarse con firmeza a las ramas. Aparte de los pies, pueden ser muy distintos entre sí, desde los que comen néctar delicadamente hasta los poderosos carroñeros.

SUIMANGA DE DOBLE COLLAR SUREÑA
Cinnyris chalybeus
Localización: África meridional
Longitud: hasta 12 cm

Las suimangas son los equivalentes africanos de los colibrís: pájaros ávidos de néctar con machos de plumaje iridiscente. El pico largo de la especie le permite libar las flores.

ALCAUDÓN DORSIRROJO
Lanius collurio
Localización: Europa, Asia occidental, África
Longitud: hasta 18 cm

Los alcaudones son cazadores que se comportan como halcones y cazan lagartos, ratones y grandes insectos, que despedazan con el pico. El alcaudón dorsirrojo engancha a sus presas en arbustos espinosos para comérselos más tarde.

Presa ensartada

CUERVO
Corvus corax
Localización: Norteamérica, Europa, Asia
Longitud: hasta 70 cm

El cuervo es el córvido más grande y el pájaro cantor más poderoso. Come de todo, de semillas a carroña de cadáveres. Como la mayoría de córvidos, es muy inteligente y resuelve problemas de manera excelente.

TEJEDOR BAYA
Ploceus philippinus
Localización: de la India al sudeste asiático
Longitud: hasta 15 cm

Muchos pájaros cantores ponen huevos en nidos hechos a conciencia. El nido en forma de botella del tejedor baya es uno de los más elaborados. Lo teje el macho con briznas de hierba y hojas de palma. Muchas parejas construyen nidos juntos. Puede llegar a haber hasta 30 en un mismo árbol.

PIQUITUERTO
Loxia curvirostra
Localización: Norteamérica, Europa, Asia
Longitud: hasta 16,5 cm

Los picos de los pájaros cantores se han adaptado a diferentes tipos de comida. Entre los más especializados se encuentra el pico cruzado de los piquituertos, que sirve para abrir piñas y sacar los piñones. Los machos son rojos y las hembras verdes.

ESCRIBANO NIVAL
Plectrophenax nivalis
Localización: Norteamérica, Europa, Asia
Longitud: hasta 16,5 cm

Aunque muchos pájaros sean pequeños, son muy resistentes. El escribano nival, del tamaño de un gorrión, anida más al norte que cualquier otra ave terrestre, llega a anidar en el extremo septentrional de Groenlandia. Su plumaje blanquinegro le camufla bien en la helada tundra ártica.

MAMÍFEROS

Los mamíferos son los animales que nos son más familiares, pues también nosotros somos mamíferos. Engloban una gran diversidad de criaturas con muy distintos tipos de vida, desde los delicados murciélagos hasta las grandes ballenas, y están adaptados para copar todos los hábitats de la Tierra.

¿QUÉ ES UN MAMÍFERO?

Los mamíferos aparecieron hace 220 millones de años, igual que los primeros grandes dinosaurios. Aquellos primeros mamíferos eran muy pequeños, pero cuando desaparecieron los enormes dinosaurios al final de la era mesozoica hace 66 millones de años, los mamíferos empezaron a aumentar de tamaño. Su cuerpo peludo de sangre caliente les ha permitido vivir en casi cualquier lugar, desde la selva tropical hasta los gélidos océanos polares.

Esqueleto óseo
Unos huesos muy fuertes sostienen el enorme cuerpo del elefante.

TIPOS DE MAMÍFEROS

Los mamíferos tienen diferentes formas y tamaños, y cuerpos especializados para vivir en muchos hábitats. Aun así, comparten unos cimientos biológicos, además de la diferencia fundamental en la manera de reproducirse.

Monotremas
Algunos de los primeros mamíferos ponían huevos, y unos pocos aún lo hacen: son los monotremas e incluyen el ornitorrinco y cuatro especies de equidnas espinosos, todos de Australia y la cercana Nueva Guinea. Cuando eclosionan los huevos, las crías se alimentan de leche materna, como cualquier otro mamífero.

ORNITORRINCO

Cría por nacer
Esta elefanta tiene una cría que se desarrolla en su útero.

Largas patas
El elefante reposa sobre cuatro patas.

Marsupiales
Las hembras de marsupial, como las de canguro, paren crías muy pequeñas, apenas formadas, que se arrastran hasta la bolsa del vientre. Allí beben la leche con todos los nutrientes necesarios para crecer hasta que puedan salir. La mayoría de marsupiales vive en Australia, Nueva Guinea y Sudamérica.

CANGURO ROJO

Pies anchos

RASGOS COMUNES

Ya sean monotremas, marsupiales o placentarios, los mamíferos comparten unos rasgos comunes. Son vertebrados de sangre caliente, que amamantan a sus crías hasta que su sistema digestivo tolera comida sólida. La mayoría tienen pelo, aunque algunos tienen espinas o incluso escamas. Finalmente, todos los mamíferos excepto los monotremas paren crías vivas.

Placentarios
La gran mayoría de mamíferos dan a luz a crías formadas que se han desarrollado durante un tiempo dentro del cuerpo de la madre. Antes de nacer, se alimentan mediante los líquidos que reciben a través del cordón umbilical unido a la madre a través de la placenta, por eso se denominan mamíferos placentarios.

Leche materna
Todas las crías de mamífero toman leche.

CAMELLO BACTRIANO

Vertebrados
Todos los mamíferos tienen esqueletos internos de hueso.

Sangre caliente
Convierten energía en calor, para mantener la temperatura.

La mayoría pare crías
Dan a luz a crías vivas en lugar de poner huevos.

Ojos
con su aguda visión detecta el peligro y la comida.

Grandes orejas

Grandes pulmones
Como cualquier mamífero, el elefante tiene pulmones para respirar.

Colmillos y dientes
Los colmillos son dientes modificados para luchar y escarbar. Los otros dientes se han adaptado para moler vegetación dura.

Un mamífero por dentro
Este elefante de la sabana africana es el mamífero terrestre más grande y pesado, con huesos descomunales. Igual que la mayoría de mamíferos, las crías se desarrollan mucho dentro de la madre antes de nacer.

Trompa
La trompa es una extensión del labio superior y la nariz.

CALOR Y SEGURIDAD
Gran parte de la energía que consigue el mamífero a través de la comida se utiliza para generar calor. Así puede vivir en climas fríos, pero también tiene que comer mucho. Un buen aislamiento reduce la pérdida de calor y ahorra energía, por eso muchos mamíferos tienen capas de pelaje tupido. La queratina que forma el pelo también puede formar espinas o escamas de defensa.

Grasa
Nada hace perder calor corporal tan rápido como el agua fría, y es por ello que los mamíferos marinos se aíslan muy bien. El delfín cuenta con gruesas capas de grasa aislante bajo la piel.

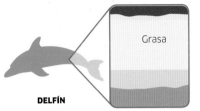
Grasa
DELFÍN

Pelo
El oso tiene una capa exterior de pelo largo y duro que protege una capa interior de pelo denso y tupido. La capa exterior repele el agua y conserva seca la interior, por lo que tiene una capa de aire aislante.

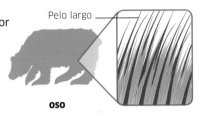
Pelo largo
OSO

Espinas
Las espinas del puercoespín son pelos modificados, del mismo material pero mucho más gruesos, rígidos y muy afilados, para protegerse de sus enemigos. Erizos y equidnas comparten esta misma adaptación.

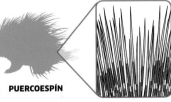
PUERCOESPÍN

Escamas
Las escamas solapadas del pangolín son pelos modificados de queratina y fusionados entre sí. El armadillo también tiene armadura con escamas, reforzada con placas óseas grandes.

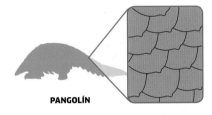
PANGOLÍN

PARA TENER BASTANTE ENERGÍA PARA ESTAR CALIENTES, CIERTOS PEQUEÑOS MAMÍFEROS DEBEN INGERIR MÁS DEL **DOBLE DE SU PESO** EN COMIDA CADA DÍA.

Crías y leche materna
La leche contiene nutrientes vitales para las crías de mamífero.

La mayoría tiene pelo
El pelo retiene el aire y ayuda a conservar el calor vital.

LECHE MATERNA
Todas las crías de mamífero se alimentan de leche cuando nacen. El cuerpo de la madre produce este líquido rico en nutrientes, que secreta a través de las glándulas mamarias. Esta loba amamanta a toda una camada de cachorros, pero muchos mamíferos tienen solo una o dos crías por parto. Así, por ejemplo, la cría de orangután se queda con la madre durante ocho años, y toma leche durante los dos o tres primeros años.

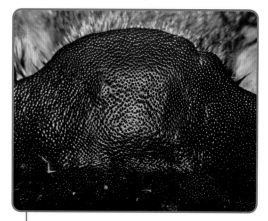

Monotremas

Los monotremas son un grupo extraordinario de mamíferos que ponen huevos como los reptiles en lugar de parir crías vivas. Solo contiene cinco especies vivas, todas en Australia y Nueva Guinea.

Los monotremas habían sido más comunes, como mínimo en los continentes meridionales: en 1991 se encontraron fósiles en Sudamérica, pero los únicos supervivientes son los equidnas espinosos y el ornitorrinco. Con su pico de goma y cola ancha, el ornitorrinco no se parece a los equidnas; es probable que empezaran a evolucionar de manera diferente hace más de 20 millones de años.

Superficie sensible

El pico flexible de goma dispone de electrorreceptores, capaces de detectar la actividad eléctrica mínima de animales como gusanos y larvas de insecto ocultos en el barro del lecho del río. Además, el pico es muy sensible al tacto.

Pico de pato

El pico del ornitorrinco tiene la misma forma que el del pato, pero está cubierto de piel suave.

Orificios nasales

Los orificios nasales están en la parte superior del pico. Se cierran al sumergirse.

Ojos pequeños

Los ojos están en una ranura que se cierra cuando está buceando.

Bolsa en la mejilla

Conserva toda la comida que pesca en la mejilla hasta que vuelve a la superficie.

Mamíferos que ponen huevos

Mientras que el ornitorrinco pone dos huevos, pequeños y suaves, que incubará en su madriguera, el equidna pone un único huevo (abajo). La hembra se queda el huevo en una bolsa del cuerpo durante 10 días hasta que eclosiona.

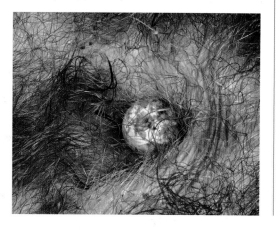

Crías minúsculas

Cuando las crías pequeñas de monotrema salen del huevo no tienen pelo ni espinas y se alimentan de la leche materna. La cría de equidna se queda en la bolsa de la madre hasta que le salen las espinas, después pasa a una madriguera de cría.

Patas cortas

Las patas salen del cuerpo por los lados, como un reptil y no como un mamífero.

40.000 electrorreceptores tiene el pico del ornitorrinco.

Los monotremas no tienen dientes, y **machacan a sus presas con la lengua** antes de tragárselas.

El **veneno** de un ornitorrinco macho puede **matar un perro**.

157

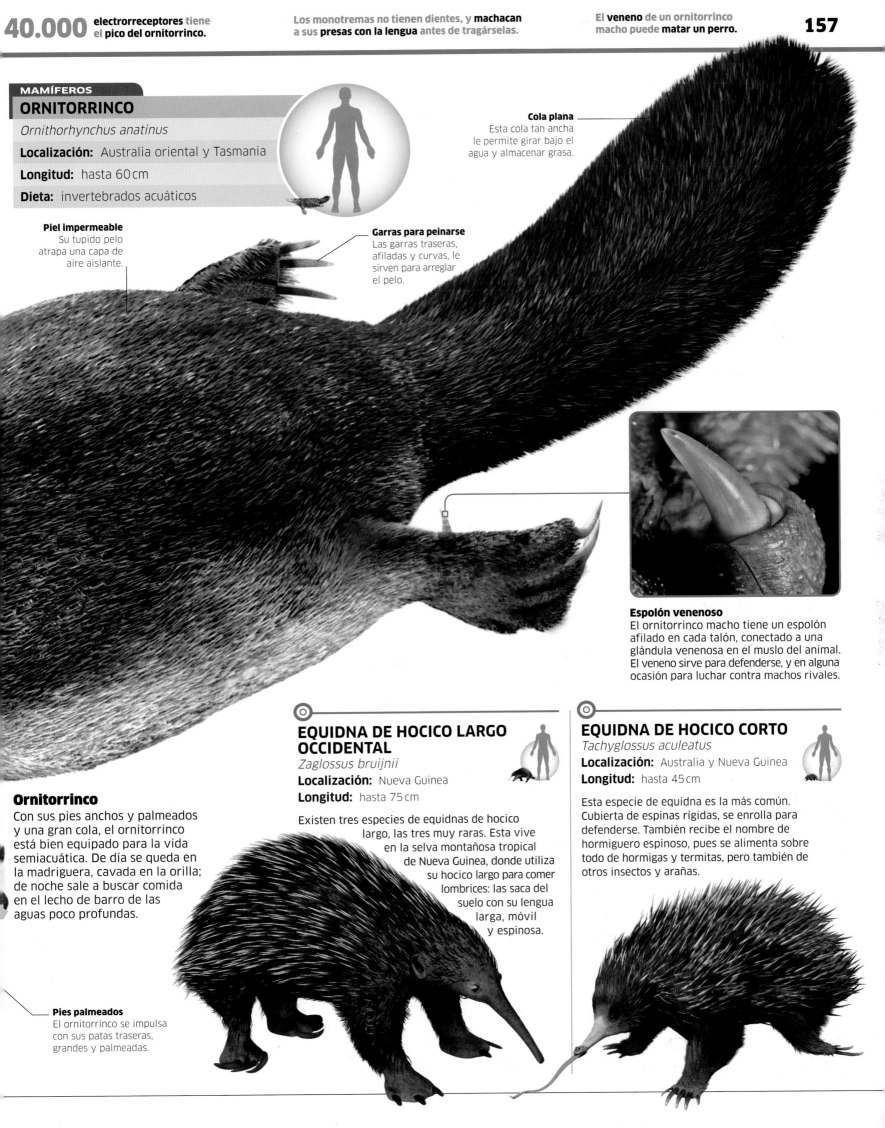

MAMÍFEROS

ORNITORRINCO

Ornithorhynchus anatinus

Localización: Australia oriental y Tasmania

Longitud: hasta 60 cm

Dieta: invertebrados acuáticos

Cola plana
Esta cola tan ancha le permite girar bajo el agua y almacenar grasa.

Piel impermeable
Su tupido pelo atrapa una capa de aire aislante.

Garras para peinarse
Las garras traseras, afiladas y curvas, le sirven para arreglar el pelo.

Espolón venenoso
El ornitorrinco macho tiene un espolón afilado en cada talón, conectado a una glándula venenosa en el muslo del animal. El veneno sirve para defenderse, y en alguna ocasión para luchar contra machos rivales.

Ornitorrinco

Con sus pies anchos y palmeados y una gran cola, el ornitorrinco está bien equipado para la vida semiacuática. De día se queda en la madriguera, cavada en la orilla; de noche sale a buscar comida en el lecho de barro de las aguas poco profundas.

Pies palmeados
El ornitorrinco se impulsa con sus patas traseras, grandes y palmeadas.

EQUIDNA DE HOCICO LARGO OCCIDENTAL

Zaglossus bruijnii

Localización: Nueva Guinea

Longitud: hasta 75 cm

Existen tres especies de equidnas de hocico largo, las tres muy raras. Esta vive en la selva montañosa tropical de Nueva Guinea, donde utiliza su hocico largo para comer lombrices: las saca del suelo con su lengua larga, móvil y espinosa.

EQUIDNA DE HOCICO CORTO

Tachyglossus aculeatus

Localización: Australia y Nueva Guinea

Longitud: hasta 45 cm

Esta especie de equidna es la más común. Cubierta de espinas rígidas, se enrolla para defenderse. También recibe el nombre de hormiguero espinoso, pues se alimenta sobre todo de hormigas y termitas, pero también de otros insectos y arañas.

Los canguros rojos **a veces forman enormes grupos, de hasta 1.500 animales.**

Canguro rojo

El canguro rojo es el mamífero australiano más grande y el marsupial de mayor tamaño. Es una criatura espectacularmente ágil adaptada para la vida en la pradera seca. Con sus potentes patas traseras puede saltar en campo abierto a toda velocidad sin demasiado esfuerzo.

El canguro ha desarrollado una de las maneras más eficientes de moverse a gran velocidad. Salta en lugar de correr y cada vez que aterriza, los largos pies traseros se flexionan por el tobillo y estiran el potente tendón elástico del final de la pata. Después el tendón hace de muelle y lanza al animal al aire. Funciona tan bien que el canguro rojo es capaz de cubrir 9 m de un solo salto y dejar atrás fácilmente a cualquier enemigo.

Boxeo masculino
Los machos adultos no son animales territoriales, pero luchan por las hembras. Esta lucha normalmente se produce en forma de combate de boxeo: los machos se dan fuertes puñetazos para intentar tumbar al rival. Si con eso no basta, forcejean o se dan coces con ambas patas mientras se apoyan en la cola.

MAMÍFEROS

CANGURO ROJO

Osphranter rufus

Localización: Australia

Altura: hasta 1,4 m

Dieta: principalmente hierba

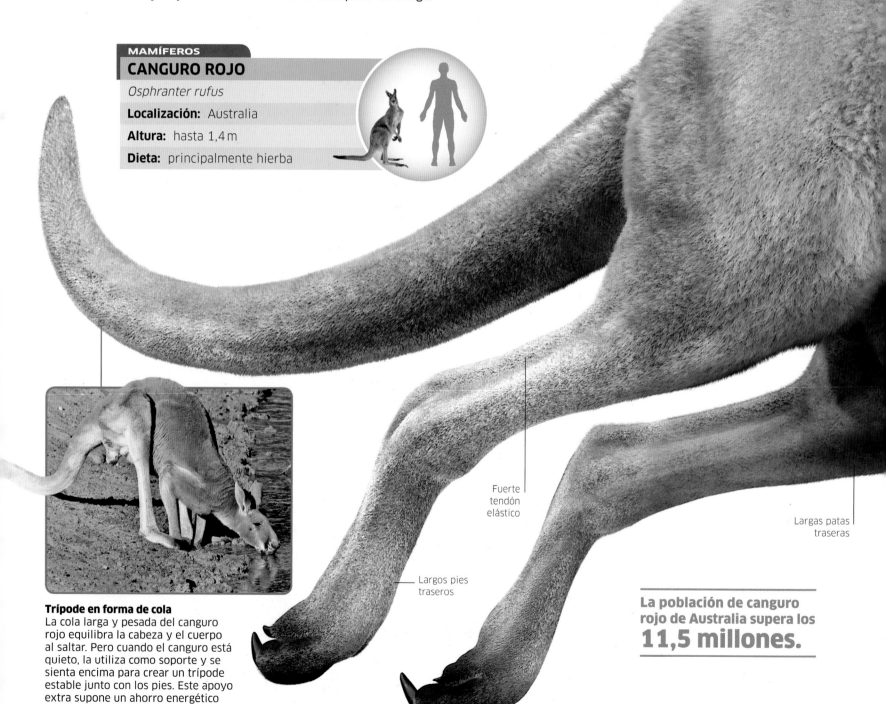

Fuerte tendón elástico

Largas patas traseras

Largos pies traseros

Trípode en forma de cola
La cola larga y pesada del canguro rojo equilibra la cabeza y el cuerpo al saltar. Pero cuando el canguro está quieto, la utiliza como soporte y se sienta encima para crear un trípode estable junto con los pies. Este apoyo extra supone un ahorro energético para el canguro.

La población de canguro rojo de Australia supera los 11,5 millones.

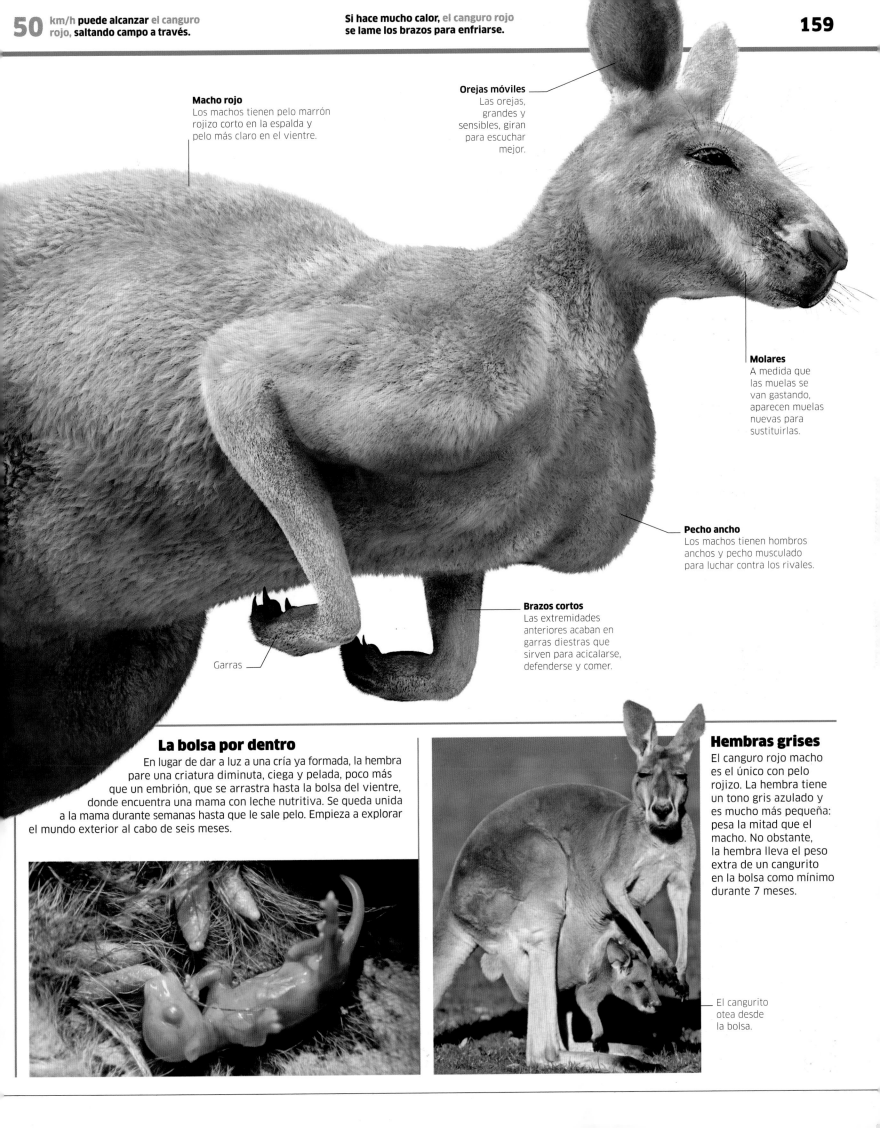

50 km/h **puede alcanzar el canguro rojo,** saltando campo a través.

Si hace mucho calor, el canguro rojo se lame los brazos para enfriarse.

159

Macho rojo
Los machos tienen pelo marrón rojizo corto en la espalda y pelo más claro en el vientre.

Orejas móviles
Las orejas, grandes y sensibles, giran para escuchar mejor.

Molares
A medida que las muelas se van gastando, aparecen muelas nuevas para sustituirlas.

Pecho ancho
Los machos tienen hombros anchos y pecho musculado para luchar contra los rivales.

Brazos cortos
Las extremidades anteriores acaban en garras diestras que sirven para acicalarse, defenderse y comer.

Garras

La bolsa por dentro

En lugar de dar a luz a una cría ya formada, la hembra pare una criatura diminuta, ciega y pelada, poco más que un embrión, que se arrastra hasta la bolsa del vientre, donde encuentra una mama con leche nutritiva. Se queda unida a la mama durante semanas hasta que le sale pelo. Empieza a explorar el mundo exterior al cabo de seis meses.

Hembras grises

El canguro rojo macho es el único con pelo rojizo. La hembra tiene un tono gris azulado y es mucho más pequeña: pesa la mitad que el macho. No obstante, la hembra lleva el peso extra de un cangurito en la bolsa como mínimo durante 7 meses.

El cangurito otea desde la bolsa.

ZARIGÜEYA DE VIRGINIA
Didelphis virginiana

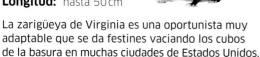

Localización: Norteamérica y América Central
Longitud: hasta 50 cm

La zarigüeya de Virginia es una oportunista muy adaptable que se da festines vaciando los cubos de la basura en muchas ciudades de Estados Unidos. Suele defenderse haciéndose el muerto, estirada con la boca abierta y la lengua colgando.

TOPO MARSUPIAL
Notoryctes typhlops

Localización: desierto australiano
Longitud: hasta 15 cm

Este animal tiene patas delanteras equipadas con unas garras enormes para excavar, cuerpo cilíndrico con pelo corto y un escudo córneo en la nariz. Bastante ciego, confía en su olfato para detectar las larvas de insecto y lombrices de su dieta.

NUMBAT
Myrmecobius fasciatus

Localización: Australia SO y S
Longitud: hasta 30 cm

El numbat rayado es un especialista en comer termitas: las encuentra con el olfato y las atrapa con la lengua larga y pegajosa. Antes era muy común, pero ahora está en peligro de extinción y restringido a determinadas áreas.

DIABLO DE TASMANIA
Sarcophilus harrisii

Localización: Tasmania
Longitud: hasta 65 cm

El diablo de Tasmania es el marsupial carnívoro más grande, un cazador y carroñero con mandíbulas muy potentes que le permiten matar presas y romper huesos. Caza solo y puede capturar presas del tamaño de un canguro pequeño.

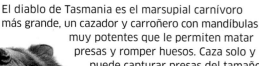

ANTEQUINO DE PIES AMARILLOS
Antechinus flavipes

Localización: Australia E y SO
Longitud: hasta 15 cm

Con su dieta de insectos, arañas, gusanos y similares, este marsupial pequeño es famoso porque el macho tiene una única temporada de cría en toda la vida: tiene diversas parejas y les dedica tanta pasión que queda sin recursos y muere.

BÁNDICUT CONEJO MAYOR
Macrotis lagotis

Localización: desierto australiano
Longitud: hasta 55 cm

Con sus orejas largas y costumbres mineras, el bándicut conejo mayor es como un conejo, pero tiene una dieta más amplia y está adaptado a la vida en el desierto. Solo sale de noche y obtiene la humedad a través de la comida, nunca bebe.

KOALA
Phascolarctos cinereus

Localización: Australia oriental
Longitud: hasta 80 cm

Uno de los marsupiales más conocidos, el koala se alimenta exclusivamente de hojas de ciertos eucaliptos, una dieta muy poco variada, difícil de digerir y de valor nutricional escaso. Para compensar, utiliza muy poca energía y duerme casi todo el tiempo.

En el árbol
Se afianza al árbol con sus uñas fuertes y afiladas.

UOMBAT COMÚN
Vombatus ursinus
Localización: Australia oriental, Tasmania
Longitud: hasta 1,2 m

El uombat, un pariente terrestre del koala con la misma apariencia de oso, come hierba y a veces aparece pastando en campos al lado del rebaño de ovejas. Tiene uñas largas para cavar un gran sistema de túneles. Pasa el día bajo tierra y sale de noche para comer.

FALANGERO ZORRO COMÚN
Trichosurus vulpecula
Localización: Australia, Nueva Zelanda
Longitud: hasta 55 cm

Este trepador nocturno es uno de los marsupiales más frecuentes de Australia y se ha adaptado bien a la vida urbana. Aunque las hojas son la base de su dieta, también come animales pequeños y restos de cocina.

PETAURO DE AZÚCAR
Petaurus breviceps
Localización: Australia, Nueva Guinea
Longitud: hasta 20 cm

Este marsupial nocturno pequeño planea entre árboles gracias a la membrana peluda de piel entre las extremidades. Lo del «azúcar» le viene por su afición por la dulzura de la savia de árbol y el néctar de flor. Durante el verano se alimenta sobre todo de insectos.

Ojos grandes para la visión nocturna

En pleno vuelo
La membrana de vuelo actúa de ala o paracaídas uniendo las patas.

Marsupiales

Todos los marsupiales nacen poco desarrollados y continúan creciendo dentro de la bolsa protectora o bajo un pliegue de piel donde se alimentan de leche materna.

La mayoría de marsupiales vive en Australia, aislados de otros mamíferos terrestres durante como mínimo 50 millones de años. Tienen muchos estilos de vida, desde comedores de hojas dormilones hasta fieros carnívoros. Las marmosas, otros marsupiales, viven en Norteamérica y Sudamérica y casi todas son omnívoras. Los marsupiales americanos cada vez proliferan más, mientras que los australianos viven su declive.

OPÓSUM DE LA MIEL
Tarsipes rostratus
Localización: Australia SO
Longitud: hasta 9 cm

El pequeño opósum de la miel se alimenta casi exclusivamente del néctar y polen que recoge con su lengua larga acabada en forma de pincel. Por eso solo puede vivir en lugares con flores abiertas todo el año.

CANGURO ARBORÍCOLA DE GOODFELLOW
Dendrolagus goodfellowi
Localización: Nueva Guinea
Longitud: hasta 85 cm

Es una de las 10 especies de canguro adaptadas para vivir en los árboles. Tiene las patas traseras más cortas que las del canguro, y las delanteras, fuertes y de uñas ganchudas. Sale de noche a comer hojas y fruta.

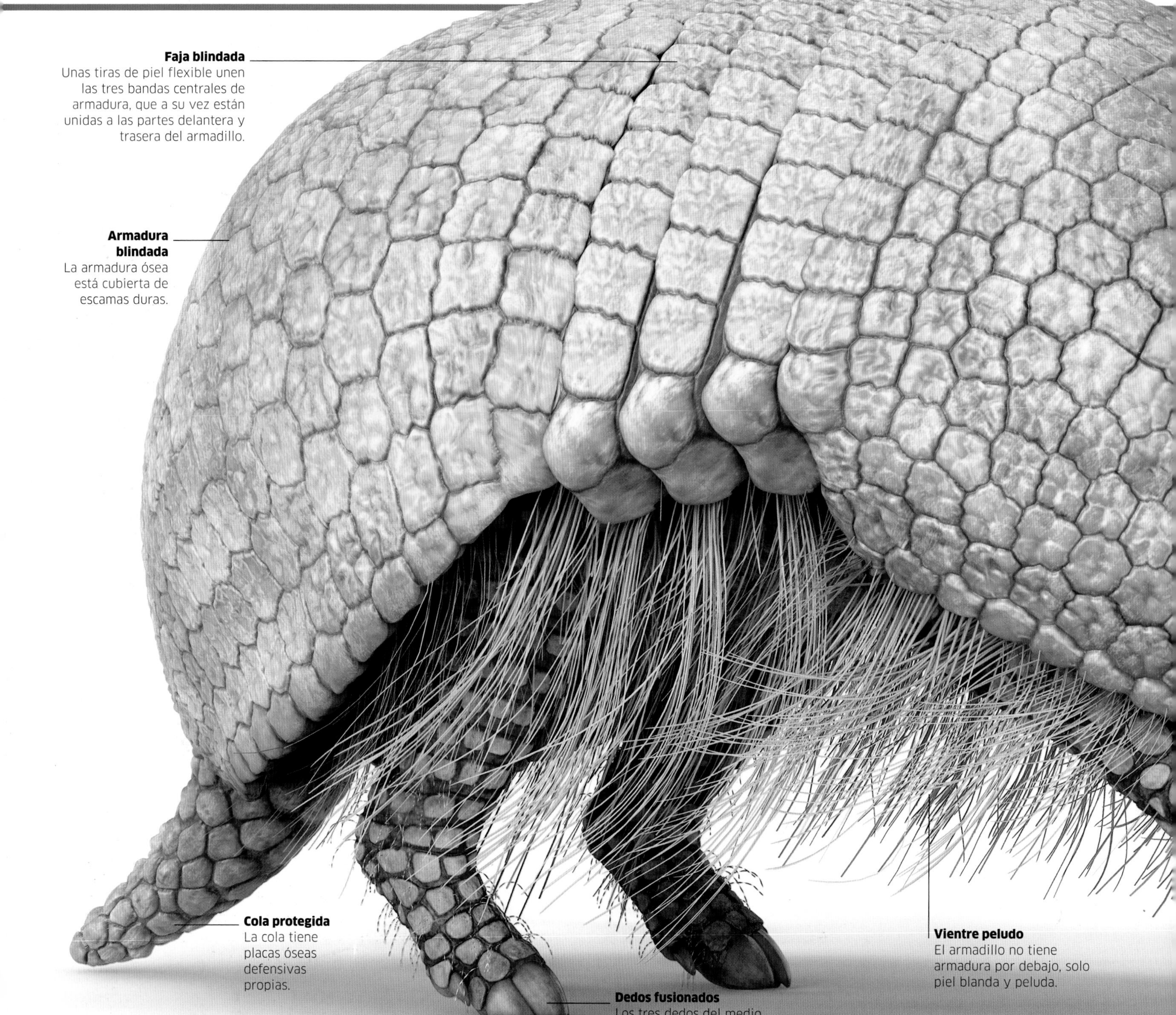

Faja blindada
Unas tiras de piel flexible unen las tres bandas centrales de armadura, que a su vez están unidas a las partes delantera y trasera del armadillo.

Armadura blindada
La armadura ósea está cubierta de escamas duras.

Cola protegida
La cola tiene placas óseas defensivas propias.

Dedos fusionados
Los tres dedos del medio de las garras traseras del armadillo están fusionados en forma de pezuña.

Vientre peludo
El armadillo no tiene armadura por debajo, solo piel blanda y peluda.

Armadillo de tres bandas brasileño

Los armadillos forman una familia de 21 especies, y el de tres bandas brasileño es una de las únicas dos especies que pueden enrollarse en forma de bola. Su fuerte caparazón óseo lo protege de la mayoría de predadores.

Los armadillos son los únicos mamíferos con armadura ósea. Hay otros mamíferos con espinas o escamas, pero solo los armadillos tienen placas óseas de defensa, unidas por bandas estrechas para moverse. Esta especie come hormigas y termitas con su lengua larga y pegajosa.

Una capa de aire bajo la armadura
aísla al armadillo y lo mantiene fresco en el calor del desierto.

MAMÍFEROS

ARMADILLO DE TRES BANDAS
Tolypeutes tricinctus

Localización: Brasil

Longitud: hasta 28 cm

Dieta: insectos

Las crías de armadillo nacen con **la piel suave y fina**, que **se endurece** en cuatro semanas.

163

Fragmento de armadura

Unión flexible

Orejas sensibles
Las orejas grandes son muy sensibles para detectar cualquier peligro lejano.

Detector de presas
La vista del armadillo es muy mala y confía en su olfato para cazar en las llanuras y bosques secos donde vive.

Garras de minero
El armadillo deambula con la nariz cerca del suelo para detectar el olor de hormigas y termitas. Cuando las huele, empieza a escarbar con las descomunales uñas de sus patas delanteras. El armadillo cava rápido, mete la cabeza y empieza a atrapar insectos con la lengua. Puede comer centenares en cuestión de minutos.

Pelota blindada

Al contrario que en la mayoría de especies, la armadura de este armadillo tiene la flexibilidad suficiente para formar una bola. Cuando el armadillo tiene el cuerpo oculto y la cabeza y la cola tapadas con sus placas de defensa, está tan bien protegido que solo la boca del jaguar o el puma son una amenaza.

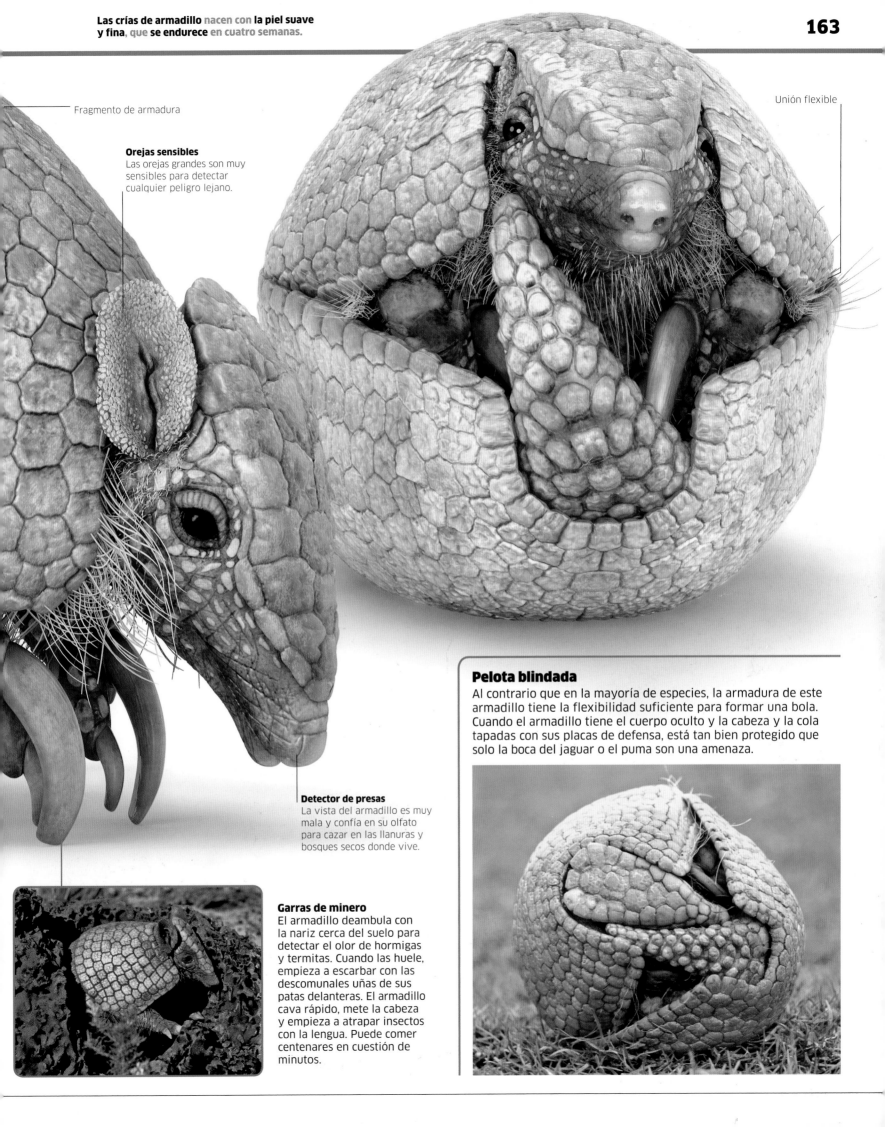

OSO HORMIGUERO GIGANTE

Myrmecophaga tridactyla

Localización: América Central y Sudamérica

Longitud: hasta 1,2 m

Dieta: hormigas, termitas

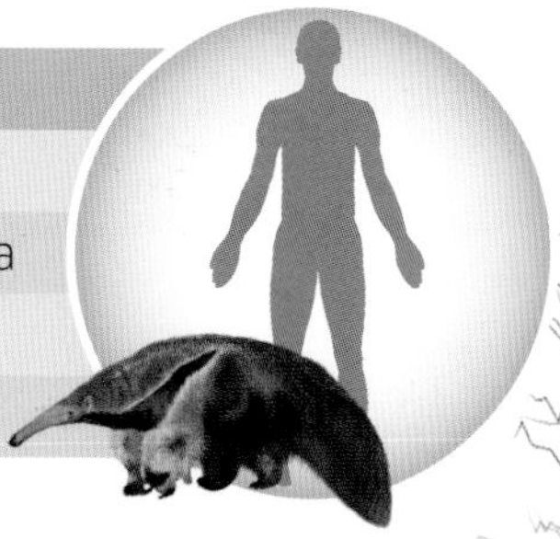

Oso hormiguero gigante

Con sus grandes garras delanteras, su hocico alargado y su enorme lengua destroza los nidos de hormigas y termitas para comerlas a millares.

El oso hormiguero, común en la América tropical, es un pariente del perezoso arborícola, que solo come hojas. Pero el oso hormiguero es insectívoro, está adaptado para consumir muchísimas presas. A veces se atreve con las colmenas de abejas silvestres, pero prefiere hormigueros y termiteros. Al contrario que otros hormigueros americanos, esta especie caza y duerme en el suelo, y confía en el camuflaje y sus potentes garras para defenderse.

Pelaje rayado
El pelo largo y áspero tiene un diseño concreto para camuflarse.

Un gran comedor
El oso hormiguero abre el nido con sus garras, mete en él su largo hocico y empieza a comer. Saca y contrae la lengua a una gran velocidad, de casi tres veces por segundo. Su superficie pegajosa va atrapando hormigas, que acaban en la boca del oso.

Ojos pequeños

Potencia en las patas delanteras

Garras enormes
Cada pata delantera tiene una gran uña ganchuda en los dos dedos centrales.

Nudillos para caminar
El oso hormiguero gigante mantiene afiladas sus garras caminando con los nudillos y con las uñas dobladas hacia las palmas.

30.000 insectos puede devorar en un día un oso **hormiguero gigante.**

El **olfato** del oso hormiguero gigante es **40 veces más sensible** que el de un humano.

165

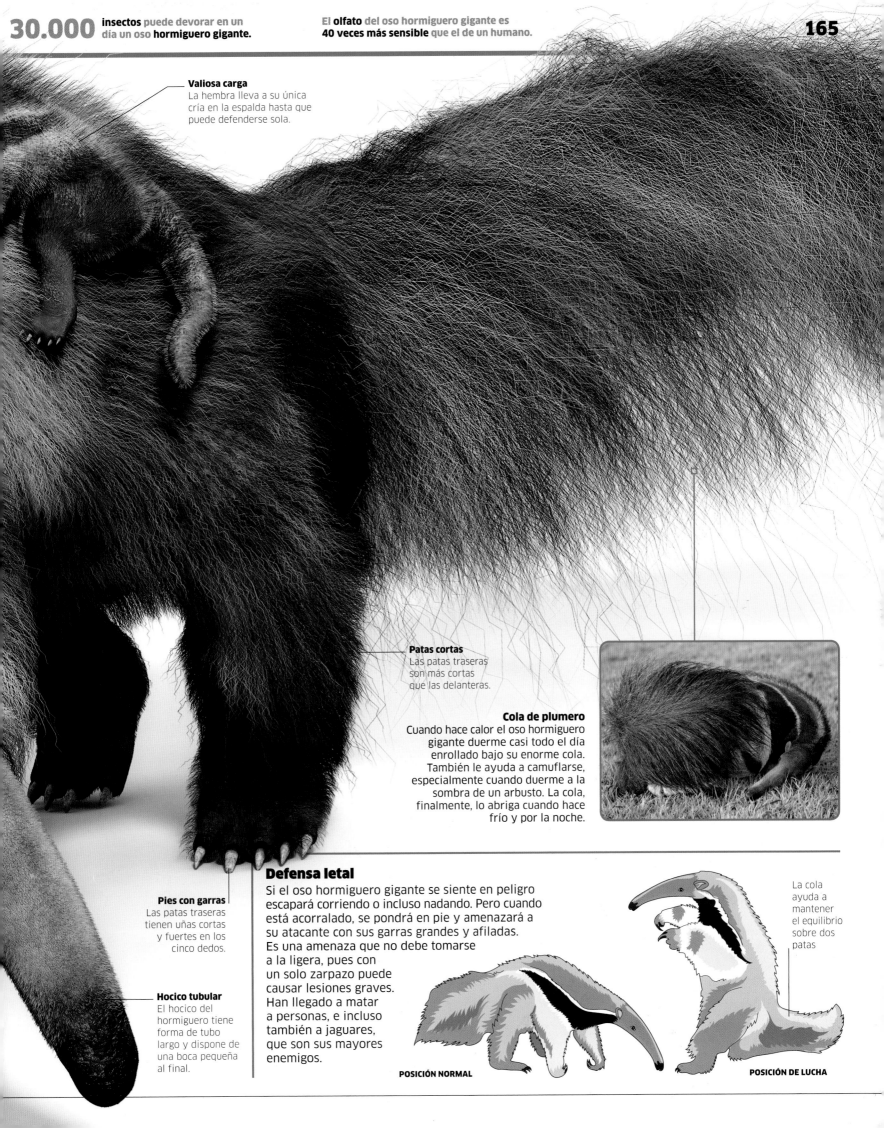

Valiosa carga
La hembra lleva a su única cría en la espalda hasta que puede defenderse sola.

Patas cortas
Las patas traseras son más cortas que las delanteras.

Cola de plumero
Cuando hace calor el oso hormiguero gigante duerme casi todo el día enrollado bajo su enorme cola. También le ayuda a camuflarse, especialmente cuando duerme a la sombra de un arbusto. La cola, finalmente, lo abriga cuando hace frío y por la noche.

Pies con garras
Las patas traseras tienen uñas cortas y fuertes en los cinco dedos.

Hocico tubular
El hocico del hormiguero tiene forma de tubo largo y dispone de una boca pequeña al final.

Defensa letal

Si el oso hormiguero gigante se siente en peligro escapará corriendo o incluso nadando. Pero cuando está acorralado, se pondrá en pie y amenazará a su atacante con sus garras grandes y afiladas. Es una amenaza que no debe tomarse a la ligera, pues con un solo zarpazo puede causar lesiones graves. Han llegado a matar a personas, e incluso también a jaguares, que son sus mayores enemigos.

La cola ayuda a mantener el equilibrio sobre dos patas

POSICIÓN NORMAL

POSICIÓN DE LUCHA

Topo europeo

El topo apenas se deja ver, es más conocido
por las toperas de las llanuras, resultado de las
excavaciones constantes en busca de presas.

Los topos son mineros natos, y cuentan con un cuerpo
especializado para ese fin. El topo europeo es el típico,
con cuerpo en forma de cilindro y pelo corto. Sus ojos
son pequeños, y sus orejas, diminutas; pero en cambio
tiene unas enormes garras delanteras en forma de pala
que utiliza para escarbar con gran habilidad. Se alimenta
de las lombrices que caza por los túneles.

MAMÍFEROS
TOPO EUROPEO
Talpa europaea
Localización: Europa
Longitud: hasta 16 cm
Dieta: lombrices, larvas de insecto

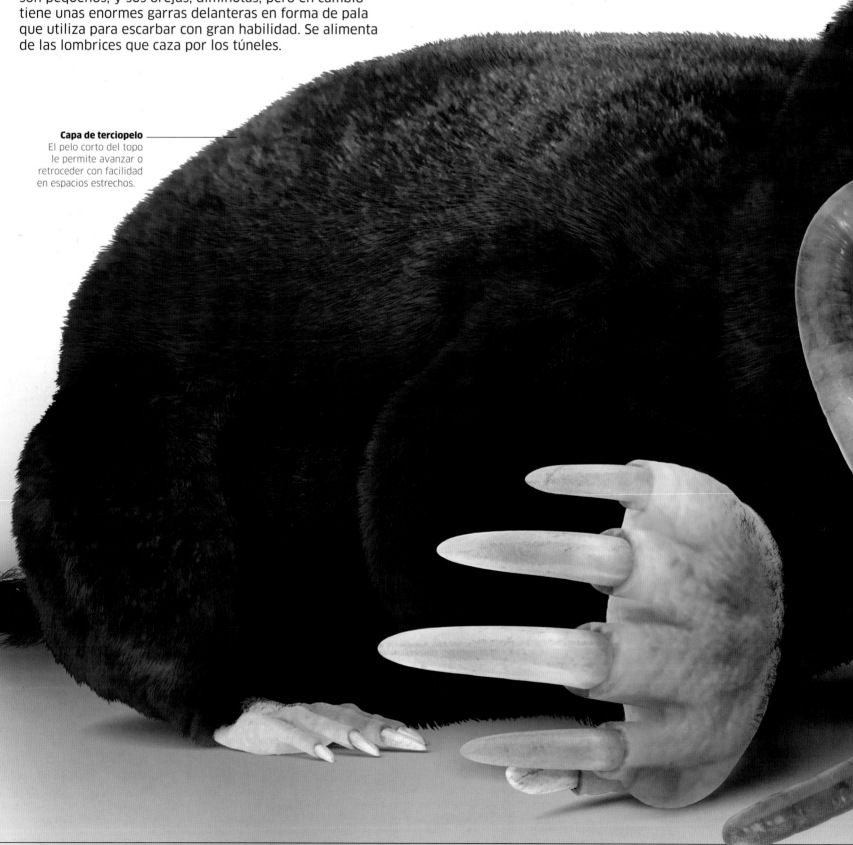

Capa de terciopelo
El pelo corto del topo
le permite avanzar o
retroceder con facilidad
en espacios estrechos.

El pelo oculta sus
minúsculos ojos.

Supersentidos
El topo confía en su nariz
y bigotes sensibles para
localizar presas a oscuras.

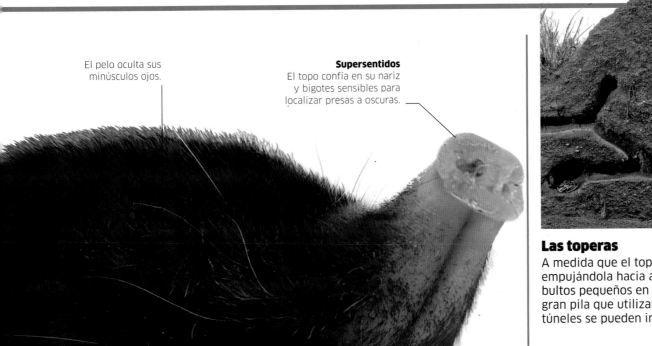

Las toperas

A medida que el topo va excavando, va sacando tierra
empujándola hacia arriba. Casi todos los topos dejan
bultos pequeños en el suelo, pero a veces crean una
gran pila que utilizan como nido, especialmente si los
túneles se pueden inundar en caso de lluvia.

Viaje peligroso

Las crías de topo nacen en primavera y se quedan
junto con su madre. Se alimentan de leche materna
durante 4-5 semanas. Los topos jóvenes son muy
vulnerables cuando salen del sistema de túneles
de la madre para encontrar una nueva morada.

Garras de minero
Las patas delanteras,
potentes y con garras,
giran hacia fuera para
poder escarbar mejor.

La saliva del topo es tóxica

**para las lombrices: las paraliza
y el topo las guarda para poder
comérselas más tarde.**

Fuerza extra para excavar
La extensión del hueso de la muñeca
mejora la capacidad excavadora de las
patas delanteras del topo: tienen una
almohadilla al lado del pulgar, y es como si
tuviera dos pulgares. No se doblan, pero
ayudan a cavar. Solo hay otro mamífero con
una adaptación similar: el panda gigante.

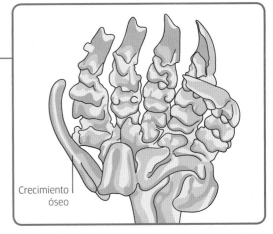

Crecimiento
óseo

Punta móvil
La trompa de un elefante africano tiene dos «dedos» móviles en la punta para recoger comida.

Cabeza hueca
El cráneo enorme tiene una estructura parecida a la de un panal: lleno de cavidades para hacerlo más ligero.

Colmillos curvos
Los colmillos son dientes extremadamente largos que crecen toda la vida.

Herramienta multifunción
La nariz y el labio superior forman la trompa del elefante, que es fuerte y sensible al mismo tiempo. Es una herramienta ideal para investigar y recoger comida, aspirar agua, señalar a otros elefantes y dar barritos fuertes.

Elefantes

Los elefantes se reconocen al instante por su trompa larga y móvil, y su tamaño colosal; son los animales más grandes y pesados de la Tierra. Son famosos por su inteligencia y memoria prodigiosa, pero también por estar en peligro de extinción debido a la caza para conseguir su carne y su marfil.

Los elefantes están adaptados para comer grandes cantidades de hierba, hojas y corteza. Tienen unas muelas enormes para convertir la comida en pasta y un sistema digestivo extenso para procesarla. Pasan como mínimo el 75 % del tiempo comiendo o buscando comida, viajando en grupos sociales muy unidos, capitaneados por las hembras mayores.

MAMÍFEROS

ELEFANTE DE LA SABANA AFRICANA

Loxodonta africana

Localización: África subsahariana

Longitud: hasta 7,5 m

Dieta: hierba, hojas, corteza

16 horas pasa un elefante **comiendo** cada día, consumiendo hasta **250 kg de vegetación.**

La trompa del elefante no tiene **huesos.**

El elefante africano **bebe** hasta **200 litros de agua** al día.

169

Elefante de la sabana africana

El elefante de la sabana africana es el más grande, con colmillos largos y curvos en ambos sexos, y sobre todo en las llanuras abiertas con pocos árboles. Sus grandes orejas disipan el calor y le ayudan a no calentarse demasiado bajo el sol tropical.

ELEFANTE DE SELVA AFRICANO
Loxodonta cyclotis

Localización: África central
Longitud: hasta 4 m

Como indica su nombre, este elefante vive en las selvas densas de África tropical. Es más pequeño que el elefante de sabana, con colmillos más rectos, come más hojas y menos hierba. Como todos los elefantes, se comunica por la selva densa con sonidos muy graves, inaudibles para el oído humano.

ELEFANTE ASIÁTICO
Elephas maximus

Localización: Asia S y SE
Longitud: hasta 6,4 m

El elefante asiático tiene las orejas más pequeñas que el africano y la cabeza más abombada. Solo los machos tienen colmillos. Vive en diversos hábitats, de la jungla densa hasta las praderas, y se divide en tres subespecies locales de la India, Sri Lanka y Sumatra.

Grandullón
Las hembras tienen una sola cría, que seguirá a su madre a los pocos días de nacer.

Piel arrugada
La piel arrugada y sobrante mantiene frío al animal.

Pies anchos
Las patas grandes como columnas acaban en pies con uñas semicirculares.

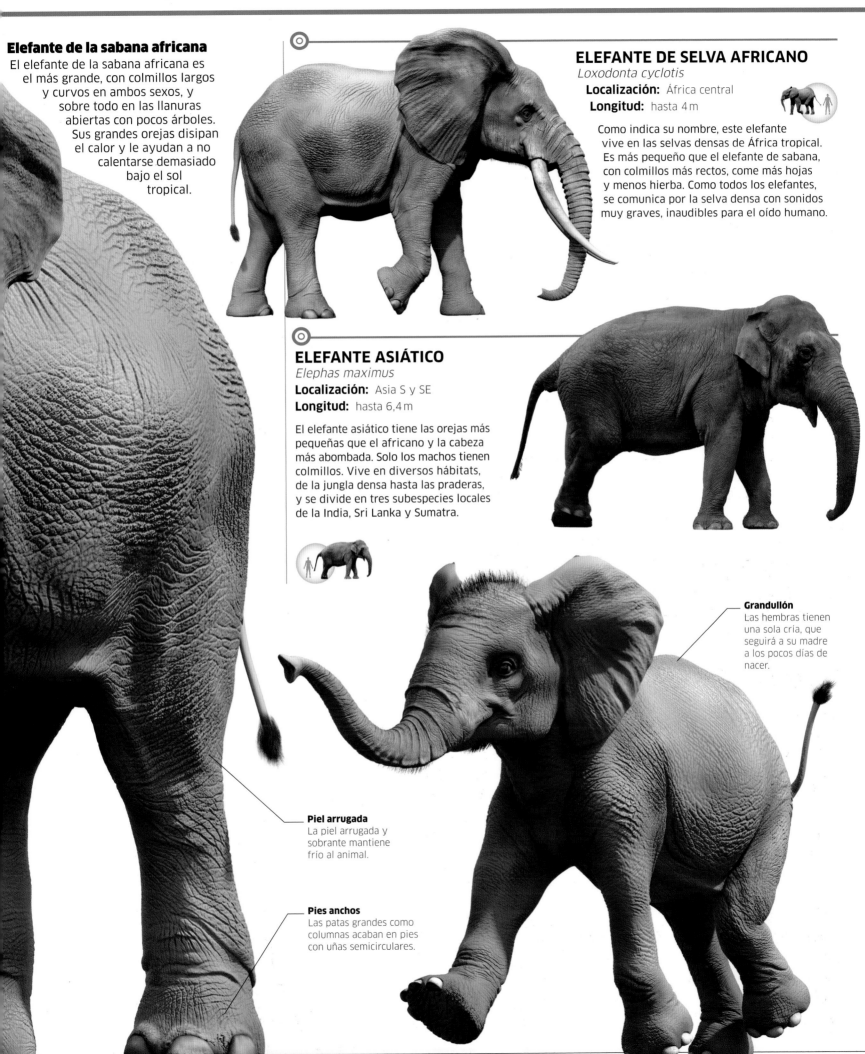

Castor americano

Uno de los arquitectos más ocupados de la naturaleza, el castor utiliza su capacidad taladora para modificar el paisaje de los bosques y crea presas, lagos y fortalezas, donde está a salvo de sus enemigos.

El castor es un gran roedor nocturno, pariente acuático de ardillas y ratones. Como ellos, tiene incisivos grandes y afilados para roer la comida, pero el castor también los utiliza para talar. Necesita árboles para construir su guarida, que rodea con una extensión defensiva de agua profunda utilizando más madera y barro para crear una presa. Cuando el agua se congela en invierno, los castores continúan activos bajo el hielo y se alimentan de hojas y ramas tiernas que tienen almacenadas bajo el agua.

Pies palmeados
Para nadar rápido, el castor se impulsa por el agua con las patas palmeadas y utiliza la cola en forma de remo como timón. Puede nadar lento si utiliza solo la cola.

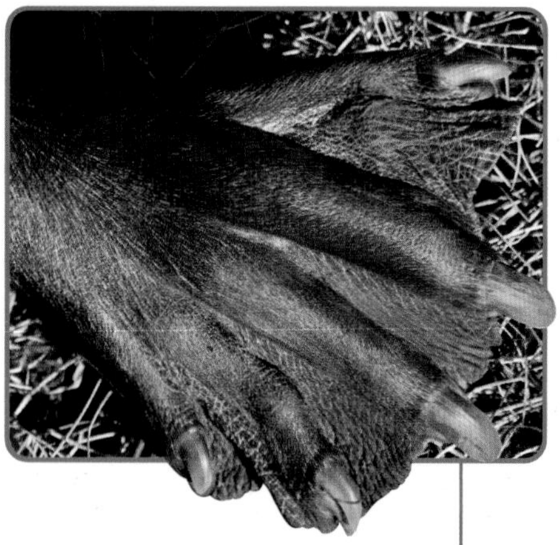

Cola plana
Altamente adaptada para nadar, la cola es escamosa, sin pelo y plana como un remo. El castor da golpes planos con la cola sobre el agua para avisar de cualquier peligro.

MAMÍFEROS

CASTOR AMERICANO
Castor canadensis

Localización: Norteamérica, México

Longitud: hasta 90 cm

Dieta: corteza, hojas, ramas de árbol

La presa de castor más grande que se conoce **tenía 850 m.**

En el siglo **XIX** se cazaba a los castores, que estuvieron a punto de extinguirse, **por su** preciada piel.

15 minutos puede estar sin respirar un castor.

4 m de altura puede tener la presa de un castor grande.

171

Piel impermeable
Su denso pelo se mantiene impermeable gracias a una sustancia untuosa, denominada castóreo, que secreta por las glándulas odoríferas.

Dientes de cincel
Los incisivos enormes están recubiertos por un esmalte duro, que contiene hierro y los hace volver naranjas. Se gastan por detrás, donde son más suaves, cuando los incisivos inferiores pasan por detrás de los superiores, y así siempre están afilados. Como la mayoría de roedores, sus dientes crecen toda la vida.

Membrana protectora
Unos párpados transparentes cubren los ojos bajo el agua.

Garras
Las pequeñas garras delanteras tienen dedos no palmeados y uñas afiladas para excavar, agarrar y manipular materiales.

Habitáculo

Ramas cubiertas de barro

Respiraderos

Guarida fortificada

La presa del castor puede superar los 2 m y crear una charca de casi 1 m de profundidad. El agua inunda la entrada de la castorera, construida con un montón de ramas y vacía por dentro. El barro acumulado sobre las ramas se congela en invierno, así no puede entrar predador alguno. A veces comparte casa con las ratas almizcleras.

Entrada acuática

Presa

Charca

ARDILLA ROJA
Sciurus vulgaris
Localización: Eurasia
Longitud: hasta 22 cm

La ágil ardilla roja vive en los árboles, sobre todo en las coníferas con muchas piñas, las cuales roen para extraer los piñones. Son poco frecuentes en algunas partes de Europa, donde compiten con las ardillas grises, introducidas de América.

PERRITO DE LAS PRADERAS DE COLA NEGRA
Cynomys ludovicianus
Localización: Norteamérica
Longitud: hasta 38 cm

Esta ardilla terrestre vive en las praderas casi sin árboles de América, en madrigueras que forman colonias. En el pasado, algunas habían sido colosales, cubriendo áreas enormes y ocupadas por millones de animales.

Cola esponjosa
El lirón se enrosca con la cola peluda cuando hiberna.

LIRÓN ENANO
Muscardinus avellanarius
Localización: Europa
Longitud: hasta 9 cm

Parecido a una ardilla miniatura, este animalito de bosque pasa más de la mitad de su vida durmiendo, hibernando de noviembre a mayo. Cuando se despierta, come sobre todo en los árboles, de donde toma bayas, frutos secos, flores e insectos.

Roedores

Casi la mitad de las especies de mamíferos son roedores. La mayoría son pequeños herbívoros, como ratones y ardillas, equipados con grandes dientes afilados para roer alimentos duros.

Los roedores viven en casi cualquier hábitat, desde los bosques tropicales hasta la tundra ártica, pasando por desiertos abrasadores. La mayoría come semillas, frutos secos, fruta y raíces jugosas, pero algunos cazan animales o son omnívoros.

JERBO DE OREJAS LARGAS
Euchoreutes naso
Localización: Asia central oriental
Longitud: hasta 9 cm

Es uno de los muchos jerbos de desierto y está adaptado para brincar con sus largas patas y cola. Esto le permite deambular en busca de comida y escapar de sus enemigos.

LEMMING COMÚN
Lemmus lemmus
Localización: Escandinavia septentrional
Longitud: hasta 13,5 cm

Esta especie del Ártico es prolífica y puede tener tantas crías en un año que puede llegar a escasear la comida, lo que le obliga a hacer migraciones en masa para encontrar nuevos hábitats. Es la presa preferida de los zorros polares y los búhos nivales.

Una **liebre saltadora** puede cubrir
más de 2 m de un solo salto.

Se sabe de **algún león muerto** por heridas de
las **púas del puercoespín** que había atacado.

173

Escorpión

RATÓN SALTAMONTES
Onychomys leucogaster
Localización: Norteamérica
Longitud: hasta 13 cm

La mayoría de roedores son vegetarianos empedernidos, pero este es cazador, sobre todo de insectos, aunque también se come ratones más pequeños y serpientes y lagartijas de poco tamaño. Tiene un grito agudo y estridente.

RATA NEGRA
Rattus rattus
Localización: Eurasia, África, Australasia, Norteamérica
Longitud: hasta 22,5 cm

Junto con otras especies, la rata negra proliferó accidentalmente en todo el mundo al viajar de un lado a otro en barcos. Se la conoce por ser la portadora de la peste bubónica, que mató a la mitad de la población europea en el siglo XIV.

LIEBRE SALTADORA DE EL CABO
Pedetes capensis
Localización: África meridional
Longitud: hasta 43 cm

A pesar de su nombre, no es una liebre sino un roedor, pero puede saltar como un canguro con sus largas patas traseras, equilibrándose con la cola larga y peluda. Vive en desiertos, se esconde en una madriguera de día y solo come por la noche.

FARANFAT
Heterocephalus glaber
Localización: África oriental
Longitud: hasta 9 cm

Este roedor extraordinario vive en colonias controladas por una reina que cría, como las abejas. Las colonias ocupan madrigueras que cavan los faranfats con sus dientes; la tierra la extraen con las patas.

Dientes prominentes
Usan sus grandes incisivos para cavar y comer.

Piel sin pelo

CHINCHILLA DE COLA LARGA
Chinchilla lanigera
Localización: Chile y Sudamérica
Longitud: hasta 23 cm

La chinchilla vive en los Andes, donde sobrevive al riguroso clima gracias a una capa tupida de pelaje. Sale de noche, cuando las temperaturas son mínimas, para comer semillas y hierbajos, así como pequeños animales.

PUERCOESPÍN SUDAFRICANO
Hystrix cristata
Localización: África, Italia
Longitud: hasta 1 m

Si se le ataca, levanta sus púas espectacularmente largas y menea la cola, equipada con unas púas anchas especiales que producen una especie de siseo. Si el enemigo no se percata, ataca primero con la cola, para clavar las púas afiladas a la piel del atacante.

CARPINCHO
Hydrochoerus hydrochaeris
Localización: Sudamérica tropical
Longitud: hasta 1,3 m

El carpincho, el roedor más grande, tiene el tamaño de un cerdo, vive en pantanos y praderas inundadas, donde lleva una vida semiacuática, comiendo hierba y plantas acuáticas. Tiene una glándula odorífera en el hocico, que es más grande en los machos adultos.

Conejos y liebres

Por sus largas orejas y sus brincos, a conejos y liebres se los reconoce rápido. Viven en casi todo el mundo, desde los trópicos hasta las tierras altas del Ártico, y algunas poblaciones son numerosas.

Junto con las picas, parecidas a roedores, pertenecen a los lagomorfos (con forma de liebre). Son parientes cercanos de roedores como ardillas o ratones, pero tienen unos dientes algo distintos y son vegetarianos estrictos. Los conejos son excavadores expertos que se esconden bajo tierra para estar a salvo, pero la mayoría de liebres son atletas patilargas que se fían de su velocidad para escapar a campo abierto para sobrevivir a sus enemigos.

Capaz de alcanzar los 70 km/h, la liebre común europea corre igual que un galgo.

Gran campo de visión
Sus grandes ojos saltones a cada lado de la cabeza le dan una visión casi completa.

Orejones
Sus grandes orejas captan sonidos imperceptibles que traicionarían a un predador.

Fuertes patas
Las largas patas traseras de la liebre le permiten alcanzar gran velocidad.

Liebre común europea
Conocida por su agilidad, esta liebre puede esquivar a muchos enemigos, cambiando rápidamente de dirección para evadirse. Durante la estación de cría en la primavera, las hembras reacias ahuyentan a los machos impacientes dando puñetazos como si fueran boxeadoras.

Incisivos frontales

Dientes inútiles

Dientes inútiles
Una liebre tiene los grandes incisivos de un roedor, que crecen siempre para compensar su erosión, y un agujero detrás para guardar mucha comida en la boca. Sin embargo, a diferencia del roedor, tiene dos dientes pequeños que no sirven casi para nada.

El pelo marrón se vuelve a veces rojizo.

MAMÍFEROS
LIEBRE COMÚN EUROPEA
Lepus europaeus

Localización: Eurasia; introducida en el resto

Longitud: hasta 70 cm

Dieta: hierba, corteza

24 conejos europeos **se introdujeron en Australia** en 1859.
Se reproducen tanto que **hoy se cuentan por miles de millones.**

Las liebres polares **viven en regiones** en las que
la temperatura habitual está **por debajo de -27 °C.**

175

LIEBRE CALIFORNIANA
Lepus californicus
Localización: México, oeste de EE. UU.
Longitud: hasta 60,5 cm

Sus grandes orejas
le resultan vitales
a esta liebre para
sobrevivir en los
desiertos y praderas
secos y cálidos, pues
disipan el exceso de
calor en el aire y la ayudan
a mantenerse fresca. Tiene
unas patas largas que le dan
velocidad suficiente para
escapar de un coyote.

Refrigeración
Una red de vasos sanguíneos
en las orejas irradia el exceso
de calor corporal.

LIEBRE POLAR
Lepus arcticus
Localización: Canadá ártico, Groenlandia
Longitud: hasta 67 cm

Esta liebre increíblemente robusta vive
en grupos numerosos y se adapta al clima
gélido con un abrigo de pelo blanco muy
grueso. Tiene las orejas más cortas
de lo normal, para no perder calor.

CONEJO DE AMAMI
Pentalagus furnessi
Localización: islas Amami, Japón
Longitud: hasta 50 cm

Habitante nocturno y escurridizo
de bosques frondosos del Japón, este
conejo era antiguamente habitual en toda
Asia, pero actualmente está casi extinguido.
Vive en madrigueras que excava con sus
largas patas.

CONEJO EUROPEO
Oryctolagus cuniculus
Localización: Europa occidental,
introducido en el resto del mundo
Longitud: hasta 55 cm

Antaño típico de España,
Francia y el norte de África,
se ha extendido a otras partes
del mundo, y en Australia
se ha convertido en una
plaga. Cava largas
madrigueras y sale de
noche para mordisquear
hierba y hojas.

Patas potentes
Las patas traseras son
muy potentes y le permiten
huir rápidamente.

CONEJO DE LOS VOLCANES
Romerolagus diazi
Localización: México
Longitud: hasta 35 cm

Bajito y de orejas cortas, es uno de
los conejos más pequeños y raros.
Vive solamente en las laderas boscosas
de cuatro volcanes del sur de
la Ciudad de México,
donde su hábitat
está amenazado
por las
carreteras
y por la
agricultura.

Pelo corto
y grueso

CONEJO DE FLORIDA
Sylvilagus floridanus
Localización: Norteamérica
y América Central
Longitud: hasta 50 cm

La más común de muchas
especies similares, es el
equivalente americano al
conejo europeo. Sin embargo,
en lugar de cavar su propia
madriguera, ocupa agujeros
excavados por otros animales
como las ardillas terrestres.

Grandes patas
traseras

LÉMUR DE COLA ANILLADA
Lemur catta

Localización: Madagascar
Longitud: hasta 45 cm

Su distintiva cola lo convierte en el lémur más reconocible. Vive en grupos grandes y ruidosos que buscan fruta, hojas y pequeños animales en los árboles de los bosques, aunque algunas veces pasa largos ratos en el suelo.

LÉMUR NEGRO DE OJOS AZULES
Eulemur flavifrons

Localización: Madagascar
Longitud: hasta 45 cm

Machos y hembras de lémures se parecen, pero en esta especie tan amenazada solo el macho es negro. Las hembras son de un marrón rojizo, con pelo más claro por debajo. Aparte de los humanos, es el único primate con ojos azules. Come sobre todo fruta y flores.

LÉMUR SALTADOR DE PIES BLANCOS
Lepilemur leucopus

Localización: Madagascar
Longitud: hasta 25 cm

El lémur saltador parece un boxeador saltando cuando se defiende, de ahí su nombre. Esta especie probablemente sea la más pequeña de su familia: un lémur experto en comer hojas que, debido al poco valor nutritivo de estas, pasa la mayor parte de su tiempo comiendo o descansando.

Lémures

Únicos de Madagascar, los lémures son un grupo diverso de primates relacionados con los ancestros de los monos y los simios. Muy adaptados a vivir en árboles, son trepadores y unos fantásticos acróbatas.

Llegaron a Madagascar hace 40 millones de años y evolucionaron en 120 especies, desde el diminuto lémur ratón hasta gigantes del tamaño de un gorila. Cada especie se adaptó a un estilo de vida particular en una isla con gran variedad de hábitats (omnívoros adaptables, expertos en alimentos concretos...). Pero 17 especies, como los gigantes, se han extinguido, y muchas otras están amenazadas por la destrucción de sus hábitats salvajes.

LÉMUR RATÓN DE BERTHE
Microcebus berthae

Localización: Madagascar
Longitud: hasta 9,5 cm

Este animal nocturno de ojos grandes es el más pequeño de los diminutos lémures ratón y el más pequeño de los primates. Es muy ágil, y trepa árboles y arbustos buscando fruta, flores, néctar, insectos y pequeños invertebrados como camaleones y gecos.

En la estación seca, el **lémur ratón come la dulce mielada** que producen los insectos que chupan savia.

Denso pelaje

Fuerte agarre
Las almohadillas en los pies le ayudan a colgarse de las ramas.

Cola de equilibrista
La larga cola ayuda a mantener el equilibrio.

Cola larga
Su cola es más larga que el cuerpo.

Los lémures utilizan **los incisivos** como peines para **acicalarse** el pelo.

10 m **puede saltar** el sifaka de Verreaux **de rama en rama**, gracias a sus **potentes patas traseras.**

177

Sifaka de Verreaux

Experto trepador, este gran lémur no camina ni corre de manera normal, sino que salta de costado por el suelo con sus patas traseras, equilibrándose con los brazos como un bailarín.

Pelaje suave y tupido

Manos largas
El sifaka de Verreaux pasa mucho tiempo en las copas de los árboles buscando hojas y fruta. Tiene manos y pies adaptados para agarrarse a las ramas con los pulgares de las manos y los dedos gordos oponibles de los pies.

Potentes patas traseras
Este lémur puede dar impresionantes brincos por las ramas.

INDRI
Indri indri

Localización: Madagascar
Longitud: hasta 72 cm

El lémur más grande, este pariente cercano del sifaka de Verreaux, de vistosas marcas en el pelaje, tiene una cola diminuta única. Como otros lémures, se mantiene erguido mientras salta por los árboles y se cuelga de las ramas con las manos.

AYE-AYE
Daubentonia madagascariensis

Localización: Madagascar
Longitud: hasta 37 cm

Este animal extraordinario tiene un dedo corazón muy fino que usa para extraer larvas de insectos de la madera, casi como hace el pájaro carpintero. También lo utiliza para sacar la pulpa de la fruta.

Cola peluda

MAMÍFEROS

SIFAKA DE VERREAUX
Propithecus verreauxi

Localización: Madagascar
Longitud: hasta 48 cm
Dieta: hojas, fruta, corteza

Hioides

Mandíbula

Caja de resonancia
El mono carayá negro tiene una laringe grande para dar gritos profundos y resonantes. Se sostiene por el hioides, un hueso grande y hueco detrás de la mandíbula inferior. La mandíbula y el hioides del macho (arriba) son más grandes que los de la hembra.

A cuestas
Las crías del mono carayá negro nacen con el pelo dorado. Se cuelgan de la madre para que los lleve.

En contacto
Los grupos de carayás empiezan y acaban el día gritándose, y así saben dónde están los competidores.

Compartir a mamá
Las madres cuidan y transportan a sus pequeños en una práctica llamada «cuidado aloparental».

Larga cola
La cola mide hasta 65 cm y coincide con la longitud del cuerpo.

Dedos móviles
Los dedos largos de los pies hacen que se agarre con firmeza a las ramas.

Partes sensibles
La punta de la cola no tiene pelo. Es muy sensible y puede identificar cosas con el tacto.

Mono carayá negro

Los gritos estridentes del carayá americano tropical son los más fuertes emitidos por un animal terrestre. Los monos ululan para defender su territorio y a sus hembras, y cada tropa grita al unísono para advertir a los vecinos de que no entren en su territorio.

Los machos ululan más fuerte, llenando el bosque de sonidos al alba y durante el día cuando cada tropa responde a sus vecinos; las hembras también gritan. Excepcionalmente, las hembras tienen un color diferente, beis verdoso, mientras que los machos son negros. Los carayás negros suelen vivir en pequeñas tropas de los bosques tropicales de Sudamérica central. Pasan el tiempo en los árboles, alimentándose.

Los rugidos guturales y territoriales de los carayás negros **se pueden oír a 5 km de distancia.**

22 es el número máximo de carayás por grupo. Normalmente son **entre 5 y 8.**

Un carayá negro puede vivir hasta **20 años**.

179

Vista en color
Tiene una excelente vista en color que le permite detectar el rojo y el naranja de la fruta madura.

Oler el aire
Un buen olfato le permite encontrar comida fácilmente.

Agarre de cola
Enroscada en una rama, la cola es tan fuerte que resiste el peso del mono.

MAMÍFEROS

MONO CARAYÁ NEGRO

Alouatta caraya

Localización: América Central y del Sur

Longitud: hasta 65 cm

Dieta: hojas, fruta

Dieta a base de hojas

Excepcionalmente para un mono, el carayá negro come muchas hojas aparte de fruta. Las hojas son fáciles de encontrar, pero no son tan nutritivas. Los monos seleccionan las más verdes, pero deben comer muchas. Almacenan energía pasando el tiempo dormidos y sin desplazarse.

MACACO DEL JAPÓN
Macaca fuscata
Localización: Japón
Longitud: hasta 65 cm

A veces llamado mono de las nieves por el hábitat gélido de montaña en el que vive, es atípico porque no vive en los trópicos. Come fruta y plantas, raíces jugosas y semillas cuando estas escasean. Es famoso por bañarse en fuentes termales volcánicas para mantenerse caliente en invierno.

Abrigo caliente
El pelaje espeso
lo aísla del frío.

Monos

Desde los enormes babuinos con cara de perro a los titís de piel sedosa, los monos son los primates más variados, famosos por su agilidad, naturaleza sociable e inteligencia.

La mayoría de monos viven en los árboles y comen sobre todo fruta. En los bosques tropicales hay fruta todo el año, pero los frutales pueden estar dispersos y ser difíciles de encontrar, así que los monos han desarrollado técnicas para moverse entre los árboles y poder divisar fácilmente la fruta entre las hojas. Su excelente memoria les ayuda a recordar dónde encontrar buenos alimentos. Los monos se dividen en dos categorías: los monos del Viejo Mundo, de África y Asia, y los monos del Nuevo Mundo, de la América tropical.

MONO DE BRAZZA
Cercopithecus neglectus
Localización: África central
Longitud: hasta 55 cm

Es una de las especies más coloridas y frecuentes de cercopiteco, un tipo de mono africano de cola larga que vive en los bosques tropicales. Prefiere buscar comida en bosques pantanosos.

MANDRIL
Mandrillus sphinx
Localización: África central
Longitud: hasta 1,1 m

El mandril es el mono más grande y un pariente cercano del babuino. Los machos tienen caras rojiazules brillantes, y los dominantes son los más llamativos. Pasan la mayor parte de su tiempo en el suelo comiendo fruta, huevos, hojas y pequeños mamíferos.

COLOBO BLANQUINEGRO DE ANGOLA
Colobus angolensis
Localización: África central y oriental
Longitud: hasta 65 cm

Llamado colobo blanquinegro a secas, este esbelto mono de bosque pluvial es una espectacular especie del Viejo Mundo, con un collar blanco en la cara y un manto blanco sedoso sobre los hombros. Trepa bien y vive en los árboles en grandes grupos, alimentándose de hojas.

Hocico
largo

Extremidades robustas

El colobo de Angola **puede comer** hasta 3 kg de **hojas** al día: **un tercio de su peso corporal.**

La **nariz del mono narigudo** macho puede crecer tanto que se la tiene que apartar para alimentarse.

181

TITÍ DE CABEZA BLANCA
Callithrix geoffroyi
Localización: Brasil tropical oriental
Longitud: hasta 23 cm

Los titís, del tamaño de una ardilla, son los monos más pequeños. Como otras especies, excavan en la corteza de los árboles con los dientes para comer la resina dulce.

TAMARINO LEÓN DORADO
Leontopithecus rosalia
Localización: Brasil tropical oriental
Longitud: hasta 33 cm

Este tamarino pequeño y elegante era antiguamente muy numeroso, pero ahora es difícil de encontrar. Es un trepador ágil y usa sus dedos largos y con garras para encontrar fruta e insectos en el follaje.

CAPUCHINO DE CABEZA DURA
Sapajus apella
Localización: Sudamérica
Longitud: hasta 45 cm

Frecuentes en Sudamérica, los capuchinos incluyen una gran variedad de especies sociales y arborícolas. El capuchino de cabeza dura es uno de los más comunes, un omnívoro adaptable que vive en varios tipos de bosque.

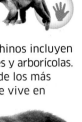

MONO NARIGUDO
Nasalis larvatus
Localización: Borneo
Longitud: hasta 75 cm

Debe su nombre a su nariz grande y carnosa. Este mono del Viejo Mundo vive en árboles altos, donde come fruta y hojas. Siempre cerca del agua, es un nadador excelente.

Nariz carnosa
Es mucho más larga en machos adultos.

MICO NOCTURNO DE CABEZA NEGRA
Aotus nigriceps
Localización: Amazonia occidental
Longitud: hasta 42 cm

Los grandes ojos de este mono americano tropical le permiten buscar fruta e insectos, e incluso saltar por los árboles, de noche. Su vida nocturna lo mantiene a salvo de las águilas.

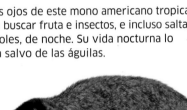

Dedos largos y delgados con uñas rectas.

MONO ARAÑA CENTROAMERICANO
Ateles geoffroyi
Localización: América Central
Longitud: hasta 63 cm

Este mono araña debe su nombre a sus extremidades sumamente largas y a su cola larga y prensil, ideal para agarrarse. Equipan perfectamente al mono para su vida acrobática, ya que busca frutas en las copas de los árboles tropicales. Usa sus manos con apenas pulgares como garfios para columpiarse.

Quinta pata
La cola prensil es tan robusta que resiste todo el peso del mono.

UACARI CALVO
Cacajao calvus
Localización: Amazonia occidental
Longitud: hasta 57 cm

La cara de color rojo intenso de este mono indica que está sano: los débiles tienen la cara pálida y no encuentran pareja fácilmente. Vive sobre todo en las zonas pantanosas de la Amazonia, y busca fruta y semillas en las copas de los árboles.

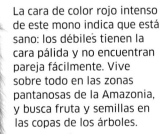

SAKI DE CARA BLANCA
Pithecia pithecia
Localización: Sudamérica septentrional
Longitud: hasta 42 cm

En esta especie solo el macho tiene la cara blanca, que contrasta con su pelo negro; la hembra es marrón. Son monógamos.

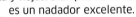

El índice de natalidad de los orangutanes es muy bajo. En promedio, una hembra tiene una cría cada 9,3 años.

La madre lleva al pequeño.

Lazos estrechos
La madre pasa entre 8 y 9 años con sus crías.

Cuatro manos
Sus pies son como las manos, capaces de agarrar ramas.

Piernas flexibles
Las piernas son más cortas que los brazos.

Simio rojo
El pelo oscila entre el naranja o el castaño hasta el chocolate.

La palabra **orangután** significa «persona del bosque» en malayo.

58 años puede llegar a vivir un orangután salvaje.

Los machos con solapa son el doble de grandes que las hembras adultas.

183

MACHO CON SOLAPA

MACHO SIN SOLAPA

Últimos avances

Un macho dominante tiene solapas anchas y carnosas en las mejillas, un saco gular para amplificar sus alaridos, y una capa de pelo largo. Utiliza estas características para impresionar a hembras y rivales, incluidos los machos sin solapa. Estos exhiben menos avances y podrían no desarrollar solapas, aunque pueden reproducirse.

Nido en los árboles

El orangután construye dos tipos de nidos en los árboles: uno para pasar el día y otro para la noche, hechos de ramas y follaje. Los orangutanes aprenden a hacerlos entre ellos, así que el primero que esta cría construya será un intento de copiar el que comparte ahora con su madre.

Orangután de Sumatra

Increíblemente adaptado para columpiarse por el follaje de sus bosques nativos, se mueve despacio, probando primero si las ramas aguantan su peso. Pasa su vida en las copas de los árboles y casi nunca toca tierra.

Los orangutanes viven en las islas de Borneo y Sumatra. Aunque se parezcan, ambas poblaciones se consideran especies separadas. Se alimentan sobre todo de fruta de los árboles de la selva, así como de termitas y huevos de ave. Son muy inteligentes pero menos sociables que otros simios, y a menudo prefieren buscar alimento y dormir solos. Los orangutanes de Sumatra son más altos y delgados que los de Borneo, y están más amenazados por la destrucción de la jungla.

MAMÍFEROS

ORANGUTÁN DE SUMATRA

Pongo abelii

Localización: Sumatra

Altura: hasta 1 m

Dieta: fruta, hojas e insectos

Herramientas
Usan palos como herramientas para encontrar termitas o recoger miel.

Pulgar y dedos
Cuatro dedos largos y un pulgar oponible como el nuestro dan un fuerte agarre.

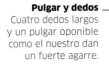

Alumnos aventajados
Cada grupo tiene sus propias vías para encontrar comida, construir nidos e incluso comunicarse con sus vecinos. Las crías aprenden destrezas de su madre, como utilizar herramientas para sacar insectos de la madera. Una cría vive con su madre hasta que tiene al menos 7 años.

Brazos largos
Un orangután tiene una envergadura de hasta 2,25 m.

184 mamíferos ∘ **PRIMATES**

210 kg llega a **pesar el gorila macho;** el doble que la hembra.

Gorila de montaña

El majestuoso gorila es el simio más grande, un gigante de la selva y uno de nuestros parientes vivos más cercanos. Muy inteligente, vive en familias lideradas por un macho adulto de espalda gris que usa su fuerza prodigiosa para alejar a los machos rivales.

Existen dos especies de gorila: el oriental y el occidental. Los gorilas de montaña son subespecies de los orientales y viven en los bosques de las tierras altas de África central oriental, donde comen hojas y tallos que recolectan. Dado que esta comida tiene pocos nutrientes, los gorilas pasan la mayor parte del tiempo comiendo, mascando sin parar con sus muelas enormes, para extraer tanto alimento como sea posible.

Espalda gris
El pelo corto y plateado de la espalda de un macho adulto empieza a crecerle a los 14 años.

Pelo enmarañado
Los gorilas de montaña tienen el pelaje más largo que otros gorilas.

Posición de lucha
Los gorilas se desplazan caminando a cuatro patas sobre sus nudillos; solo se yerguen para luchar o golpearse el pecho.

Los machos rivales pueden enfrentarse a muerte, pero intentan antes asustarse mutuamente rugiendo y golpeándose el pecho.

Estructura familiar
La familia típica de un gorila de montaña consta de 3 o 4 hembras adultas, 4 o 5 jóvenes de distintas edades, lideradas por un macho adulto que defiende a la familia de predadores y machos rivales que intenten echarlo y matar sus crías. Mientras eso no ocurra, la familia permanecerá unida.

Un gorila salvaje **vive 40 años** o incluso más.

El gorila de montaña es la **especie más escasa**, con **menos de 1.000 individuos** en libertad.

Cresta craneal
Una cresta ósea sujeta los músculos de la mandíbula.

Huellas únicas
Cada gorila tiene sus propias huellas dactilares.

Armas afiladas
Los machos tienen caninos largos y afilados para luchar.

Gran complexión
Tienen los brazos más largos y el pecho más ancho que los chimpancés.

Manos peludas
Las manos de un gorila parecen humanas, pero son más fuertes y peludas.

Agarre con el pie
Todos los simios tienen dedos del pie móviles. El pulgar es oponible, como el de la mano, y con él puede agarrar ramas. Los gorilas de montaña pasan la mayor parte de su tiempo en el suelo porque comen pieles de fruta, tallos, cortezas y, a veces, hormigas, y no necesitan trepar para encontrar alimento. Aunque pesen mucho, los gorilas africanos occidentales adultos sí que trepan árboles.

A todo color

Los gorilas y otros simios tienen una vista excelente a todo color. A diferencia de otros mamíferos, son sensibles al rojo y al naranja, lo que les permite elegir la fruta madura, una parte muy valiosa de su dieta.

A la defensiva
El espalda gris defensor primero ladra y mira fijamente a su atacante, y luego empieza a ulular y se pone en pie, tirándole vegetación. Si el atacante no se retira, se le echa encima.

GORILA DE MONTAÑA

Gorilla beringei beringei

Localización: África central oriental

Altura: hasta 2 m

Dieta: hojas, cáscaras, corteza, tallos, fruta

GIBÓN HULOC OCCIDENTAL
Hoolock hoolock

Localización: Asia meridional
Longitud: hasta 80 cm

Como todos los gibones, el huloc tiene los brazos muy largos y unos hombros fuertes adaptados para columpiarse por las ramas. El macho tiene unas cejas blancas que contrastan con el pelo negro; la hembra es gris amarronada.

Manos y pies blanquecinos

Largo alcance
Brazos extralargos para columpiarse por las ramas.

Macho con cejas blancas.

Hembra castaña
Las hembras son de color castaño y tienen manchas blancas en la cara.

Piernas estabilizadoras
Como todos los simios, el huloc camina erguido durante breves espacios de tiempo.

GIBÓN DE MANOS BLANCAS
Hylobates lar

Localización: Asia SE
Longitud: hasta 42 cm

El gibón de manos blancas es negro o marrón, pero siempre tiene un anillo de pelo blanco alrededor de la cara negra. Vive en familias en los árboles de la selva tropical, donde se alimenta sobre todo de fruta, y de donde solo baja ocasionalmente.

Piernas más cortas que los brazos

Simios

Existen dos grupos principales de simios. El primero, los gibones de brazos largos, adaptados a la vida en los árboles. Segundo, los grandes simios, que incluyen el chimpancé y dos parientes cercanos, los bonobos y los humanos, así como los orangutanes y los gorilas (ver pp. 182–185).

Los simios incluyen los primates más espectacularmente ágiles. Las 19 especies de gibón usan sus largos brazos para columpiarse por las copas de los árboles. Los grandes simios son los de mayor tamaño, y se consideran los primates más inteligentes.

GIBÓN DE MEJILLAS BLANCAS SEPTENTRIONAL
Nomascus leucogenys

Localización: Asia SE
Longitud: hasta 53 cm

Solo el macho de pelo negro de esta especie tiene las mejillas blancas; la hembra es de color marrón claro con la cara oscura. Como otros gibones, forma pareja durante mucho tiempo. Come sobre todo fruta, acompañada de brotes tiernos y pequeños animales.

Aseo social
En todos los simios, el aseo sirve para limpiarse el pelo y crear vínculos.

Macho de pelo negro

Los **alaridos del siamang** se oyen en la selva **a 2 km de distancia**.

Los chimpancés viven en **sociedades** de hasta **150 miembros**, pero **se dividen en grupos más pequeños** para encontrar comida.

187

SIAMANG
Symphalangus syndactylus
Localización: Asia SE
Longitud: hasta 90 cm

Todos los gibones defienden sus territorios a gritos, pero el siamang es el más ruidoso, con un alarido resonante que se amplifica en el saco gular. Las parejas suelen gritar durante 15 minutos o más, sobre todo a primera hora del día, y reciben respuesta de siamangs vecinos.

BONOBO
Pan paniscus
Localización: África central
Longitud: hasta 83 cm

De las dos especies de chimpancé, es la menos frecuente. Tiene las piernas más largas y es menos corpulento. Vive en los árboles y en el suelo de selvas tropicales, viaja por el suelo caminando a cuatro patas sobre los nudillos. Come sobre todo fruta, acompañada de hojas, huevos, insectos e invertebrados pequeños.

Saco para ulular
El saco gular puede alcanzar el tamaño de la cabeza.

Manos fuertes
Las manos largas son ideales para agarrarse a las ramas.

Pelo negro y áspero

Peinado distintivo
Un bonobo tiene el pelo de la cabeza negro y largo, con raya en medio.

Labios rosas

CHIMPANCÉ COMÚN
Pan troglodytes
Localización: África central y occidental
Longitud: hasta 95 cm

Más fornido que el bonobo, el chimpancé común vive en grupos territoriales dominados por machos en varios tipos de hábitats. Come mucha fruta, pero con sus herramientas también busca insectos; mata animales más grandes, monos incluidos.

Los chimpancés son capaces de afilar palos

para lanzarlos contra gálagos
que se esconden en agujeros de los árboles.

Piernas largas

Los pies pueden agarrarse a las ramas.

Nudillos duros

Con la ecolocalización **pueden detectar una polilla** a más de 6 m de distancia.

ZORRO VOLADOR DE LA INDIA

Pteropus giganteus

Localización: India, Asia SE

Longitud: hasta 25 cm

Este murciélago tropical de gran tamaño es uno de los muchos que habitan el bosque de noche buscando fruta. Durante el día se cuelga de los árboles cabeza abajo. En un solo árbol pueden vivir varios centenares de zorros voladores.

MURCIÉLAGO DE HERRADURA MAYOR

Rhinolophus ferrumequinum

Localización: Europa, Asia

Longitud: hasta 7 cm

Como la mayoría de murciélagos pequeños, caza insectos mientras vuela. Detecta polillas y escarabajos voladores por ecolocalización: emite una serie de clics agudos a través de una estructura en forma de herradura en el hocico, y escucha el eco.

FALSO VAMPIRO AUSTRALIANO

Macroderma gigas

Localización: Australia N

Longitud: hasta 14 cm

Este murciélago tropical de gran tamaño tiene alas finas y transparentes y piel de color gris claro. De dientes muy largos, es un cazador que atrapa, mata y come lagartijas, ratones, pequeñas aves y otros murciélagos.

MURCIÉLAGO LENGÜILARGO DE SANDBORN

Leptonycteris yerbabuenae

Localización: Norteamérica y América Central

Longitud: hasta 9 cm

Este peculiar murciélago bebe néctar de las flores de cactus y pitas del desierto, que florecen de noche para atraerlo. Con una lengua extralarga y en punta de pincel, el animal liba el néctar, manteniéndose quieto en el aire.

MURCIÉLAGO PESCADOR MAYOR

Noctilio leporinus

Localización: América Central y Sudamérica

Longitud: hasta 13 cm

Los murciélagos grandes pueden cazar presas de gran tamaño. Este detecta ondas cuando el pez sale a la superficie, lo saca del agua con la membrana de la cola y las garras.

Murciélagos

El 25 % de los mamíferos son murciélagos, los únicos vertebrados vivientes, aparte de las aves, capaces de volar. Otros mamíferos, reptiles e incluso ranas pueden planear, pero los murciélagos vuelan con tal agilidad y precisión que la mayoría viven de cazar insectos al vuelo.

Sus alas son capas de piel elástica con dedos extremadamente alargados. Las membranas se extienden hasta las patas y, a veces, hasta la cola. Algunos tienen alas largas y estrechas para alcanzar velocidad, y otros las tienen cortas y anchas para conseguir agilidad. Vuelan de noche y utilizan la ecolocalización para orientarse.

MAMÍFEROS

MURCIÉLAGO OREJUDO COMÚN

Plecotus auritus

Localización: Europa y Asia central

Longitud: hasta 5,5 cm

Dieta: Insectos, arañas

1.240 especies de **murciélagos** por todo el planeta.

El murciélago orejudo común **vive** hasta **22 años.**

VAMPIRO COMÚN
Desmodus rotundus

Localización:
América Central
y Sudamérica

Longitud: hasta 9,5 cm

Los vampiros comunes de la América tropical se alimentan de sangre. Usan sus incisivos afilados para hacer pequeños cortes en la piel de animales grandes, y luego chupan la sangre con su larga lengua. También corren y saltan por tierra, sirviéndose de sus alas plegadas.

Orejas plegables
El murciélago dobla sus enormes orejas bajo las alas cuando está colgado de día.

Dedos en las alas
Los huesos de los dedos elongan la membrana del ala para que pueda volar.

Ecolocalización
El murciélago insectívoro cuenta con un sistema de ecolocalización sofisticado. Mientras vuela, produce una serie de clics de alta frecuencia que se reflejan en forma de eco en las presas y los obstáculos. El murciélago recibe esos ecos a través de sus oídos y los convierte en una «imagen sonora» de su entorno. Esto le permite volar y cazar a oscuras.

Murciélago orejudo común
Las enormes orejas de este murciélago europeo le permiten oír los sonidos más imperceptibles de insectos y arañas en la oscuridad, y usar la ecolocalización para moverse entre los árboles y centrar su caza aérea en el insecto en cuestión.

Un murciélago orejudo tiene una excelente vista que a menudo utiliza **para cazar a la luz de la luna.**

Murciélago

Insecto

—— **CLICS**

····· **ECOS**

Dientes carniceros

Como casi todos los carnívoros (mamíferos del orden Carnivora), el lobo tiene unos dientes especiales llamados carniceros. Son muelas modificadas que, junto a los caninos, arrancan la carne del hueso. Tiene dientes serrados largos y afilados para cazar a sus presas

Caninos superiores

Carniceros superiores

Carniceros inferiores

Caninos inferiores

Orejas móviles
El lobo utiliza sus orejas móviles para localizar presas y expresar su estado de ánimo.

Sus bigotes son sensibles y detectan movimientos del aire

Aullidos
Los lobos aúllan para advertir a las manadas vecinas de que se marchen de su territorio.

Lobo

Ancestro del perro doméstico, el lobo era frecuente en todos los continentes septentrionales. Ahora, su aullido rara vez se oye fuera de las regiones remotas del norte y algunos refugios.

El lobo forma parte del orden Carnivora, un grupo de mamíferos que deben su nombre al hecho de que comen carne. Los lobos cazan sobre todo otros mamíferos, desde ratones hasta bisontes adultos, pero pocas veces pueden cazar presas grandes sin ayuda. Necesita a su gran manada para cazar. Con su inteligencia y habilidades comunicativas, el lobo ataca en grupo y luego comparte el premio.

Capas de pelo
Una densa capa de pelo debajo de su abrigo le mantiene aislado del frío.

MAMÍFEROS

LOBO

Canis lupus

Localización: Europa, Asia central

Longitud: hasta 1,6 m

Dieta: principalmente mamíferos grandes

Además de a los cazadores humanos, el lobo tiene como enemigos a los tigres siberianos.

Hocico largo
El hocico largo del lobo tiene unas vías nasales anchas que le proporcionan un agudo sentido del olfato. Los lobos se fían de los olores que detectan para seguir a su presa y para comunicarse. También pueden evaluar la salud de un individuo por su olor.

Vista nocturna
Un lobo tiene poca visión en color, pero ve muy bien de noche, cuando es activo.

Color variable
El pelaje varía del color más oscuro al blanco, según la raza de la región.

Lenguaje corporal
Los lobos son animales muy sociables que utilizan gestos y lenguaje corporal para comunicarse. Cada manada está liderada por una pareja que criará. Aquí se ve cómo la hembra muestra sumisión ante el «macho alfa» agachando las orejas y este alza la cola en señal de dominancia.

Patas largas
Patas largas y esbeltas que le permiten correr largas distancias sin cansarse.

Uñas para correr
Las uñas son duras para agarrarse mejor al suelo mientras corre.

Aprender rápido
Aunque solo críe la hembra alfa, toda la manada la ayuda a criar a sus cachorros. Estos aprenden a manejarse por sí mismos, jugando y compitiendo por la comida, y finalmente acompañando a los adultos en expediciones para cazar.

El valor de la familia

Cada manada está liderada por una pareja alfa, macho y hembra. Normalmente hay más machos que hembras, y ayudan a la pareja alfa a criar a sus pequeños. Cuando las crías alcanzan la madurez, muchos machos se quedan a ayudar, pero las hembras jóvenes se van para crear nuevas manadas.

Colores crípticos

Tiene el pelaje más llamativo de todos los cánidos, con marcas negras, doradas, amarillas y blancas por todo el cuerpo. Este patrón le proporciona un camuflaje perfecto entre árboles, matorrales y hierba, y le permite acercarse a la presa sin ser visto.

Licaón

Delgado, ligero y patilargo, el licaón es uno de los cazadores más eficaces del mundo, un corredor incansable que persigue a su presa hasta la extenuación. Luego necesitará la fuerza del resto del grupo para derribarla.

El licaón es uno de los carnívoros más sociables y no puede sobrevivir solo. Vive siempre en grupo, con una familia extensa de hasta 30 adultos y jóvenes que viven y cazan juntos en bosques y praderas del África tropical. Cada manada deambula por una vasta área en busca de presas como gacelas, antílopes e incluso cebras adultas.

MAMÍFEROS

LICAÓN

Lycaon pictus

Localización: África subsahariana

Longitud: hasta 1,4 m

Dieta: mamíferos grandes

Cola de plumero
La cola tiene la punta blanca y se usa para llamar a otros ejemplares de la manada.

Patas largas
Como la mayoría de cánidos, tiene las extremidades adaptadas para correr. Los huesos de la parte inferior se «bloquean» para evitar torceduras y reducir el riesgo de lesión.

Marcas distintivas
El pelaje llamativo del licaón es el que explica su nombre científico, que en latín significa «lobo pintado».

Los licaones tienen **camadas** de entre **6 y 16 cachorros**, más que cualquier otro cánido salvaje.

Hocico corto.

Caninos afilados.

La cresta del cráneo sujeta los músculos de la mandíbula.

Dientes carniceros superiores largos.

Armas potentes
Las mandíbulas prominentes son más cortas que las de la mayoría de perros, dando a los músculos más fuerza para agarrar las presas. Los dientes carniceros son más afilados, y cortan la piel dura y la carne de animales grandes.

Hocico negro
Cada animal tiene un diseño distinto de pelaje, pero el hocico siempre es negro.

Orejas grandes
Tienen orejas excepcionalmente grandes que disipan el calor en los días más calurosos

Cuerpo delgado y musculoso.

Presas poderosas
Como cazan en manada, los licaones pueden atrapar presas grandes como cebras adultas.

Tracción total
Sus cuatro uñas, le dan un agarre excelente.

CHACAL DEL SEMIÉN
Canis simensis
Localización: África E
Longitud: hasta 1 m

Este elegante pariente
del lobo vive en las
montañas frías de
Etiopía central,
donde caza
ratas y otros
mamíferos
pequeños.
Entre la
destrucción
de hábitats y la actividad
humana se ha convertido en
el cánido más amenazado.

Cánidos
**Lobos, perros salvajes y zorros pertenecen
a la familia Canidae, los cánidos. Están entre
los carnívoros con mayor éxito, aunque
también comen otros alimentos.**

Con patas largas y cuerpos pequeños,
los cánidos corren tras su presa a campo
abierto. Han triunfado por ser tan adaptables
y comer muchos alimentos. La mayoría de
zorros cazan en arboledas donde hay muchos
escondrijos para acechar a sus presas, mientras
que el zorro orejudo es un animal insectívoro.
Muchos cánidos cazan en solitario, pero casi todos
establecen estrechos vínculos familiares y tienen
mucha interacción social.

ZORRO CANGREJERO
Cerdocyon thous
Localización: Sudamérica
Longitud: hasta 78 cm

Como muchos cánidos, este zorro
sudamericano es un oportunista que come
desde fruta hasta pequeños mamíferos,
aunque debe su nombre al hecho de que caza
cangrejos de río.

LOBO DE CRIN
Chrysocyon brachyurus
Localización: Sudamérica
Longitud: hasta 1,2 m

Orejas grandes para
oír mejor

CUÓN
Cuon alpinus
Localización: Asia
Longitud: hasta 1,35 m

Equivalente sudasiático del licaón,
el casi exclusivamente carnívoro
cuón caza presas como ciervos
o búfalos acuáticos jóvenes en grupo.
Tiene una vida social compleja y vive
en grandes clanes que incluyen varias
hembras de cría.

Zorro con zancos
Patas muy largas para
que el lobo de crin vea
por encima de la hierba
y cubra largas distancias
al cazar durante la noche.

Parece un zorro rojo
grande con largas patas,
pero el lobo de crin
sudamericano no es ni
lobo ni zorro, sino que
tiene su propio grupo.
Caza pequeñas presas
en las praderas con sus
grandes orejas, que
localizan a sus
víctimas. Este
cánido también
come mucha fruta,
sobre todo un tipo
de tomate silvestre
llamado «manzana
del lobo».

El zorro rojo es **uno de los mamíferos más diseminados** de la Tierra.

Los **pies parcialmente palmeados** del perro de los matorrales le permiten **nadar muy bien.**

El zorro polar **no tiembla de frío** hasta que la temperatura es inferior a **-70 °C.**

195

COLPEO
Lycalopex culpaeus
Localización: Sudamérica
Longitud: hasta 92 cm

Uno de los diversos tipos de zorro sudamericano, este cazador adaptable vive y caza en lo alto de la cordillera de los Andes.

PERRO MAPACHE
Nyctereutes procyonoides
Localización: Europa, Asia
Longitud: hasta 70 cm

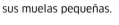

Este cánido del este asiático tiene la cara de un mapache, así como un pelaje invernal muy largo y espeso. A veces trepa árboles para coger fruta, que son parte de su dieta variada a base de insectos, ratones, sapos y peces.

ZORRO OREJUDO
Otocyon megalotis
Localización: África E y meridional
Longitud: hasta 60 cm

Excepcionalmente en un cánido, este zorro se ha especializado y utiliza sus orejas para localizar termitas y escarabajos de las praderas africanas. Las machaca con sus muelas pequeñas.

PERRO DE LOS MATORRALES
Speothos venaticus
Localización: América Central y Sudamérica
Longitud: hasta 75 cm

Los perros y zorros típicos son delgados y patilargos, pero este es la excepción. Parece un terrier, con patas cortas y una cabeza compacta, y es un predador entregado que caza en grupo tanto roedores grandes como pecaríes.

Orejas pequeñas

ZORRO GRIS
Urocyon cinereoargenteus
Localización: de Canadá S a Sudamérica
Longitud: hasta 65 cm

Ubicado en Estados Unidos y América Central, este zorro está relacionado con los antepasados del resto de cánidos. Tiene varios rasgos primitivos, como su capacidad para trepar y saltar de rama en rama para encontrar comida.

FENEC
Vulpes zerda
Localización: África N
Longitud: hasta 40 cm

El cánido más pequeño, este zorro del desierto norafricano tiene grandes orejas para encontrar ratones y lagartijas en la oscuridad, las cuales también irradian calor y lo mantienen fresco.

Pelaje desértico
Su pelaje es perfecto para camuflarse en el desierto.

ZORRO ROJO
Vulpes vulpes
Localización: Ártico, Norteamérica, Europa, Asia, África N, Australia
Longitud: hasta 90 cm

Se halla en todos los continentes septentrionales más Australia, desde la tundra ártica hasta las grandes ciudades. Caza pequeños mamíferos, pero también se alimenta de insectos, gusanos, fruta y carroña.

Tricolor
El pelaje es rojo, el pecho y la punta de la cola blancos, y las patas negras.

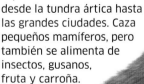

ZORRO POLAR
Vulpes lagopus
Localización: Canadá N, Alaska, Groenlandia, Europa N, Asia N
Longitud: hasta 40 cm

Vive en las tierras gélidas del polo norte y tiene una resistencia extraordinaria al frío gracias a su pelaje extremadamente espeso, blanco en invierno pero algo más oscuro en verano.

El oso pardo se comerá casi todo lo que encuentre o atrape, desde setas hasta búfalos adultos.

Oso pardo

Voluminoso y fuerte, el oso pardo y sus parientes son los carnívoros más grandes de América que viven por debajo del Ártico.

En Estados Unidos se conoce como «grizzly», una subespecie del oso pardo que vive en Europa y Asia. El oso pardo debe su nombre a su pelaje amarronado, y puede matar y comer animales muy grandes, aunque normalmente se alimenta de pequeños animales, plantas, frutos rojos y frutos secos de finales de verano. Los que viven en Alaska comen el salmón que pescan durante su migración de cría anual.

MAMÍFEROS

OSO PARDO

Ursus arctos horribilis

Localización: Norteamérica

Longitud: hasta 2,8 m

Dieta: fruta, plantas, carne, peces

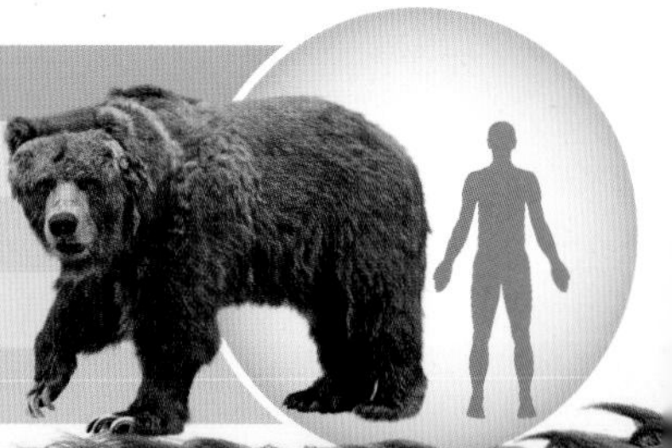

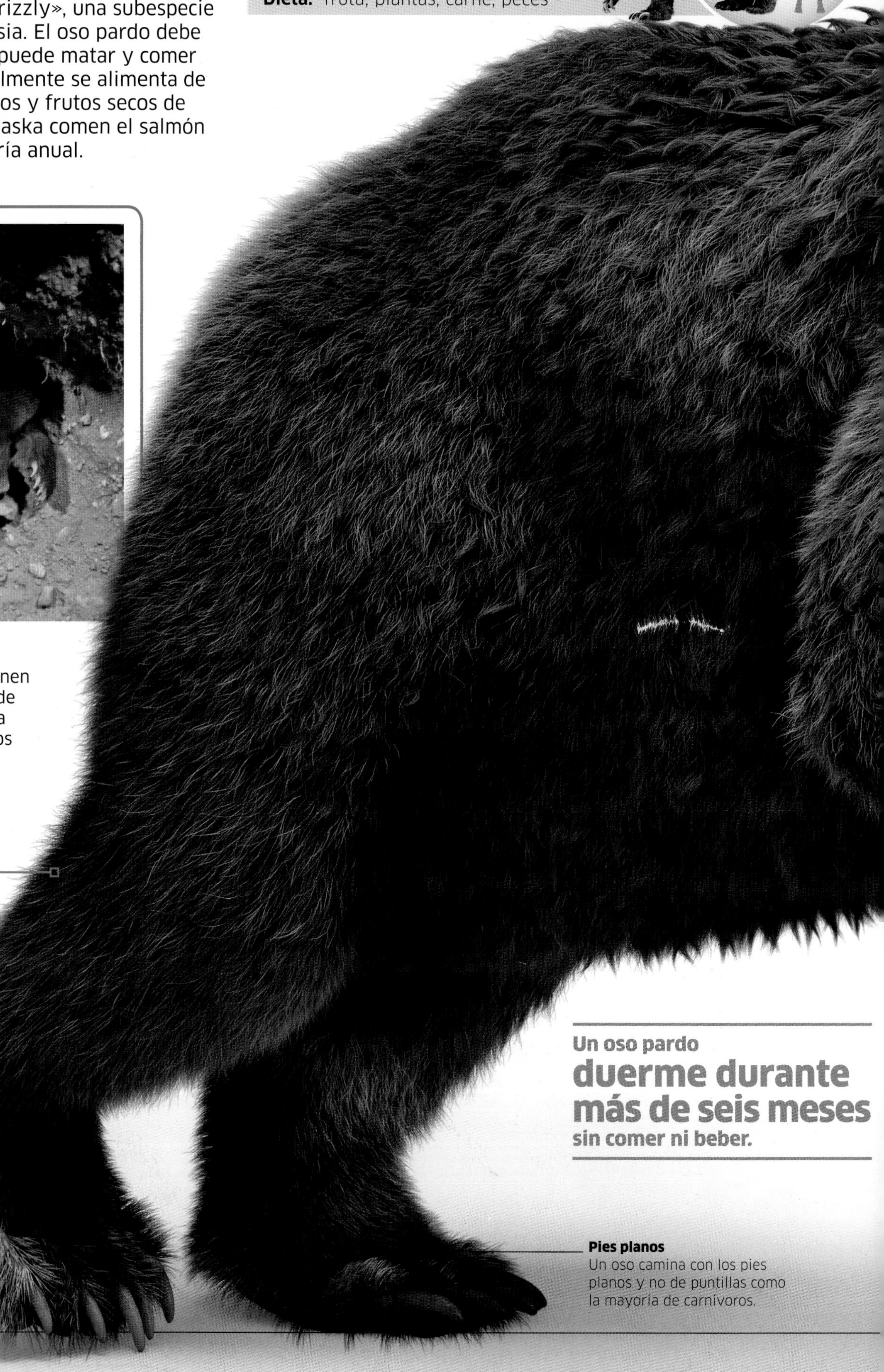

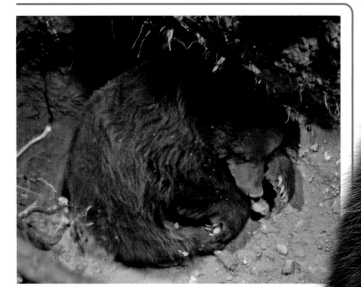

Hibernación

En invierno, escasea la comida. Los osos tienen que engordar tanto como puedan a finales de verano para luego hibernar en su acogedora guarida. Les baja la temperatura unos grados mientras duermen, para poder volver a activarse relativamente rápido.

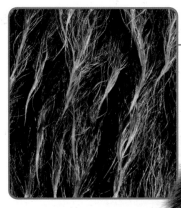

Pelo dorado

El pelaje de un oso pardo tiene puntas doradas o plateadas, lo que le da un aspecto algo moteado. El pelaje de otras subespecies como el oso Kodiak de Alaska es mucho más marrón.

Un oso pardo duerme durante más de seis meses sin comer ni beber.

Pies planos

Un oso camina con los pies planos y no de puntillas como la mayoría de carnívoros.

El oso pardo macho adulto puede pesar hasta 360 kg.

Un oso que se prepara para hibernar come tanto que dobla su peso.

Cuando busca comida, el oso pardo es capaz de hacer alejar a los lobos de su festín.

197

Ojos pequeños
Los osos pardos tienen buena vista, aunque es mejor su sentido del olfato.

Dientes para todo
Aunque el oso tiene caninos largos, el resto de dientes no están preparados para comer carne porque en realidad es un omnívoro y come de todo.

Enormes garras
El oso tiene uñas largas, fuertes pero desafiladas, que utiliza para cavar y pescar. Los ejemplares jóvenes las usan para trepar, ya que todavía no pesan como un adulto.

Pesca del salmón

En Alaska, los salmones que pescan los osos suponen más de la mitad de la comida de un año. El salmón nada a contracorriente en verano para desovar, y los osos se concentran en algunos puntos del río, siendo el macho más grande el que se queda la mejor ubicación.

Observar y esperar
Un oso se pasea por el agua y espera a que el pez salte la cascada para subir río arriba.

Presa al aire
Mientras sube río arriba para poder desovar, el salmón no se percata de que el oso le prepara una emboscada.

¡Premio!
De un bocado, el oso pesca el salmón a medio brinco. Se llevará su premio a la orilla para saborearlo.

El panda gigante come hasta 14 kg de bambú al día para alimentarse.

1.600 pandas gigantes viven en libertad.

Sentimiento protector

Las hembras normalmente dan solo a luz una vez cada dos años. Aunque los gemelos son frecuentes, la madre solo cuidará a una única cría. Un panda recién nacido es diminuto, ciego e indefenso. Durante los primeros meses, lo cuida su madre en una guarida especial, y empieza a andar hacia los tres meses. Es independiente de la madre a los dos años de edad.

MAMÍFEROS
PANDA GIGANTE
Ailuropoda melanoleuca

Localización: este de Asia

Longitud: hasta 1,8 m

Dieta: bambú

Pulgar almohadillado
El crecimiento de una especie de pulgar de uno de los huesos de la muñeca le permite hacer la pinza y agarrar los tallos de bambú.

Panda gigante

Símbolo conocido de la vida salvaje en peligro de todo el mundo, el panda gigante está amenazado de extinción. Es un tipo de oso que se alimenta sobre todo de bambú, una planta gigante que crece en abundancia en los bosques de las zonas altas de la China central, su tierra de origen.

Todos los osos, excepto el oso polar, comen muchos vegetales, pero el panda gigante es un especialista que come carne en contadas ocasiones. Está equipado para su dieta de bambú, con enormes dientes para mascar y una adaptación excepcional en sus patas delanteras que le permite agarrar la comida. Sin embargo, el bambú tiene pocos nutrientes, de modo que el panda tiene que pasar mucho tiempo recolectando y comiendo los brotes más sabrosos.

Un panda gigante
pasa 16 horas
al día comiendo.

Cuerpo voluminoso
Su estómago grande y musculoso le permite digerir enormes cantidades de bambú.

Blanco y negro
El contrastado pelaje del panda le ayuda a ocultarse en bosques nevados y sombríos.

Pies planos
Como otros osos, el panda gigante camina con los pies planos.

Brote de bambú

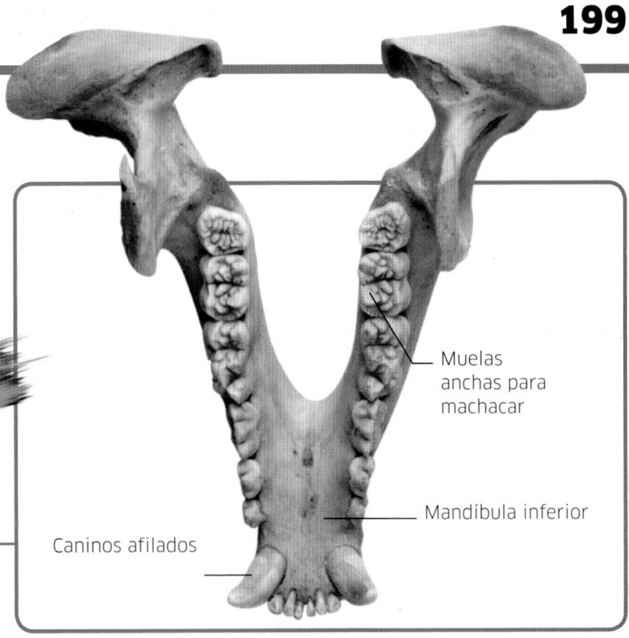

Muelas
anchas para
machacar

Mandíbula inferior

Caninos afilados

A machacar bambú

En comparación con otros osos, el panda tiene unas muelas
enormes que machacan la comida y liberan el jugo de las
plantas fibrosas. Su gran estómago reduce el bambú a pulpa.
Sin embargo, su sistema digestivo se asemeja más al de un
carnívoro que al de un animal de pastoreo, y no puede digerir
gran parte de la dura fibra vegetal que ingiere.

Comida por doquier

El panda gigante es un experto en comer bambú
porque todos los bosques de su tierra de origen
están repletos de esta planta. Como mucho del
bambú que come no lo acaba digiriendo, tiene
que comer grandes cantidades. Cuando no come,
duerme y ahorra energía.

Conservación

Durante miles de años, el panda gigante proliferó,
pero la mayor parte de su hábitat boscoso sirvió
para la agricultura, así que ahora es una especie
amenazada. Sobrevive en estado salvaje gracias
a las reservas especiales para pandas y a la cría
en cautividad.

OSO DEL SOL
Helarctos malayanus
Localización: sudeste asiático
Longitud: hasta 1,5 m

Es el oso más pequeño, y tiene un pelo corto que se adapta a su hábitat tropical. Es un buen trepador y pasa casi toda su vida en los árboles. Come sobre todo fruta, pero también se alimenta de miel de las colmenas.

OSO DE ANTEOJOS
Tremarctos ornatus
Localización: Sudamérica
Longitud: hasta 1,9 m

También conocido como oso andino, es el único oso de Sudamérica. Ubicado en el norte de los Andes, vive en desiertos con maleza y en praderas, pero prefiere los bosques, donde trepa a los árboles en busca de frutos y cortezas. Come muy poca carne, pero sí insectos, caracoles y pequeños mamíferos.

Gran lengua
Puede sacar la lengua hasta 25 cm para llegar a la miel.

Dientes afilados
Los dientes de un oso polar están más afilados que los del resto de osos y sirven para matar y desgarrar a sus presas, aunque no están tan adaptados para cortar carne como los de otros predadores, ya que evolucionaron de osos pardos omnívoros que empezaron a cazar focas en el norte.

Hocico largo y estrecho

Osos

Son los más grandes de los carnívoros, el orden de los mamíferos que incluye cazadores como los licaones y los tigres. Aunque algún oso pueda ser feroz como un tigre, la mayoría son omnívoros y se alimentan sobre todo de fruta e insectos.

Los ancestros de los osos cazaban como perros, pero con el paso del tiempo se adaptaron a otros alimentos nutritivos. Los dientes se volvieron menos preparados para cortar carne que los de los carnívoros y se transformaron en muelas más anchas para triturar y moler vegetales, aunque muchos osos aún matan y comen animales, y el oso polar sea carnívoro a tiempo completo.

MAMÍFEROS
OSO POLAR
Ursus maritimus
Localización: mares y costas árticas
Longitud: hasta 2,8 m
Dieta: focas, ballenas pequeñas, aves

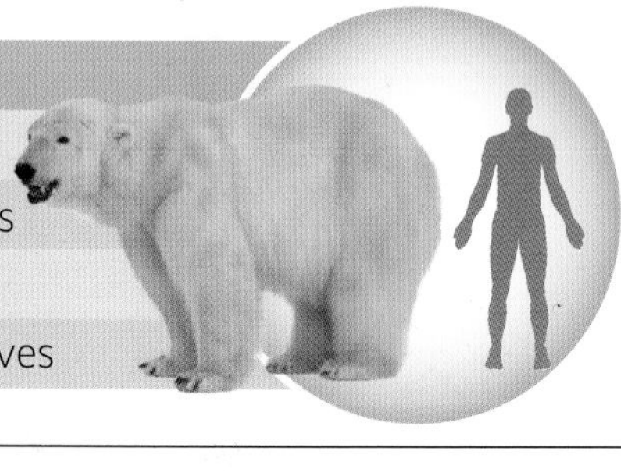

El oso bezudo es **feroz cuando se le acorrala**, y se le considera **más peligroso que un tigre**.

201

OSO BEZUDO
Melursus ursinus

Localización: India
Longitud: hasta 1,9 m

El oso bezudo es un insectívoro especializado en hormigas y termitas. Tiene los labios superiores e inferiores salidos para formar un tubo que succiona enjambres de insectos. Tiene unas garras grandes y fuertes que destruyen nidos de termitas.

Hocico largo y tubular

Pelaje impermeable
Su pelaje grueso y blanco le proporciona calor y un camuflaje perfecto.

Mancha en forma de «V» en el pecho

OSO NEGRO ASIÁTICO
Ursus thibetanus

Localización: Himalaya y Asia oriental
Longitud: hasta 1,9 m

Este oso de bosque pasa la mitad del tiempo en los árboles buscando comida como insectos, miel, frutos y hongos, pero también caza animales más grandes, como cabras montesas e incluso búfalos acuáticos.

OSO NEGRO AMERICANO
Ursus americanus

Localización: Norteamérica
Longitud: hasta 1,9 m

Uno de los osos más conocidos y frecuentes, es un oportunista adaptable que vive en muchos hábitats y come casi de todo, desde hojas tiernas hasta pescado y ciervos jóvenes. Aun así, duerme todo el invierno, incluso hasta ocho meses si se encuentra más hacia el norte.

Oso polar

Aparte de ser el oso más grande y el único que es predador al 100 %, es el predador terrestre más grande. Caza focas, sobre todo la foca ocelada, que mata cuando esta sale a la superficie para respirar entre el hielo flotante. Su pelaje denso y blanco y su gruesa capa de grasa le permiten cazar en el hielo todo el invierno. Su verdadero hábitat es el océano helado.

Pies firmes
Tiene las garras anchas para repartir su peso al caminar y almohadillas rugosas para agarrarse mejor.

El oso polar puede oler una foca sobre el hielo **a más de 1 km de distancia.**

Lobo marino de California

Los lobos marinos de California son sociables y viven en grupos grandes y ruidosos llamados colonias, cerca de las costas rocosas. Son cazadores inteligentes y muy eficientes de peces y calamares. Se sumergen hasta 30 m o más, aguantando la respiración hasta diez minutos.

Los lobos y leones marinos se conocen como «focas orejudas» porque tienen orejas visibles, a diferencia de las focas, como la de Groenlandia. Tienen las aletas frontales mucho más largas, que utilizan para moverse por tierra y nadar. Mientras que las hembras son esbeltas y ágiles, los machos son pesos pesados fornidos y agresivos.

Control de la temperatura
Para aumentar o disminuir la temperatura corporal, el lobo marino saca una aleta del agua al nadar; así expone los vasos sanguíneos y absorbe el calor del sol o elimina su exceso en la atmósfera.

Orejas
Las orejas del lobo marino parecen pequeñas pero tiene muy buen oído, sobre todo bajo el agua.

A tomar aire
Cuando quiere tomar aire, contrae los músculos de las mejillas para abrir las fosas nasales. Cuando se relaja, las fosas se cierran automáticamente para que no entre agua al nadar. A diferencia de nosotros, el lobo marino espira antes de sumergirse a fin de reducir su flotación.

Sensible al tacto
El lobo marino tiene hasta 60 bigotes supersensibles que le ayudan a detectar presas en la oscuridad o en aguas turbias.

Forma hidrodinámica
El cuello y el cuerpo del lobo marino son largos y flexibles, convirtiéndolo en un nadador muy veloz.

Extremidades potentes
Las aletas frontales son como alas que propulsan al lobo marino por el agua.

390 kg puede pesar **un lobo marino** de California macho.

Un lobo marino **reduce su ritmo cardiaco** de 95 a 20 pulsaciones por minuto bajo el agua **para conservar oxígeno.**

Un lobo marino **vive hasta 24 años** en estado salvaje.

203

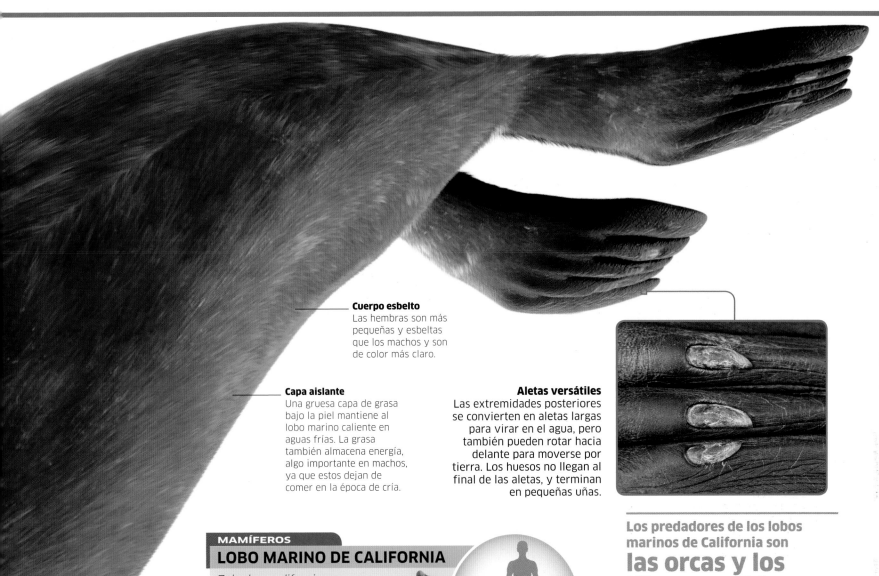

Cuerpo esbelto
Las hembras son más pequeñas y esbeltas que los machos y son de color más claro.

Capa aislante
Una gruesa capa de grasa bajo la piel mantiene al lobo marino caliente en aguas frías. La grasa también almacena energía, algo importante en machos, ya que estos dejan de comer en la época de cría.

Aletas versátiles
Las extremidades posteriores se convierten en aletas largas para virar en el agua, pero también pueden rotar hacia delante para moverse por tierra. Los huesos no llegan al final de las aletas, y terminan en pequeñas uñas.

Los predadores de los lobos marinos de California son **las orcas y los tiburones blancos,** que los sorprenden y les dan caza cuando están nadando por la superficie.

MAMÍFEROS

LOBO MARINO DE CALIFORNIA

Zalophus californianus

Localización: EE. UU. occidental

Longitud: hasta 2,4 m

Dieta: peces, calamares

Machos pesados

En la época de cría, los lobos marinos macho luchan ferozmente por las hembras, a las que juntan en harenes. Los ganadores las defienden, ladrando agresivamente para disuadir a sus contrincantes. Los más grandes tienen más éxito, consiguen aparearse con la mayoría de hembras y pasan sus genes a la siguiente generación. Un lobo marino macho adulto pesa el triple que una hembra.

A cuatro patas

Para desplazarse por tierra, apoya su peso en las aletas anteriores, volviendo las posteriores hacia delante para quedar a cuatro patas. Arqueando la espalda, mueve las extremidades posteriores hacia delante y levanta su parte delantera para hacer lo mismo con las anteriores. ¡Puede ser muy veloz!

Las focas capuchinas **amamantan a sus crías menos de 12 días: la lactancia más corta** de los mamíferos.

La **foca cangrejera es el mamífero grande más numeroso de la Tierra**, aparte de los humanos.

OSO MARINO DEL NORTE
Callorhinus ursinus

Localización: Pacífico norte

Longitud: hasta 2,1 m

Como los lobos marinos, son focas con orejas y un pelaje extragrueso que les ayuda a sobrevivir en aguas frías. Esta especie es la más grande, con machos enormes que luchan para aparearse con hembras más esbeltas.

MORSA
Odobenus rosmarus

Localización: aguas del Ártico

Longitud: hasta 3,5 m

Reconocible al momento por sus colmillos, la morsa busca almejas por el lecho marino con sus bigotes sensibles. Ambos sexos tienen colmillos, pero los de los machos son más grandes. Su piel gruesa y arrugada se vuelve rosa cuando se calienta tras salir del mar.

FOCA CAPUCHINA
Cystophora cristata

Localización: del Atlántico norte al océano Ártico

Longitud: hasta 2,7 m

Esta foca vive en el hielo flotante de Groenlandia. El macho tiene una «capucha» negra en el hocico, y también puede hacer sobresalir una membrana nasal que se hincha y que parece un chicle de fresa. De este modo, se exhibe ante machos rivales y atrae a las hembras.

Foca capuchina hembra

Aletas eficientes

Igual que las demás focas, las aletas posteriores de la foca leopardo apuntan adelante, lo que le permite propulsarse fácilmente por el agua.

FOCA BARBUDA
Erignathus barbatus

Localización: aguas del Ártico

Longitud: hasta 2,5 m

La foca barbuda es voluminosa, y usa sus bigotes exuberantes para buscar almejas y otras presas en el lecho marino. Se aparea en el hielo a la deriva.

FOCA LEOPARDO
Hydrurga leptonyx

Localización: aguas del Antártico

Longitud: hasta 3,4 m

Es feroz y tiene manchas negras en el lomo como un leopardo. Es un predador fuerte que caza otras focas y pingüinos. A menudo merodea cerca del hielo flotante, donde ataca las presas que se sumergen en el agua. Come mucho kril y también peces, cuando estos abundan.

Hasta un 78 % de las focas cangrejeras tiene cicatrices y heridas de ataques **de focas leopardo.**

1 m de **longitud** pueden alcanzar
los colmillos de la morsa.

205

FOCA CANGREJERA
Lobodon carcinophaga

Localización: aguas antárticas

Longitud: hasta 2,4 m

Millones de focas cangrejeras viven en el hielo del frío océano Antártico. Se alimentan sobre todo de kril, que sacan fuera del agua con unos dientes complejos con varios lóbulos que se conectan para formar un tamiz muy eficiente.

ELEFANTES MARINOS MERIDIONALES
Mirounga leonina

Localización: aguas antárticas

Longitud: hasta 5 m

Los elefantes marinos macho son enormes, hasta cinco veces más pesados que las esbeltas hembras. Luchan entre ellos por el control de las hembras en las playas de cría de las islas frías del océano Antártico, rugiendo con sus hocicos enormes.

FOCA DE GROENLANDIA
Pagophilus groenlandicus

Localización: del Atlántico norte al océano Ártico

Longitud: hasta 1,7 m

Estas focas se crían en colonias sobre el hielo. Les encantan los sitios donde el hielo sea demasiado fino para soportar el peso de un oso polar para que sus crías blancas estén a salvo. Pero esto no les protege de los humanos, que cazan muchas focas de Groenlandia cada año.

La madre cuida de su cría.

Bigotes sensibles
Los bigotes ayudan a la foca a detectar presas.

Cría de foca

FOCA DE BANDAS
Histriophoca fasciata

Localización: Pacífico norte, océano Ártico meridional

Longitud: hasta 1,5 m

La mayoría de focas no tienen mucho color, pero esta sigue un llamativo patrón negro con bandas blancas anchas. Se aparea en el hielo y cada hembra cría sola a sus hijos.

Focas

Son carnívoras expertas en cazar en el mar pero, a diferencia de algunos mamíferos marinos, no pueden pasar toda su vida en el agua, ya que deben volver a tierra para la cría.

Las focas son pinnípedos. Existen tres tipos: las focas orejudas, la morsa y las focas auténticas. Las orejudas incluyen los lobos y los leones marinos. Tienen orejas externas, de las que reciben su nombre, y unas aletas frontales largas que mueven muy bien en tierra. La morsa es similar, pero con largos colmillos. Las focas auténticas tienen extremidades posteriores ideales para nadar y se mueven con dificultad por tierra.

Mofeta rayada

Muchos animales poseen armas de defensa para mantener a los predadores a raya, pero pocas son tan efectivas como las de la mofeta. Cualquiera que intente atacarla se arriesga a acabar regado de sustancias químicas apestosas.

Las mofetas son carnívoros solitarios y nocturnos similares a tejones y comadrejas. La mofeta rayada, en cambio, se alimenta de comida variada: sobre todo insectos, y también pequeños mamíferos, carroña y algo de frutos y plantas. Vive en varios hábitats, como zonas boscosas, campos e incluso ciudades. En invierno, la mofeta rayada pasa la mayor parte de su tiempo en una madriguera bajo tierra y puede llegar a perder la mitad de su peso.

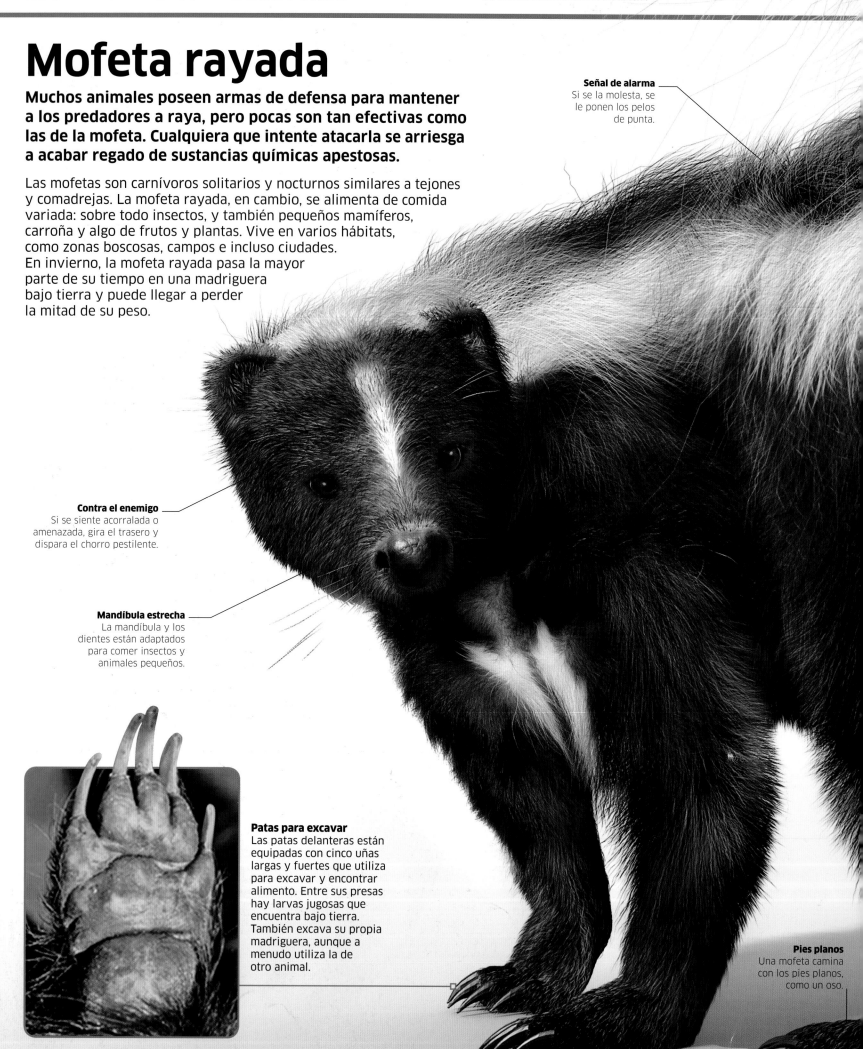

Señal de alarma
Si se la molesta, se le ponen los pelos de punta.

Contra el enemigo
Si se siente acorralada o amenazada, gira el trasero y dispara el chorro pestilente.

Mandíbula estrecha
La mandíbula y los dientes están adaptados para comer insectos y animales pequeños.

Patas para excavar
Las patas delanteras están equipadas con cinco uñas largas y fuertes que utiliza para excavar y encontrar alimento. Entre sus presas hay larvas jugosas que encuentra bajo tierra. También excava su propia madriguera, aunque a menudo utiliza la de otro animal.

Pies planos
Una mofeta camina con los pies planos, como un oso.

MAMÍFEROS

MOFETA RAYADA

Mephitis mephitis

Localización: Norteamérica

Longitud: hasta 40 cm

Dieta: animales pequeños, fruta

Señal de peligro

La cola larga y tupida se levanta como una bandera de advertencia, y también para apartarse del disparo.

Disparo apestoso

Su arma secreta funciona gracias a dos glándulas de almizcle que tiene debajo de la cola. Muchos mamíferos las tienen y las usan para marcar el territorio, pero las de la mofeta producen una mezcla especialmente nociva de sustancias sulfúricas.

Nada de pasarse de la raya

Las llamativas rayas blancas y negras son diferentes en cada individuo. Las marcas distintivas actúan como advertencia ante posibles enemigos. Los que reciban un disparo, sin duda lo recordarán en un futuro.

El que avisa...

Cuando un predador como un zorro rojo amenaza, la mofeta levanta la cola, sisea en tono amenazador y patea el suelo. Pero si esto no surte efecto, se gira y dispara hacia la cara del enemigo. La sustancia que dispara no solo huele mal, sino que es muy irritante; puede incluso dejar ciego al animal si le entra en los ojos.

Ratel

Conocido por su ferocidad cuando se le acorrala, el ratel es un mustélido fuerte, pariente de las comadrejas, capaz de comer casi cualquier animal que pueda cazar, incluidas serpientes muy venenosas.

Aunque sea principalmente carnívoro, el ratel es conocido por su predilección por los panales de las abejas silvestres, que arranca de las colmenas sin que le importen los aguijones. Es posible que no note las picaduras porque tiene una piel muy gruesa que le da el suficiente valor para atacar y defenderse. Oportunista adaptable, vive en muchos hábitats, desde semidesiertos hasta selvas densas.

Manto claro
Una banda ancha de pelaje plateado se extiende desde la cabeza hasta la base de la cola. El color varía de blanco a gris, según la subespecie.

Ojos pequeños

Mandíbula fuerte

Pelaje áspero y erizado

Pelaje espeso
El ratel tiene la piel especialmente gruesa alrededor del cuello.

Dulce festín
El panal contiene miel, pero también larvas de abeja jugosas y ricas en proteínas.

Garras delanteras largas
Las patas delanteras del ratel cuentan con cinco uñas largas y extremadamente fuertes con las que excava su madriguera y busca animales. Las garras le permiten trepar en busca de colmenas y arrancar la madera para exponer el panal.

Las **mandíbulas** son fuertes y pueden machacar el caparazón de una tortuga.

La **piel** de un ratel **es tan dura** que lo protege de las **afiladas púas de un puercoespín.**

209

Piel suelta
Tiene la piel muy suelta para poder retorcerse y morder al atacante que le muerde por detrás.

Cola corta

Arma química
Como la mofeta, el ratel produce un líquido hediondo en su glándula anal que utiliza para marcar territorio y alejar a los predadores.

Presa venenosa
Pocos predadores se atreverían a enfrentarse a una cobra venenosa, y el ratel es uno de ellos. Su piel es demasiado gruesa para los colmillos de la cobra, aunque se cree que el ratel es inmune al veneno de la serpiente. Esto le permite atacar y comerse a una cobra o serpiente similar sin peligro de recibir una picadura mortal.

Patas traseras pequeñas
Las patas traseras tienen cinco uñas cortas pero fuertes.

Cara a cara
Un ratel es asombrosamente valiente cuando se enfrenta a enemigos poderosos. Si no tiene escapatoria, se gira y lucha. Se sabe que el ratel ha atacado leones y los ha hecho huir. Su piel gruesa y flexible dificulta que le claven una garra o lo maten, así que la mayoría de grandes cazadores no se acercan a él.

MAMÍFEROS
RATEL
Mellivora capensis

Localización: África y Asia meridional

Longitud hasta 95 cm

Dieta: animales, fruta, miel

NUTRIA MARINA
Enhydra lutris
Localización: costas del Pacífico norte
Longitud: hasta 1,2 m

Mustélidos

Los mustélidos típicos son predadores terrestres fieros, alargados y esbeltos que matan animales más grandes que ellos, aunque algunos cazan en el agua y otros son omnívoros bajos y regordetes.

Las comadrejas, los visones y los turones son predadores, cazadores paticortos que atrapan sus presas en las madrigueras. Las martas tienen una forma similar, pero están adaptadas para saltar por los árboles, mientras que las nutrias están adaptadas para nadar y sumergirse. Sin embargo, los tejones están preparados para cavar y encontrar presas pequeñas, y comen alimentos diversos.

Presa puntiaguda
La nutria marina se sumerge para capturar erizos y comérselos en la superficie, mientras flota panza arriba.

Patas palmeadas
Sus grandes patas traseras tienen dedos palmeados para propulsarse al nadar.

Uno de los mustélidos de mayor peso, esta nutria vive casi exclusivamente en el mar, entre los bosques sumergidos de algas kelp de las costas del Pacífico norte. Una capa extremadamente tupida de pelo la aísla para poder dormir en el agua, agarrada a las hojas de kelp para no irse a la deriva.

NUTRIA COMÚN
Lutra lutra
Localización: Eurasia, África noroccidental
Longitud: hasta 82 cm

Este elegante cazador acuático tiene una cola que se estrecha hacia el final, así como un pelo denso y corto que le permite ser hidrodinámico. Caza sobre todo peces en ríos, lagos y costas poco profundas, donde los localiza con sus bigotes.

GLOTÓN
Gulo gulo
Localización: Eurasia septentrional, Norteamérica
Longitud: hasta 1,5 m

Uno de los mustélidos más grandes, el glotón vive en los bosques septentrionales y en la tundra ártica, donde busca y caza presas grandes como renos. Tiene unas mandíbulas enormes y potentes para roer carne congelada y machacar huesos.

MARTA
Martes martes
Localización: Europa, Asia occidental
Longitud: hasta 58 cm

A diferencia de otros mustélidos, las martas, que son muy conocidas, cazan en los árboles y tienen unas garras afiladas y semirretráctiles para trepar. Es activa sobre todo de noche, cuando salta de rama en rama sin esfuerzo persiguiendo ardillas. También caza otros pequeños animales en el suelo.

Larga cola peluda
Su cola le ayuda a mantener el equilibrio.

TEJÓN COMÚN
Meles meles
Localización: Europa, Asia occidental
Longitud: hasta 90 cm

El tejón común usa las garras para crear un amplio sistema de madrigueras y para encontrar raíces jugosas, larvas y animales pequeños bajo tierra, incluidos nidos de avispa enteros. Come sobre todo lombrices, pero también pájaros caídos del nido, topos, erizos y presas similares, así como mucha fruta y frutos secos.

COMADREJA
Mustela nivalis
Localización: Eurasia septentrional, Norteamérica
Longitud: hasta 26 cm

Aunque es el mustélido más pequeño, es un cazador formidable. Su cuerpo esbelto y flexible se adapta para cazar ratones y topillos en sus madrigueras, pero puede matar presas mucho más grandes. En las zonas más septentrionales, el pelo se vuelve blanco en invierno.

Blanco por debajo

212 mamíferos ∘ **CARNÍVOROS**

La visión nocturna **del tigre** es al menos
seis veces mejor que la de un humano.

4.000 tigres quedan
en estado salvaje.

Tigre

El felino de mayor tamaño, el tigre es uno de los predadores más poderosos de la Tierra. Gracias a su fuerza colosal, es experto en cazar grandes presas.

Pocos predadores suelen cazar en solitario animales más grandes que ellos, pero el tigre puede cazar a un búfalo seis veces más pesado que él. Se acerca con sigilo, se prepara y salta sobre su víctima desde atrás. A los animales más pequeños los mata de un mordisco en el cuello, pero a los más grandes los agarra por la garganta y los estrangula.

Destellos blancos
Por detrás, las orejas son negras con una mancha blanca en el centro. En un ataque, el tigre aplana y retuerce las orejas para que se vean las manchas desde delante, lo que sugiere que esas manchas se usan sobre todo como advertencia.

Abrigo a rayas
El pelaje del tigre salvaje es casi siempre naranja con rayas negras, y blanco por la parte inferior.

Larga cola
El tigre la utiliza para mantener el equilibrio en un ataque.

Cuello corto y musculoso

Listo para saltar
Las patas traseras son más largas y le ayudan a saltar.

Relleno protector
De la barriga le cuelga una piel que le protege en luchas contra otros tigres.

Todo músculo
Las patas delanteras son potentes para derribar presas.

Garras enormes
En las garras tiene unas almohadillas anchas ideales para deambular en silencio.

Camuflaje

Mientras que la mayoría de grandes felinos tienen pelajes lisos o moteados, el tigre tiene rayas oscuras que le proporcionan un camuflaje perfecto entre hierbas altas. Las rayas imitan el patrón vertical de sol y sombra y desdibujan el contorno del tigre, lo que le permite acercarse a su objetivo sin ser visto, y así observar a su presa antes de atacarla.

Uñas retráctiles

Las uñas están diseñadas para atrapar presas, más que para adherirse al terreno mientras corre. Normalmente, se retraen en unas fundas que evitan que se desafilen las puntas. Cuando el tigre se abalanza sobre su víctima, estira las patas delanteras y las uñas se abren automáticamente.

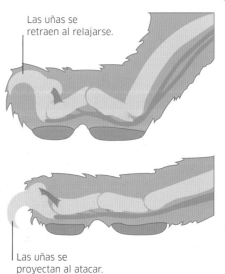

Las uñas se retraen al relajarse.

Las uñas se proyectan al atacar.

50 kg de carne puede ingerir un tigre de una sentada.

Los tigres pueden alcanzar hasta 65 km/h en carreras cortas.

213

Sensible al tacto
Sus largos bigotes le ayudan a guiarse en la oscuridad.

Orejas redondeadas
Pese a tener las orejas pequeñas, el tigre oye muy bien.

Collar peludo
Alrededor del cuello, los machos tienen un gran collar de pelo.

Caninos

Dientes carniceros

Fuerza para matar
Como el resto de felinos, el tigre tiene dientes carniceros grandes, pero no tiene muelas. Así puede tener una mandíbula corta que maximiza la presión que ejercen los poderosos músculos sobre los enormes caninos.

MAMÍFEROS

TIGRE

Panthera tigris

Localización: Asia S y E

Longitud: hasta 2,9 m

Dieta: mamíferos solípedos grandes

Guepardo

Ningún animal es tan veloz como un guepardo. Este felino altamente especializado puede acelerar más rápido que la mayoría de coches deportivos. Persigue a su presa en distancias cortas a una velocidad de vértigo, y solo la presa más ligera y ágil puede pensar en sobrevivir.

El guepardo es distinto a otros felinos, que confían en la cautela, la fuerza y las garras para cazar. A diferencia de ellos, es un velocista como el galgo: con la misma complexión delgada, columna flexible y patas largas. Sin embargo, se acerca con sigilo a su presa antes de atacarla, ya que no resiste tanta velocidad por mucho tiempo.

MAMÍFEROS

GUEPARDO

Acinonyx jubatus

Localización: África, Asia E

Longitud: hasta 1,4 m

Dieta: pequeños animales de pasto

Cola vital
La cola larga le ayuda a equilibrarse durante un giro a alta velocidad.

Uña curva
Cada pata delantera tiene una uña curva en su parte interna, llamada espolón. El guepardo la utiliza para agarrar a su presa cuando ya está a su alcance. Cuando la víctima cae al suelo, el felino la ahoga de un mordisco.

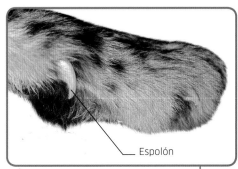

— Espolón

Darlo todo
Los guepardos suelen cazar gacelas pequeñas y rápidas, lo bastante ágiles como para esquivarlos cambiando de dirección. Al ir a tanta velocidad, el guepardo podría sufrir un golpe de calor, así que, tras cazar a su presa, debe pararse descansar unos 20 minutos antes de comérsela.

Uñas para correr
Las uñas principales no tienen fundas y siempre están expuestas. Se agarran como los clavos del calzado deportivo.

Cada caza dura solo entre 45 segundos y un minuto en promedio. Si dura más, el guepardo tirará la toalla.

Los guepardos ceden presas a otros grandes felinos debido a su falta de resistencia.

La mitad de los ataques terminan con la caza de la presa.

215

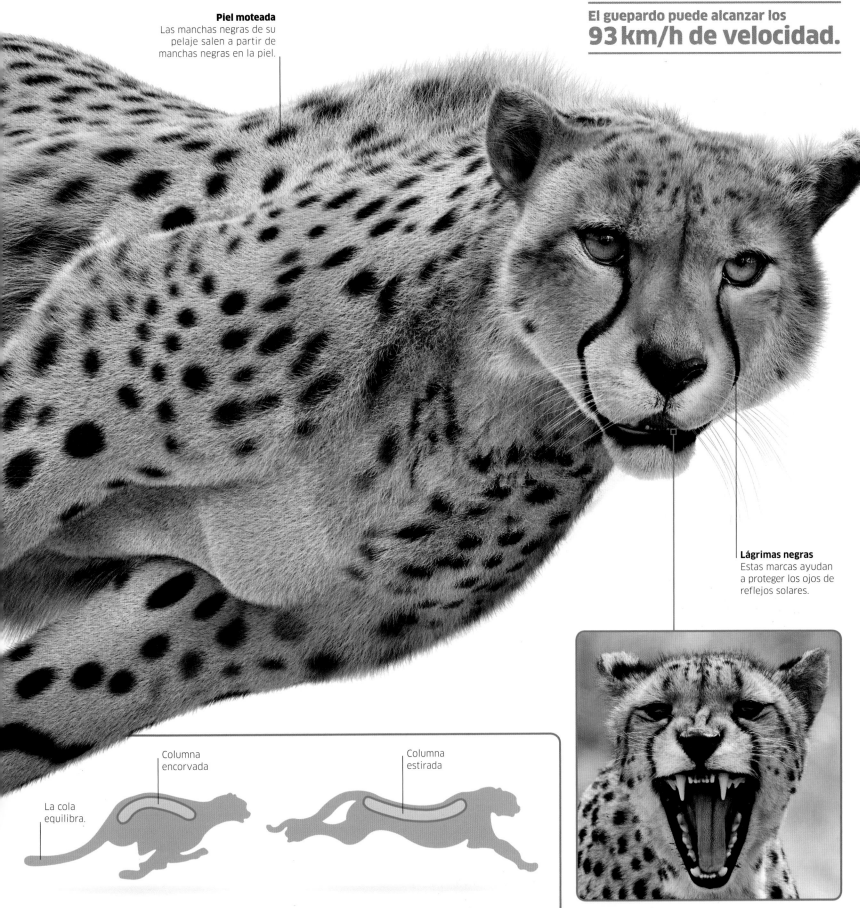

Piel moteada
Las manchas negras de su pelaje salen a partir de manchas negras en la piel.

El guepardo puede alcanzar los
93 km/h de velocidad.

Lágrimas negras
Estas marcas ayudan a proteger los ojos de reflejos solares.

Columna encorvada

Columna estirada

La cola equilibra.

Columna flexible
El guepardo debe su velocidad descomunal a sus enormes zancadas, que le permiten cubrir mucho terreno a cada paso. Tiene las patas muy largas, y su longitud aumenta gracias a una columna flexible. Cuando corre a gran velocidad, esta se encorva para que las patas traseras avancen; luego se estira en dirección opuesta para conseguir esa enorme zancada.

Dientes pequeños
En comparación con los felinos típicos, sus caninos son pequeños, ya que tiene unas fosas nasales extragrandes para tomar el aire necesario para cazar a gran velocidad. Estas ocupan mucha parte del cráneo, así que no queda espacio para caninos más grandes.

Vida familiar

La manada varía su tamaño según dónde esté ubicada y la cantidad de presas de la zona. Está formada por hasta ocho hembras adultas, las crías y entre uno y tres machos adultos, que defienden el territorio y la protegen de machos rivales.

Técnicas de caza

Las leonas son las cazadoras de la manada. Acechan a sus presas hasta unos 30 m antes de lanzarse al ataque, y suelen cooperar para rodear al animal y limitar su escapatoria.

El rugido de un león macho
es tan potente que se puede oír a 8 km de distancia.

Cola con borla
La borla en la punta de la cola del león es única entre los felinos.

León

Casi tan grande como un tigre, y con las mismas adaptaciones corporales para matar presas grandes, es el único felino grande que vive en grupos llamados manadas. Machos y hembras son distintos y reflejan así sus funciones diferenciadas.

Las leonas son delgadas, rápidas y ágiles. Son cazadoras eficaces, solas, en pareja o en grupo. Los machos son más grandes y musculosos. Cuando luchan por el control, los de mayor tamaño casi siempre ganan, y consiguen aparearse con las hembras para que los cachorros hereden su fuerza. Pueden ser lo suficientemente fuertes como para cazar grandes presas, aunque suelen hacerlo las hembras más atléticas.

Imponente melena
La melena del león macho puede ser de distintos colores, desde dorado hasta casi negro, y se va oscureciendo con la edad. Cuanto más negra y espesa sea la melena, más atractivo resultará el macho.

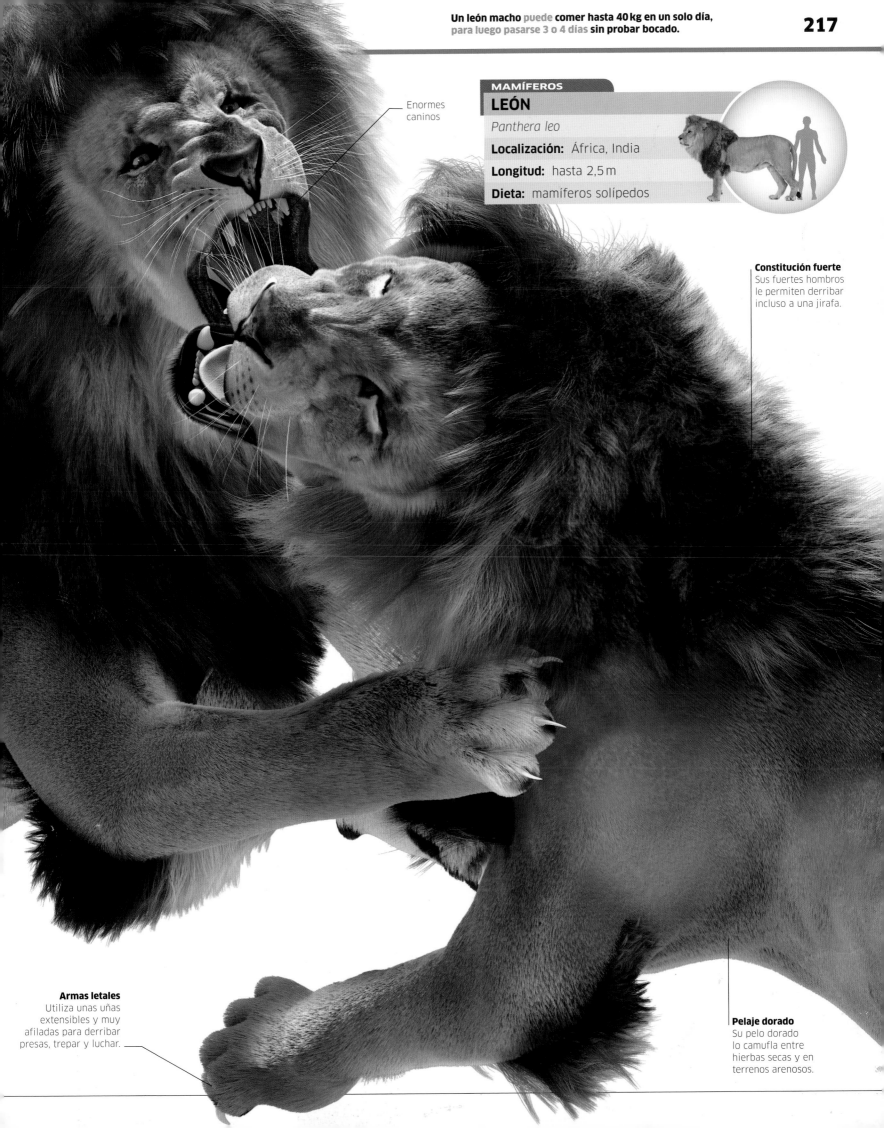

Enormes
caninos

MAMÍFEROS

LEÓN

Panthera leo

Localización: África, India

Longitud: hasta 2,5 m

Dieta: mamíferos solípedos

Constitución fuerte
Sus fuertes hombros
le permiten derribar
incluso a una jirafa.

Armas letales
Utiliza unas uñas
extensibles y muy
afiladas para derribar
presas, trepar y luchar.

Pelaje dorado
Su pelo dorado
lo camufla entre
hierbas secas y en
terrenos arenosos.

El leopardo de las nieves **mata, en promedio,** un animal grande cada dos semanas.

El leopardo de las nieves puede cazar a **altitudes de 3.000–4.500 m.**

Leopardo de las nieves

El más escurridizo de los grandes felinos, no se deja ver por su naturaleza solitaria y por el hábitat extremo en el que vive: algunos de los terrenos montañosos más altos, fríos y hostiles de la Tierra. Está adaptado para sobrevivir en este entorno hostil.

Nativo de las cordilleras asiáticas como el Himalaya o la meseta tibetana, el leopardo de las nieves es un cazador solitario que caza varios tipos de animales, desde ardillas hasta camellos. Sus principales presas son el íbice y la oveja salvaje, a los que persigue ágilmente por pendientes escarpadas y rocosas. Tiene unos pulmones grandes con los que toma todo el oxígeno posible, así como un pelaje espeso para mantenerse caliente.

MAMÍFEROS	
LEOPARDO DE LAS NIEVES	
Panthera uncia	
Localización: Asia central	
Longitud: hasta 1,25 m	
Dieta: mamíferos y aves de tierra	

Pelo largo
Su pelo espeso y largo le da un aspecto fornido. Puede crecer hasta 12 cm en invierno.

Orejas pequeñas

Patas peludas
Las almohadillas están rodeadas de pelo para evitar la pérdida de calor corporal por las patas, y también para agarrarse mejor sobre las rocas. Las patas son más anchas que las de la mayoría de félidos; reparten el peso del animal sobre la nieve y evitan que se hunda en ella.

Respiración profunda
Sus grandes cavidades nasales le permiten tomar mucho aire en cada inhalación.

Marcas en el pelaje
Se camufla gracias a unas manchas de color negro y gris oscuro.

Uñas retráctiles

6.500 ejemplares se cree que quedan en estado salvaje, aunque podrían ser solo **4.000**.

El leopardo de las nieves usa su **gruesa cola** como un edredón, **para mantenerse caliente** mientras duerme.

El leopardo de las nieves mata presas
que pesan tres veces su propio peso.

Patas cortas
Sus patas son relativamente cortas y le aportan agilidad, más que velocidad.

Cuerpo esbelto y musculoso

Equilibrio con la cola
Su cola peluda y extralarga le ayuda a mantener el equilibrio cuando salta entre rocas en busca de su presa. A menudo caza animales rápidos como íbices en pendientes escarpadas, ganando velocidad mientras baja por la montaña, sin dar nunca un solo paso en falso.

Oculto ante tus ojos
Un leopardo de las nieves prepara emboscadas desde arriba, a la luz del alba o del ocaso. Tras rocas o arbustos, se fía de su camuflaje para esconderse de la posible presa. Incluso a plena luz del día puede ser muy difícil identificarlo si se está quieto en un peñasco, ya que el pelaje moteado se funde sin problemas con el mosaico que forman líquenes y rocas.

Guardería entre rocas
Normalmente solitario, se aparea al final del invierno. Al cabo de tres meses nacen entre 1 y 5 cachorros en una guarida entre rocas. Al principio ciegos e indefensos, los cachorros se quedan al menos 18 meses con su madre antes de salir a por sus propios territorios de caza.

Gatos salvajes

Los félidos, unos predadores entregados, están adaptados para comer solo carne. No pueden mascar y tienen las mandíbulas cortas y fuertes, con unos caninos afilados, armas perfectas para matar.

La familia de los félidos se divide en dos grupos. Los panterinos, muchos de los cuales rugen, incluyen a la mayoría de grandes felinos. Los no panterinos no rugen y son más pequeños, a excepción del guepardo y el puma. Los félidos son casi todos cazadores solitarios que acechan a sus presas con sigilo.

CARACAL
Caracal caracal
Localización: África, Arabia, sudoeste asiático
Longitud: hasta 1,1 m

También conocido como lince africano, se caracteriza por tener unas largas orejas con mechón negro, parecidas a las de un lince. Es un cazador nocturno que se alimenta de mamíferos pequeños, pájaros y reptiles, aunque también puede comer un antílope.

Cola corta

SERVAL
Leptailurus serval
Localización: África subsahariana
Longitud: hasta 92 cm

Este félido africano es la especie que tiene las patas más largas en comparación con el cuerpo. Entre hierbas altas, detecta pequeñas presas con sus enormes orejas móviles.

OCELOTE
Leopardus pardalis
Localización: América Central y Sudamérica
Longitud: hasta 1 m

Guía natural
Los bigotes largos y sensibles ayudan al ocelote a no perderse de noche.

GATO SILVESTRE EUROPEO
Felis silvestris silvestris
Localización: Europa
Longitud: hasta 66 cm

Relacionado con el antepasado del gato doméstico, se parece a un gato atigrado con la cola más peluda. Es escurridizo y tímido, así como un cazador feroz de pequeños mamíferos. Otras subespecies del gato salvaje viven en África y Asia.

El pelaje rayado y moteado del ocelote le proporciona un camuflaje perfecto entre las sombras de su hábitat: el bosque tropical. Es un cazador solitario y nocturno que trepa y nada para cazar distintos tipos de animales, como pájaros, reptiles e incluso peces.

Muy territoriales, los ocelotes a veces
luchan hasta la muerte
por una disputa territorial.

El jaguar tiene unas **fuertes mandíbulas** que pueden **partir el caparazón de una tortuga.**

El leopardo **sube a rastras a su presa a un árbol** para que **no se la roben otros predadores.**

El puma es el **animal terrestre más extendido** en toda América.

221

LINCE BOREAL
Lynx lynx
Localización: Europa oriental, Asia
Longitud: hasta 1,1 m

Como todos los linces, tiene un mechón negro en las orejas y la cola corta. Caza sobre todo en bosques fríos del norte. No se hunde en la nieve gracias a sus patas peludas. Mata animales que cuadriplican su tamaño, como renos.

GATO JASPEADO
Pardofelis marmorata
Localización: sudeste asiático
Longitud: hasta 62 cm

Como muchos gatos, este de hermoso pelaje es un excelente trepador, pero curiosamente no suele pasar tiempo en los árboles. Vive entre el follaje del bosque tropical, donde caza pájaros, ardillas, lagartos y otras presas, sobre todo de noche.

PUMA
Puma concolor
Localización: América
Longitud: hasta 1,6 m

El puma es uno de los félidos no panterinos más grandes, y es lo suficientemente fuerte como para matar un alce americano. Se adapta a varios hábitats americanos, desde los desiertos hasta las praderas, pasando por bosques y montañas.

GATO DE PALLAS
Otocolobus manul
Localización: Asia central
Longitud: hasta 65 cm

Por ser paticorto y de pelo espeso, este gato tiene un aspecto excepcionalmente voluminoso. El pelo lo aísla del clima gélido del Himalaya y de la meseta tibetana.

GATO PESCADOR
Prionailurus viverrinus
Localización: Asia meridional
Longitud: hasta 1,1 m

Es el único gato que se alimenta principalmente de peces. Los saca de aguas poco profundas en las orillas de los ríos, pero también se sumerge y nada tras presas que crea que valen la pena.

JAGUAR
Panthera onca
Localización: América Central y Sudamérica
Longitud: hasta 1,7 m

El félido americano más grande, y el único panterino del Nuevo Mundo, el jaguar vive en muchos hábitats boscosos y praderas pantanosas. Caza todo lo que puede atrapar, desde ratones hasta crocodílidos.

Pelaje moteado
Tiene las manchas más grandes que las del leopardo.

PANTERA NEBULOSA
Neofelis nebulosa
Localización: Asia oriental
Longitud: hasta 1,1 m

Esta especie tiene un pelaje único. La pantera nebulosa tiene unos caninos excepcionalmente largos que le permiten matar presas mucho más grandes que ella, como ciervos o jabalís. Es una gran trepadora, y se la ha visto bajar árboles a la carrera y colgarse boca abajo de las ramas.

PANTERA
Panthera pardus
Localización: África, Asia meridional
Longitud: hasta 1,9 m

Es un cazador sigiloso que sobrevive en varios hábitats: desiertos, junglas y ciénagas. Tiene todo el pelaje moteado, con grupos de manchas negras; incluso la pantera negra las tiene, aunque queden enmascaradas por el pelo negro.

Tiene el pelo negro con manchas

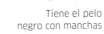

Armas afiladas
Uñas retráctiles siempre afiladas.

En el cráter del **Ngorongoro, en Tanzania**, las hienas manchadas obtienen el **90 % de la comida** cazando.

15 minutos tarda un **grupo de hienas** en **comerse una cebra**.

A veces, el león carroñero
roba las presas
de las hienas más débiles.

Buen oído
Sus orejas redondas y grandes captan el sonido a la perfección, de modo que la hiena oye y se comunica muy bien.

Ojos avizores
Su excelente visión permite a la hiena localizar a la presa.

Risas
Las hienas manchadas producen muchos sonidos, algunos de los cuales recuerdan la risa humana.

Caninos afilados

MAMÍFEROS
HIENA MANCHADA
Crocuta crocuta

Localización: África subsahariana

Longitud: hasta 1,6 m

Dieta: otros mamíferos, carroña

La melena va del cuello hasta los hombros.

Espalda inclinada
Los hombros robustos y el cuello largo hacen que tenga la espalda inclinada.

Rompehuesos
Machaca los huesos con los dientes para poder extraer el tuétano.

Las manchas del pelo desaparecen con la edad.

Hembras más grandes
Las hembras, como esta, son hasta un 10 % más grandes que los machos.

Garras anchas
Cada pata tiene cuatro uñas cortas y fuertes como las de un perro, así como almohadillas curtidas por debajo.

Premolar rompehuesos

Diente carnicero

Dientes rompehuesos
Las potentes mandíbulas de la hiena tienen unos premolares cónicos enormes capaces de destrozar el fémur de una jirafa. Detrás tiene los dientes carniceros, muy afilados y parecidos a los de gatos y perros, que sirven para cortar piel dura, carne y tendones.

Hiena manchada

Se la describe como la hiena de la risa por sus alaridos, parecidos a la risa humana. Este carroñero es uno de los predadores letalmente más efectivos de las planicies africanas.

La hiena manchada come carroña gracias a unas mandíbulas enormes y poderosas que machacan huesos que otros carnívoros no quieren, así como a un sistema digestivo que procesa todas las partes del cadáver. Sin embargo, prefiere matar su presa, normalmente cazando en manada. Sus habilidades la han convertido en el gran carnívoro de mayor éxito de África.

En sociedad
Las hienas viven en clanes de hasta 80 ejemplares, liderados por hembras, aunque la mayoría son más pequeños. Las hembras jóvenes se quedan en el clan y los machos jóvenes se unen a clanes vecinos.

De caza
Otras especies son sobre todo carroñeras, aunque en la mayoría de áreas en las que vive, la hiena manchada es una buena cazadora. Derriba presas pequeñas en solitario, pero caza en manada si la presa es más grande, como una cebra o un búfalo africano. La agota en una larga persecución de hasta 5 km, y luego la manada entera se lanza al ataque.

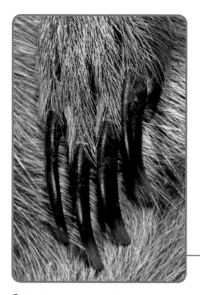

Garras para excavar
Las largas garras de las patas frontales están adaptadas para cavar, tanto para abrir madrigueras como para buscar insectos y pequeños mamíferos. Puede excavar muy rápido y extraer su peso en arena en unos pocos segundos.

Oídos protegidos
La suricata puede cerrar sus orejitas para que no le entre arena y polvo mientras excava.

Punto de vista elevado
De pie sobre una roca, montículo o arbusto, la suricata detecta posibles peligros.

Cola de equilibrista
La cola la ayuda a mantener el equilibrio cuando se pone de pie.

Pies pequeños
Las patas traseras tienen grandes muslos pero pies pequeños.

Suricata

Su hábito de estar de pie sobre las patas traseras para detectar predadores o disfrutar del sol matinal ha convertido a esta delgada mangosta de desierto en uno de los mamíferos africanos más conocidos.

Las distintas especies de mangostas son carnívoras, pequeñas y viven bajo tierra. La suricata es una de las más sociables, vive en clanes de unos 20 ejemplares, en un sistema enorme de madrigueras bajo tierra excavadas en terrenos arenosos de los desiertos africanos. De día, caza insectos y otros animales pequeños mientras una hace guardia. Cuando esta detecta un peligro, avisa con un ladrido o silbido para que las otras corran a refugiarse a la entrada más cercana.

Presas venenosas
Las suricatas suelen comer escorpiones y son inmunes a su potente veneno, pero evitan su picadura cogiendo al escorpión y arrancándole el aguijón de un mordisco. Así este no tiene forma de defenderse y se convierte en una presa fácil. Los adultos enseñan a hacerlo a las crías de suricata, como esta de la izquierda.

A tomar el sol en grupo
Cada clan de suricatas está liderado por una pareja que produce la mayor parte de crías. El resto de adultos, machos y hembras, ayudan a cuidar a las crías. Todas las mañanas, el clan se reúne fuera de la madriguera para calentarse después del frío de la noche desértica. Se tumban de espaldas o se ponen de pie para tomar el sol tanto como sea posible.

Una **madriguera** puede tener hasta **15 entradas** y varios **niveles**.

Una **suricata** puede divisar **rapaces** a más de **300 m de distancia**.

225

MAMÍFEROS

SURICATA

Suricata suricatta

Localización: sur de África

Longitud: hasta 30 cm

Dieta: insectos y otros animales pequeños

Hocico sensible
La suricata usa su excelente sentido del olfato para oler presas e identificar a otras suricatas como miembros de su clan o enemigas.

Parches antidestellos
Las marcas oscuras alrededor de los ojos mejoran su visión al reducir el brillo del sol.

La suricata puede producir
varios gritos de alarma
según si ve predadores en el suelo o en el aire.

Absorbe calor
La piel oscura bajo el pelo se calienta rápido cuando la suricata está de pie tomando el sol.

Vista de cazador
Los ojos miran hacia delante y proporcionan una visión binocular que le permite ver en 3D y calcular distancias con precisión.

Camuflaje en el desierto
Su pelo gris marronoso la camufla en el desierto del sur de África.

ASNO SALVAJE
Equus africanus
Localización: noreste de África
Longitud: hasta 2 m

Antepasado salvaje del asno doméstico, es el más pequeño de la familia de los équidos. Vive en praderas áridas y desiertos de Somalia y las regiones cercanas, donde sobrevive a base de plantas duras y secas. Puede llegar a sobrevivir sin agua hasta tres días.

HEMIÓN
Equus hemionus
Localización: Asia occidental y central
Longitud: hasta 2,5 m

También llamado asno asiático, vive en praderas secas de Arabia a Mongolia. Existen siete subespecies locales con nombres distintos y pocos ejemplares.

KIANG
Equus kiang
Localización: Asia central
Longitud: hasta 2,1 m

Pariente del hemión pero con un pelaje más oscuro, el kiang vive en lo alto de la meseta tibetana, al norte del Himalaya. Es el asno salvaje menos amenazado y, a veces, forma manadas de más de 100 ejemplares.

CABALLO DE PRZEWALSKI
Equus przewalskii
Localización: Asia central
Longitud: hasta 2,8 m

Es el único caballo salvaje verdadero que aún vive, y es pariente de los ancestros de los caballos domésticos. Descubierto en Mongolia en 1870 pero casi aniquilado en el siglo XX, se reintrodujo en su territorio nativo y parece que se está recuperando lentamente.

Sin moscas
Su cola móvil tiene un plumero de pelo largo para ahuyentar moscas.

CEBRA DE MONTAÑA
Equus zebra
Localización: África suroccidental
Longitud: hasta 2,6 m

La cebra de montaña vive en las altas praderas de Namibia y Sudáfrica, donde se alimenta de hierba, hojas y fruta. Tiene rayas estrechas con bandas horizontales anchas en los muslos.

CEBRA de GREVY
Equus grevyi
Localización: África oriental
Longitud: hasta 2,7 m

La cebra más grande y rara, tiene rayas estrechas en la piel y una cabeza esbelta. Solo se halla en unas pocas praderas áridas de África oriental, donde deambula como nómada en busca de agua y comida. Cuando se aparean, los machos forman grupos que ocupan y defienden extensos territorios.

Machos rivales
Los sementales territoriales luchan contra sus rivales..

Équidos

El caballo doméstico es conocido en todo el mundo, pero le quedan pocos parientes salvajes. Solo el kiang y la cebra de pradera rumian por las praderas en grandes manadas, como hicieran sus antepasados.

Los équidos están adaptados para vivir en planicies donde no hay refugio y su única defensa ante predadores es huir. Unas patas largas con pezuñas les dan la velocidad que necesitan. Sus enormes dientes les permiten comer hierba áspera y dura.

Crin rasposa
La crin rayada es rasposa y áspera, y la tiene de punta.

Cebra de pradera
Bajo sus rayas, la cebra de pradera tiene todas las características conocidas de los caballos: un hocico largo para pastar mientras vigila; muelas grandes; patas largas; y una única pezuña grande en cada pata. No se sabe por qué tiene las rayas negras, pero algunas teorías indican que ayuda a que la manada se vea de una pieza, mantiene al animal fresco y lo protege de picaduras.

Hueso del dedo

Núcleo óseo

Pezuña

MAMÍFEROS

CEBRA DE PRADERA

Equus quagga burchellii

Localización: África oriental y meridional

Longitud: hasta 2,5 m

Dieta: hierba, hojas, brotes

Una sola pezuña
Los antecesores de las cebras, caballos y asnos tenían 3 o más dedos, pero tras millones de años de evolución no ha quedado más que uno: una pezuña dura. El resultado es una pata fuerte y resistente a los golpes, ideal para galopar a gran velocidad.

Rinoceronte negro

Con su gran cabeza con cuernos y su gruesa piel, es un superviviente de los herbívoros gigantes de la era prehistórica. Ahora está en peligro crítico de extinción por la caza furtiva y se halla solo en algunas reservas de vida salvaje al este y sur de África.

El rinoceronte negro es un peso pesado de los exploradores que se alimenta de hojas y brotes tiernos de arbustos y árboles. No son muy nutritivos, pero el tamaño de este animal le permite ingerirlos en grandes cantidades y obtener así los nutrientes necesarios. Sus cuernos pueden matar leones, y también los usa para luchar contra rivales, a menudo infligiendo heridas letales.

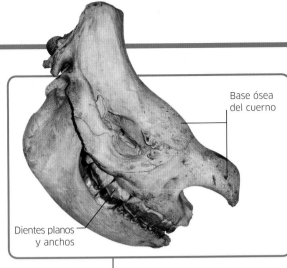

Base ósea del cuerno

Dientes planos y anchos

Joroba

Enorme cráneo
Tiene un cráneo y mandíbulas enormes, de grandes molares pero sin incisivos. La base de los cuernos es ósea, con una extensión del cráneo en la que se apoya el cuerno mayor.

Piel gruesa
La piel gruesa del rinoceronte le protege de espinas y de pinchos.

Orejas con pelo alrededor

Cola en forma de plumero

Cuernos
Suele tener dos cuernos, y el de delante es el más largo.

Ojos pequeños
Un rinoceronte no ve muy bien y se fía del oído y el olfato.

Patas solípedas
Las patas son grandes y robustas, con tres uñas unguladas cada una.

Guardaespaldas armados

A finales del siglo xx, los cazadores furtivos casi aniquilaron al rinoceronte negro, y sus cuernos aún se venden para la medicina tradicional china o para hacer empuñaduras de dagas. Está restringido en reservas cerradas y protegidas por guardias armados, pero aun así sigue habiendo pocos ejemplares.

RINOCERONTE NEGRO

RINOCERONTE BLANCO

¿En punta o cuadrado?

Mientras que el rinoceronte negro tiene un labio superior en punta para arrancar follaje, el del rinoceronte blanco africano tiene forma cuadrada para pastar y cortar hierbas del suelo.

1,3 m puede medir el **cuerno** de un **rinoceronte negro.**

Solo existen **5.000** rinocerontes negros **vivos en la actualidad.**

55 km/h puede alcanzar un **rinoceronte negro.**

RINOCERONTE NEGRO

Diceros bicornis

Localización: África

Longitud: hasta 3,8 m

Dieta: hojas, ramas pequeñas

¿Amigo o enemigo?

A menudo recibe la visita del picabuey de pico rojo que le limpia la piel de garrapatas y otros parásitos. Pero el picabuey le picotea también las heridas para beber su sangre.

Estructura córnea

El cuerno es un crecimiento de la piel compuesto por fibras de queratina.

Piel arrugada

Para protegerse del sol, los rinocerontes recubren su piel con capas de barro.

Labio prensil

El labio superior, móvil y en punta, sirve para arrancar tallos y hojas.

La mitad de los machos mueren a causa de heridas de los cuernos de sus rivales.

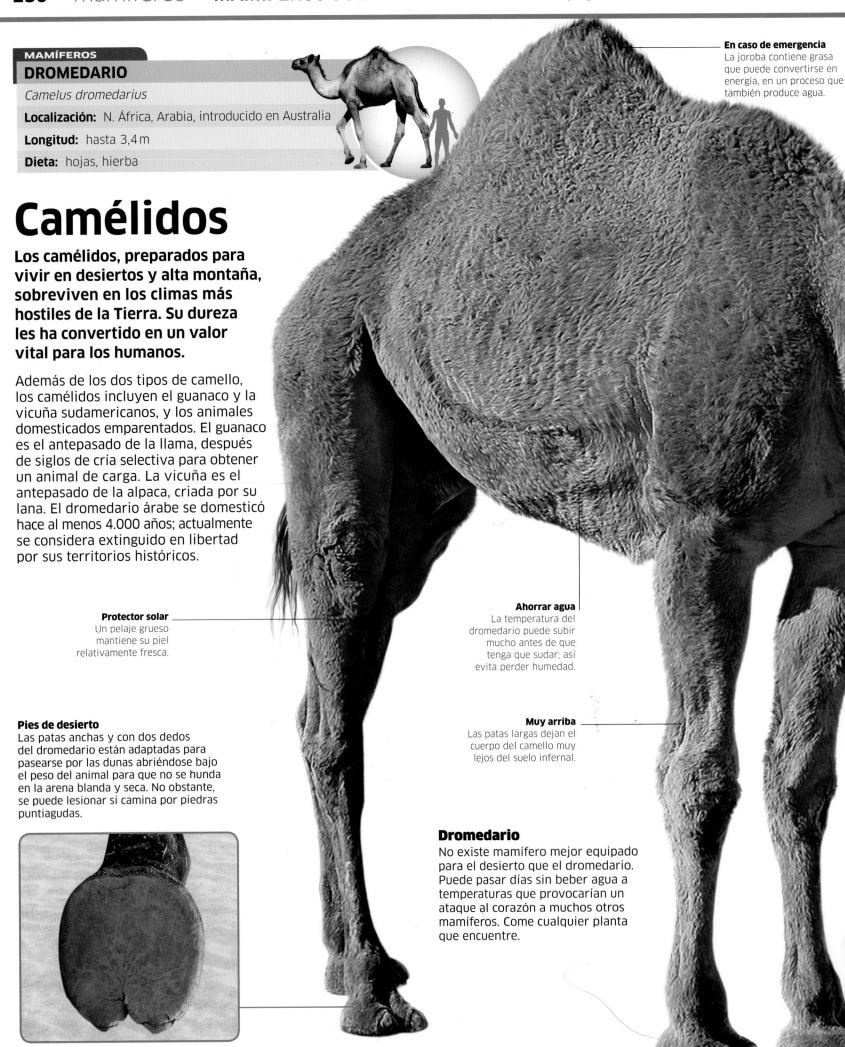

MAMÍFEROS
DROMEDARIO

Camelus dromedarius

Localización: N. África, Arabia, introducido en Australia

Longitud: hasta 3,4 m

Dieta: hojas, hierba

Camélidos

Los camélidos, preparados para vivir en desiertos y alta montaña, sobreviven en los climas más hostiles de la Tierra. Su dureza les ha convertido en un valor vital para los humanos.

Además de los dos tipos de camello, los camélidos incluyen el guanaco y la vicuña sudamericanos, y los animales domesticados emparentados. El guanaco es el antepasado de la llama, después de siglos de cría selectiva para obtener un animal de carga. La vicuña es el antepasado de la alpaca, criada por su lana. El dromedario árabe se domesticó hace al menos 4.000 años; actualmente se considera extinguido en libertad por sus territorios históricos.

En caso de emergencia
La joroba contiene grasa que puede convertirse en energía, en un proceso que también produce agua.

Protector solar
Un pelaje grueso mantiene su piel relativamente fresca.

Ahorrar agua
La temperatura del dromedario puede subir mucho antes de que tenga que sudar; así evita perder humedad.

Muy arriba
Las patas largas dejan el cuerpo del camello muy lejos del suelo infernal.

Pies de desierto
Las patas anchas y con dos dedos del dromedario están adaptadas para pasearse por las dunas abriéndose bajo el peso del animal para que no se hunda en la arena blanda y seca. No obstante, se puede lesionar si camina por piedras puntiagudas.

Dromedario

No existe mamífero mejor equipado para el desierto que el dromedario. Puede pasar días sin beber agua a temperaturas que provocarían un ataque al corazón a muchos otros mamíferos. Come cualquier planta que encuentre.

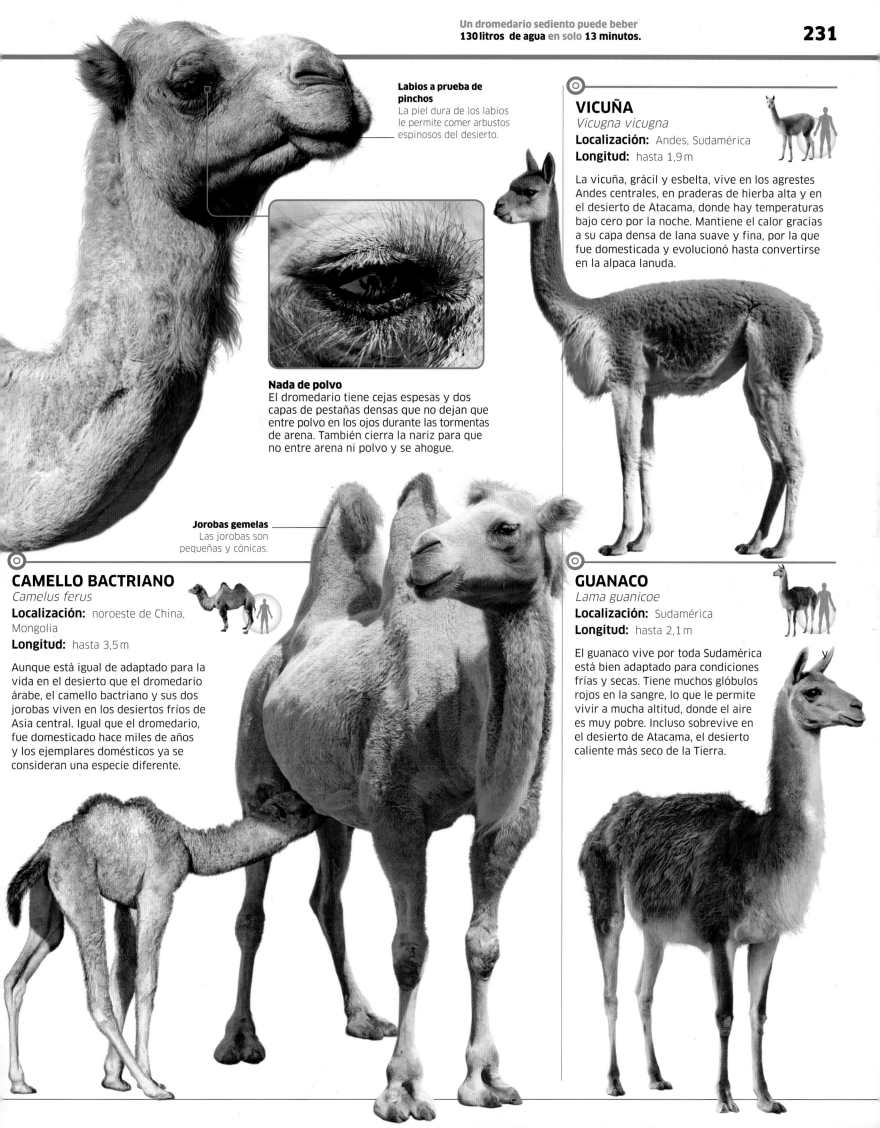

Labios a prueba de pinchos
La piel dura de los labios le permite comer arbustos espinosos del desierto.

VICUÑA
Vicugna vicugna
Localización: Andes, Sudamérica
Longitud: hasta 1,9 m

La vicuña, grácil y esbelta, vive en los agrestes Andes centrales, en praderas de hierba alta y en el desierto de Atacama, donde hay temperaturas bajo cero por la noche. Mantiene el calor gracias a su capa densa de lana suave y fina, por la que fue domesticada y evolucionó hasta convertirse en la alpaca lanuda.

Nada de polvo
El dromedario tiene cejas espesas y dos capas de pestañas densas que no dejan que entre polvo en los ojos durante las tormentas de arena. También cierra la nariz para que no entre arena ni polvo y se ahogue.

Jorobas gemelas
Las jorobas son pequeñas y cónicas.

CAMELLO BACTRIANO
Camelus ferus
Localización: noroeste de China, Mongolia
Longitud: hasta 3,5 m

Aunque está igual de adaptado para la vida en el desierto que el dromedario árabe, el camello bactriano y sus dos jorobas viven en los desiertos fríos de Asia central. Igual que el dromedario, fue domesticado hace miles de años y los ejemplares domésticos ya se consideran una especie diferente.

GUANACO
Lama guanicoe
Localización: Sudamérica
Longitud: hasta 2,1 m

El guanaco vive por toda Sudamérica está bien adaptado para condiciones frías y secas. Tiene muchos glóbulos rojos en la sangre, lo que le permite vivir a mucha altitud, donde el aire es muy pobre. Incluso sobrevive en el desierto de Atacama, el desierto caliente más seco de la Tierra.

Los facóqueros pasan la noche en madrigueras bajo tierra.

Los colmillos superiores del facóquero macho pueden alcanzar los 30 cm.

Pelo esparcido
El cuerpo tiene una cubierta fina de pelo suave.

Lodo refrescante
Como buen cerdo que es, le encanta revolcarse por el lodo. Lo hace en parte para refrescarse del clima tropical africano, porque no le suda la piel. Pero la capa de lodo también le evita quemaduras solares y picadas de insecto que podrían contagiarle alguna enfermedad.

Colmillo superior romo

Facóquero

Aunque no lo parezca por sus colmillos grandes y la cara abultada, el facóquero es un jabalí. Es una de las dos especies de cerdo que viven en las praderas y no en bosques o selvas, y está adaptado para alimentarse de la comida más abundante allí: la hierba.

Los espectaculares colmillos superiores sirven principalmente para defenderse de predadores fuertes como leones y leopardos. El par inferior tiene el borde afilado ya que coincide con el par superior cada vez que el animal cierra la boca. Los inferiores pueden provocar lesiones, pero casi siempre se utilizan para desenterrar raíces suculentas que complementan la dieta del facóquero.

Hojas letales
Los colmillos inferiores son más cortos y más afilados que los superiores.

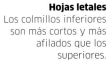

De rodillas
La capacidad de comer hierba del facóquero le resulta crucial para poder sobrevivir en la sabana. Es complicado pastar con un cuello tan corto y las patas relativamente largas, así que se pone de «rodillas», que son en realidad muñecas modificadas. Dispone de unas almohadillas en las articulaciones que le evitan lesiones al pastar arrodillado.

De cabeza
Los machos maduros defienden su territorio de otros machos chocando entre ellos con los colmillos superiores. Los bultos que tiene en la cara evitan lesiones graves; las luchas son combates rituales y no peleas sangrientas.

Ojos diminutos
Los facóqueros tienen mala vista, pero los sentidos del oído y olfato son excelentes.

Marcas de olor
as manchas de la cara son secreciones de las glándulas odoríferas bajo los ojos.

Bultos de la mejilla

Crecimiento cartilaginoso
Los bultos son de piel curtida y cartílago duro.

Herramienta radical
El hocico sensible hace las veces de pala para buscar raíces.

MAMÍFEROS
FACÓQUERO
Phacochoerus africanus

Localización: África subsahariana

Longitud: hasta 1,5 m

Dieta: hierba, raíces carnosas

Ciervo común

La cornamenta espectacular del ciervo macho sirve como arma, símbolo de estatus y muestra de fuerza. Solo los machos con la cornamenta más grande tienen posibilidades de ahuyentar a rivales y aparearse con las hembras.

El ciervo común es una de las especies más grandes de cérvidos y, como en la mayoría, solo los machos tienen cuernos. La cornamenta les cae y les vuelve a crecer cada año; en otoño ya ha crecido en todo su esplendor, cuando los machos compiten para controlar el harén de hembras para aparearse. La lucha es el último recurso: dos machos entrechocan los cuernos y se empujan entre sí hasta que uno de los dos cede.

Cuernos entrelazados
Los machos tienen poco tiempo para comer durante la temporada de apareamiento, y pierden hasta un 20 % de su peso corporal.

Terciopelo suave
Cada primavera caen los cuernos y empiezan a crecer otra vez. La piel peluda que los cubre, denominada terciopelo, suministra sangre con oxígeno y nutrientes. Cuando los cuernos han crecido, el terciopelo se seca y el macho lo rasca para que se vea el hueso.

A todo gas
Las patas largas y esbeltas les dan velocidad para huir de los predadores.

Melena espesa
Los machos sacan melena durante la temporada de apareamiento.

MAMÍFEROS
CIERVO COMÚN

Cervus elaphus

Localización: de Europa a Asia E

Longitud: hasta 2 m

Dieta: hojas, hierba

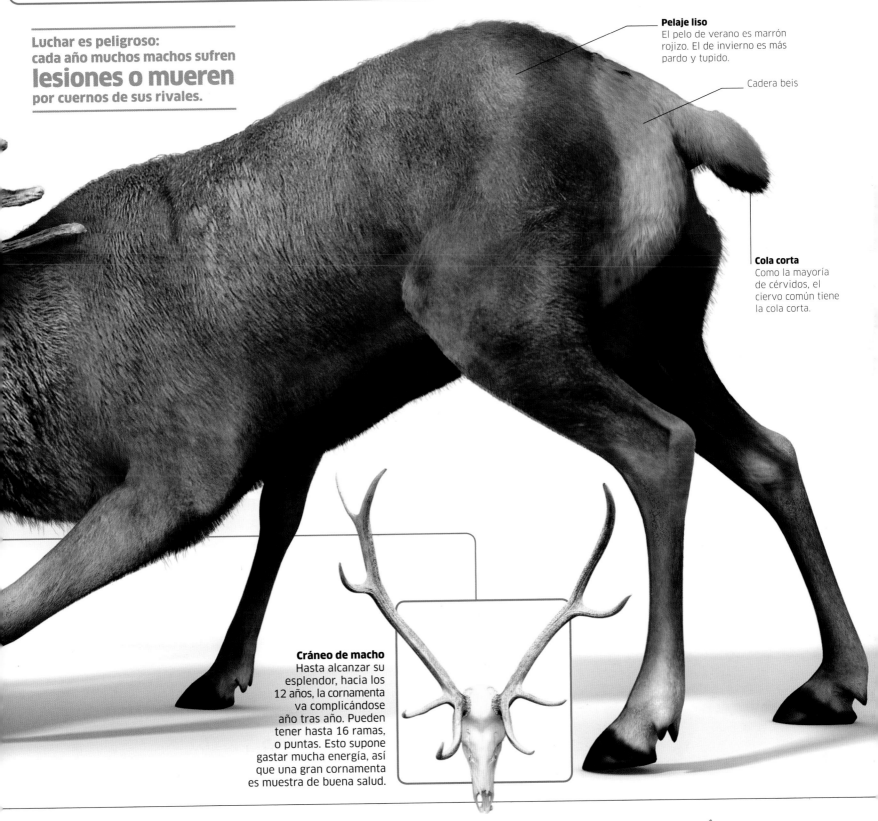

2 cm crece **su cornamenta** cada día.

Durante la **temporada de apareamiento**, los machos llegan a «luchar» contra **arbustos o arbolitos**.

El macho victorioso **puede aparearse con hasta 20 hembras** durante la temporada de apareamiento.

235

Cría moteada

Los ciervos nacen con pelajes moteados para mejorar su camuflaje en la hierba. Se pueden levantar a las pocas horas de nacer y pueden seguir a los adultos a las 3 o 4 semanas. Aprenden muy pronto que la velocidad es vital para escapar de los predadores.

Macho y hembra

Las hembras son más pequeñas que los machos, y no tienen cuernos, lo que significa que solo sirven para impresionar y luchar contra otros ciervos. Si fueran vitales para sobrevivir, las hembras también los tendrían. En las especies de cérvidos que compiten por la comida, las hembras suelen tener cuernos.

Luchar es peligroso: cada año muchos machos sufren **lesiones o mueren** por cuernos de sus rivales.

Pelaje liso
El pelo de verano es marrón rojizo. El de invierno es más pardo y tupido.

Cadera beis

Cola corta
Como la mayoría de cérvidos, el ciervo común tiene la cola corta.

Cráneo de macho
Hasta alcanzar su esplendor, hacia los 12 años, la cornamenta va complicándose año tras año. Pueden tener hasta 16 ramas, o puntas. Esto supone gastar mucha energía, así que una gran cornamenta es muestra de buena salud.

Cresta dorsal
Cuando un antílope se alarma o excita, abre dos pliegues de piel del final de la espalda y muestra una cresta blanca. Se desconoce por qué lo hace, pero llama la atención, lo que alerta a otros antílopes de un posible peligro.

Bóvidos

Los bóvidos son los solípedos más diversos, desde las elegantes gacelas hasta los descomunales bisontes. Muchos se distinguen por su cornamenta espectacular.

Los bóvidos son animales solípedos de dos dedos similares a los cérvidos. Como estos, comen hojas y hierba y tienen cuatro estómagos para digerir los alimentos fibrosos. Algunos son territoriales y viven en parejas o pequeños grupos familiares, pero la mayoría merodea en grandes rebaños.

Patas potentes
El antílope salta alto con sus músculos potentes.

Antílope saltador
Este antílope extremadamente ágil obtiene su nombre por sus costumbres saltarinas. Suelen brincar más los jóvenes, como respuesta al peligro. Es posible que esta conducta alerte a otros antílopes y demuestra su buena forma, lo que debería alentar a su enemigo a escoger otra víctima.

MAMÍFEROS
ANTÍLOPE SALTADOR
Antidorcas marsupialis

Localización: África SO

Longitud: hasta 1,1 m

Dieta: hierba, hojas

ÑU AZUL DE BARBA BLANCA
Connochaetes mearnsi

Localización: África oriental y meridional

Longitud:
hasta 2,4 m

Este corpulento antílope vive en grandes rebaños en la sabana africana. Realiza migraciones masivas regulares por la llanura del Serengueti, durante las que se arriesga a convertirse en la cena de leones, licaones, hienas y cocodrilos.

ANTÍLOPE JIRAFA
Litocranius walleri

Localización: África oriental

Longitud: hasta 1,4 m

El antílope jirafa es un animal ágil extremadamente esbelto y patilargo, que normalmente se tiene en pie para alcanzar el follaje de los árboles bajos. Apenas bebe, ya que la comida le proporciona toda la humedad que necesita.

En pie
Al ponerse sobre sus patas traseras, alcanza las deliciosas hojas de la acacia.

Antes de 1800, hasta **600 millones de bisontes** dominaban las llanuras de Norteamérica. En 1900 quedaban **vivos menos de 500.**

El órix blanco puede **sobrevivir semanas** en el desierto **sin beber** ni una gota de agua.

237

Cuernos con anillas
Ambos sexos tienen cuernos. Los de los machos son más fuertes y gruesos.

BISONTE AMERICANO
Bison bison

Localización: Norteamérica
Longitud: hasta 3,8 m

El bisonte, o búfalo, deambulaba en grandes rebaños por las llanuras americanas, pero la caza masiva casi lo extinguió. Los machos son colosales, con cuartos delanteros grandes para luchar.

ÍBICE ALPINO
Capra ibex
Localización: Europa meridional
Longitud: hasta 1,35 m

El íbice es una cabra salvaje famosa por su agilidad y seguridad en terrenos escarpados y agrestes. Ambos sexos tienen cuernos, pero los del macho son especialmente espectaculares, los utiliza para luchar contra otros machos.

Pezuñas de alto agarre
Los cascos ungulados con almohadillas blandas le dan agarre en pendientes inclinadas y terreno agreste.

BUEY ALMIZCLERO
Ovibos moschatus
Localización: América N, Groenlandia
Longitud: hasta 2,3 m

Pariente de las cabras y las ovejas, este buey está adaptado para vivir en la tundra polar, donde aparta la nieve para comer hierba, hojas y líquenes. Es presa habitual de los lobos árticos.

ÓRIX
Oryx leucoryx
Localización: Oriente Próximo
Longitud: hasta 2,3 m

El sorprendente órix casi se extingue por la caza en 1970, pero se ha salvado gracias a la cría en cautividad y la reintroducción. Está preparado para vivir en el desierto, donde pasea buscando la hierba que crece tras la lluvia.

Cuernos con anillas
Ambos sexos tienen cuernos muy largos. Los machos luchan chocando los cuernos para establecer la dominancia.

Al **galope**, la jirafa alcanza una velocidad máxima de 60 km/h.

No existen dos jirafas con el mismo **pelaje** exacto.

Jirafa

La majestuosa jirafa es el animal vivo más alto. Su gran altura le permite llegar a las copas más elevadas, donde puede elegir entre las hojas más tiernas, que los animales más bajos no pueden ni soñar.

Ser tan alto también tiene sus inconvenientes: la jirafa tiene un corazón extremadamente grande para que le llegue la sangre al cerebro y un sistema para no desmayarse cuando levanta la cabeza tras beber agua. La jirafa también tiene que respirar rápido para que le entre suficiente aire en los pulmones. Pero con el cuello y las patas largos como nadie más, ve el peligro de lejos; los machos usan el cuello para luchar entre ellos.

Hombros musculados

Patas potentes
La jirafa puede dar coces a los predadores con sus patas delanteras.

Cola en forma de plumero

Cuernos de hueso
Este macho tiene cuernos irregulares, u osiconos, para luchar contra otros machos. Los cuernos de la hembra son más finos y peludos.

Ojos grandes
Las jirafas pueden ver a una gran distancia.

Hocico largo

MAMÍFEROS

JIRAFA

Giraffa camelopardalis

Localización: África

Altura: hasta 6 m

Dieta: hojas

Lengua flexible
La jirafa suele alimentarse de las altas acacias que salpican las praderas de la sabana africana. Pero sus ramas tienen muchas espinas, por lo que utiliza su lengua móvil y larga para evitarlas y llevarse las hojas a la boca, donde las corta con los dientes. La piel de la lengua y los labios de la jirafa es muy gruesa para protegerse de las espinas.

Lengua larga
La lengua de la jirafa puede llegar a medir 45 cm de longitud.

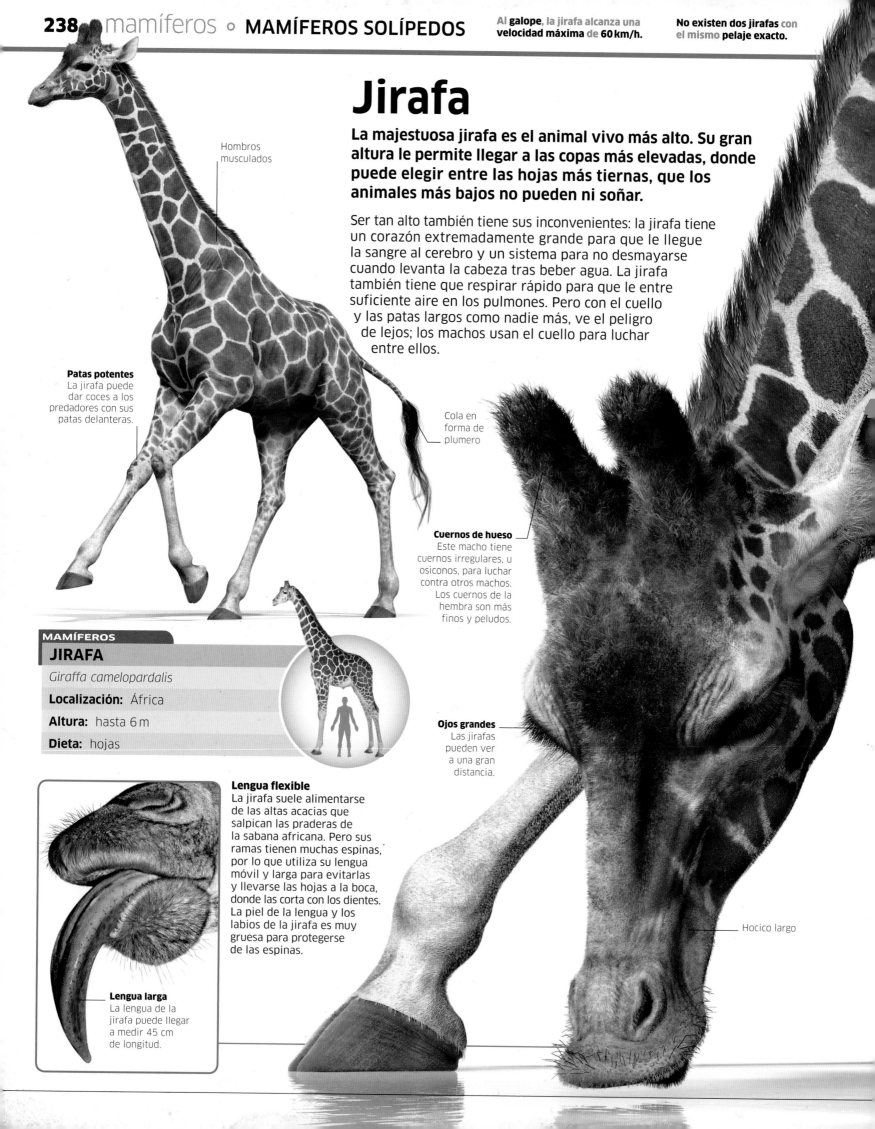

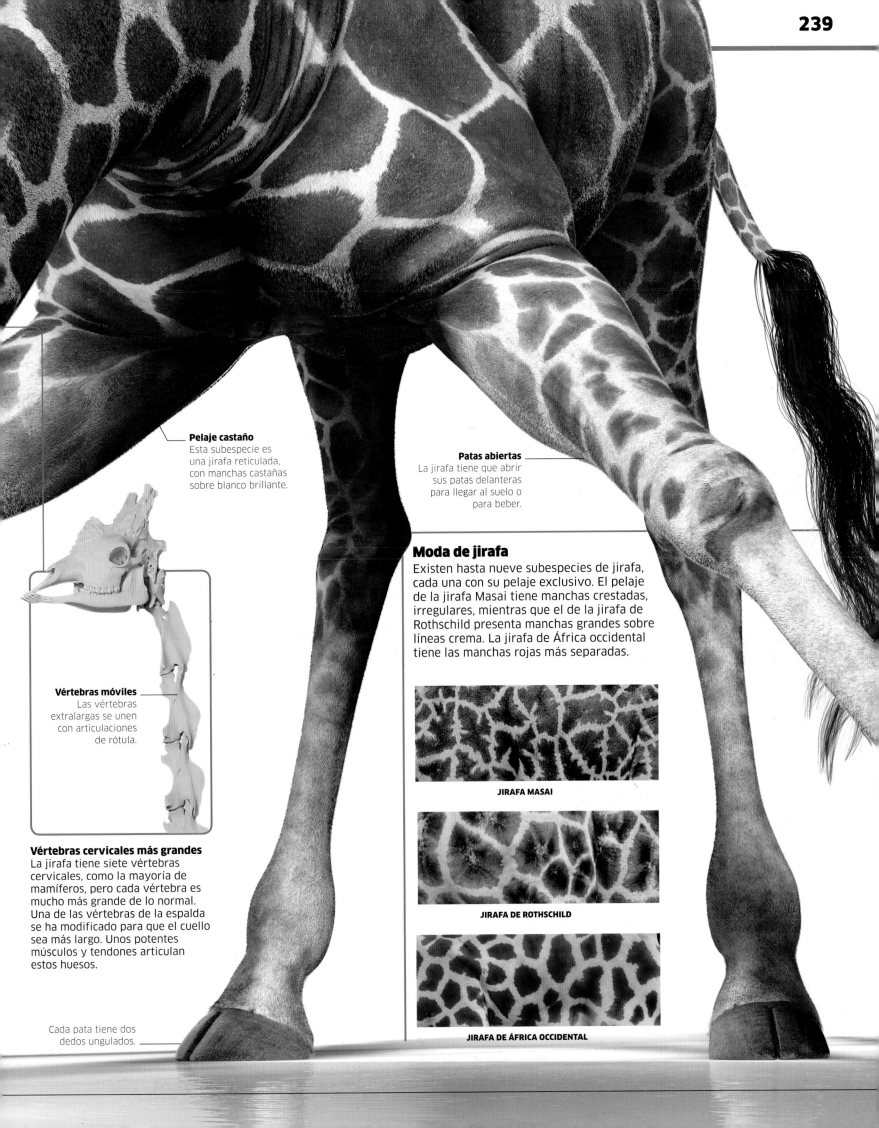

Pelaje castaño
Esta subespecie es
una jirafa reticulada,
con manchas castañas
sobre blanco brillante.

Patas abiertas
La jirafa tiene que abrir
sus patas delanteras
para llegar al suelo o
para beber.

Vértebras móviles
Las vértebras
extralargas se unen
con articulaciones
de rótula.

Vértebras cervicales más grandes
La jirafa tiene siete vértebras
cervicales, como la mayoría de
mamíferos, pero cada vértebra es
mucho más grande de lo normal.
Una de las vértebras de la espalda
se ha modificado para que el cuello
sea más largo. Unos potentes
músculos y tendones articulan
estos huesos.

Cada pata tiene dos
dedos ungulados.

Moda de jirafa

Existen hasta nueve subespecies de jirafa,
cada una con su pelaje exclusivo. El pelaje
de la jirafa Masai tiene manchas crestadas,
irregulares, mientras que el de la jirafa de
Rothschild presenta manchas grandes sobre
líneas crema. La jirafa de África occidental
tiene las manchas rojas más separadas.

JIRAFA MASAI

JIRAFA DE ROTHSCHILD

JIRAFA DE ÁFRICA OCCIDENTAL

Hipopótamo

A pesar de su aparente estilo de vida holgazán, la naturaleza impredecible y agresiva del hipopótamo lo convierte en uno de los mamíferos africanos más peligrosos.

Solo existen dos tipos de hipopótamo, y no tiene parientes terrestres. De hecho, las pruebas de ADN demuestran que sus parientes más cercanos son las ballenas; parece lógico, ya que el agua es crucial para su supervivencia. De día, el hipopótamo evita el abrasador sol africano sumergiéndose en el agua. De noche pasta hasta cinco horas en tierra firme, a veces incluso se aleja bastante de su hábitat diurno.

Chapuzón diario
La piel del hipopótamo es muy gruesa, pero se seca mucho más deprisa que la de otros mamíferos, por eso pasa gran parte del día chapoteando en el agua. Si pasa demasiado tiempo fuera del agua, el sol le daña la piel, que incluso llega a cuartearse.

Pantalla solar natural
El hipopótamo tiene glándulas en la piel que segregan un líquido untuoso de color naranja rojizo. Este pigmento cumple la función de filtro solar y absorbe los rayos que provocan quemaduras. También sirve de protección contra las bacterias y acelera la cicatrización.

Cola corta
y peluda

Dedos palmeados
Los hipopótamos tienen pezuñas rígidas con cuatro dedos palmeados.

Peso pesado
El descomunal cuerpo rollizo puede almacenar mucha comida.

30 km/h puede alcanzar un hipopótamo.

70 kg de hierba puede comer un hipopótamo de una sentada.

241

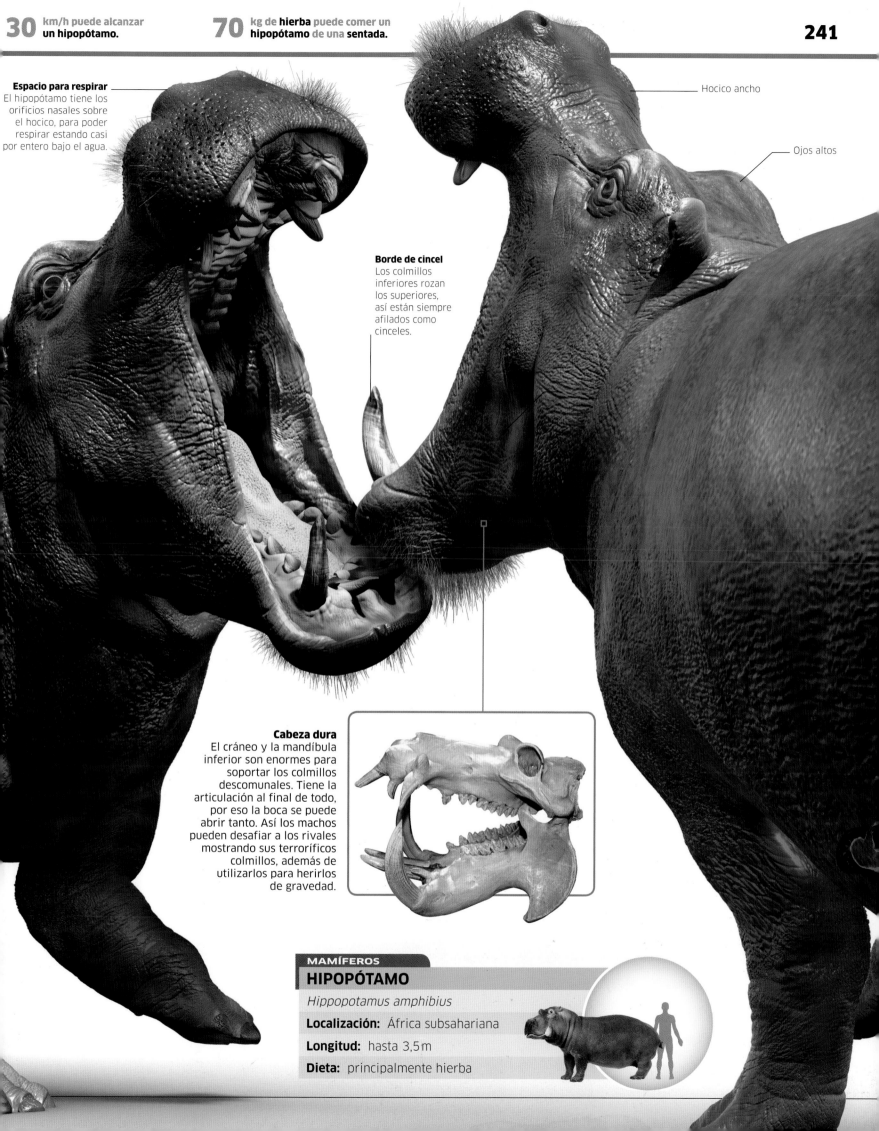

Espacio para respirar
El hipopótamo tiene los orificios nasales sobre el hocico, para poder respirar estando casi por entero bajo el agua.

Hocico ancho

Ojos altos

Borde de cincel
Los colmillos inferiores rozan los superiores, así están siempre afilados como cinceles.

Cabeza dura
El cráneo y la mandíbula inferior son enormes para soportar los colmillos descomunales. Tiene la articulación al final de todo, por eso la boca se puede abrir tanto. Así los machos pueden desafiar a los rivales mostrando sus terroríficos colmillos, además de utilizarlos para herirlos de gravedad.

MAMÍFEROS

HIPOPÓTAMO

Hippopotamus amphibius

Localización: África subsahariana

Longitud: hasta 3,5 m

Dieta: principalmente hierba

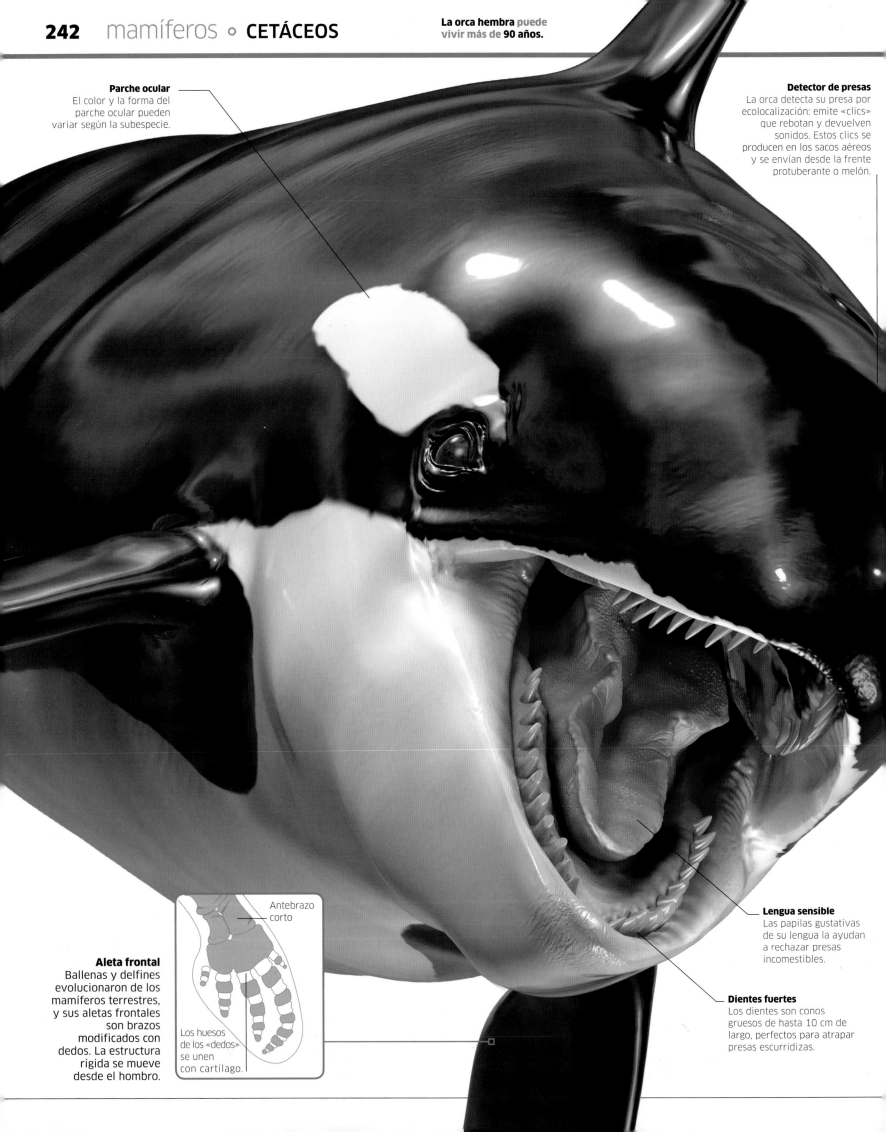

La orca hembra puede vivir más de **90 años.**

Parche ocular
El color y la forma del parche ocular pueden variar según la subespecie.

Detector de presas
La orca detecta su presa por ecolocalización: emite «clics» que rebotan y devuelven sonidos. Estos clics se producen en los sacos aéreos y se envían desde la frente protuberante o melón.

Aleta frontal
Ballenas y delfines evolucionaron de los mamíferos terrestres, y sus aletas frontales son brazos modificados con dedos. La estructura rígida se mueve desde el hombro.

Antebrazo corto

Los huesos de los «dedos» se unen con cartílago.

Lengua sensible
Las papilas gustativas de su lengua la ayudan a rechazar presas incomestibles.

Dientes fuertes
Los dientes son conos gruesos de hasta 10 cm de largo, perfectos para atrapar presas escurridizas.

1,8 m de altura puede alcanzar la **aleta dorsal de un** macho.

Las orcas son **animales sociables** y viven en familias o manadas de hasta **40 individuos.**

Una orca puede nadar a una velocidad de hasta **56 km/h.**

243

Aleta dorsal
Una orca hembra tiene una aleta dorsal triangular alta, pero solo es la mitad que la de un macho. Su forma varía, y se puede usar para identificarlas.

Cola musculosa
Los músculos potentes propulsan la orca por el agua a gran velocidad.

Aleta caudal
La aleta caudal se parece a la de los peces y tiene un par de alerones horizontales.

Cerca de mamá
Una cría de orca nada junto a su madre y se queda con ella para siempre, incluso cuando ya es adulta.

MAMÍFEROS

ORCA

Orcinus orca

Localización: todo el planeta

Longitud: hasta 10 m

Dieta: varios animales marinos

Orca

Conocida como ballena asesina, la orca es en realidad un delfín gigante que usa su inteligencia y fuerza para cazar desde peces pequeños hasta tiburones, focas e incluso ballenas.

Uno de los predadores más poderosos del planeta, la orca surca los océanos en familias que se especializan en varios tipos de presas. Algunas pescan bancos de peces utilizando un repertorio complejo de sonidos para coordinar sus tácticas de grupo, mientras que otras trabajan juntas para tender una emboscada a otros mamíferos marinos.

Espiráculo
Como todos los mamíferos, la orca respira. Tiene el orificio nasal en la parte superior de la cabeza, que se cierra cuando se sumerge.

Caza en grupo

Las orcas son de los animales más inteligentes. Aprenden rápido y también pueden enseñarse entre ellas. Así las familias pueden colaborar para encontrar nuevas e ingeniosas maneras de cazar presas.

Al acecho
Una orca saca medio cuerpo del agua para espiar a su presa. Aquí, ha divisado una foca de Weddell en un témpano de hielo antártico.

Todos a una
En formación perfecta, las orcas se dirigen hacia el témpano de hielo y nadan por debajo de este, para luego levantarlo y echar al animal al agua.

Misión cumplida
La ola rompe contra el témpano de hielo y lo inunda. La foca indefensa cae al agua, en la boca de las orcas que esperan debajo.

Cada año, la mayoría de yubartas **migran para criar en aguas templadas, recorren más de 8.300 km.**

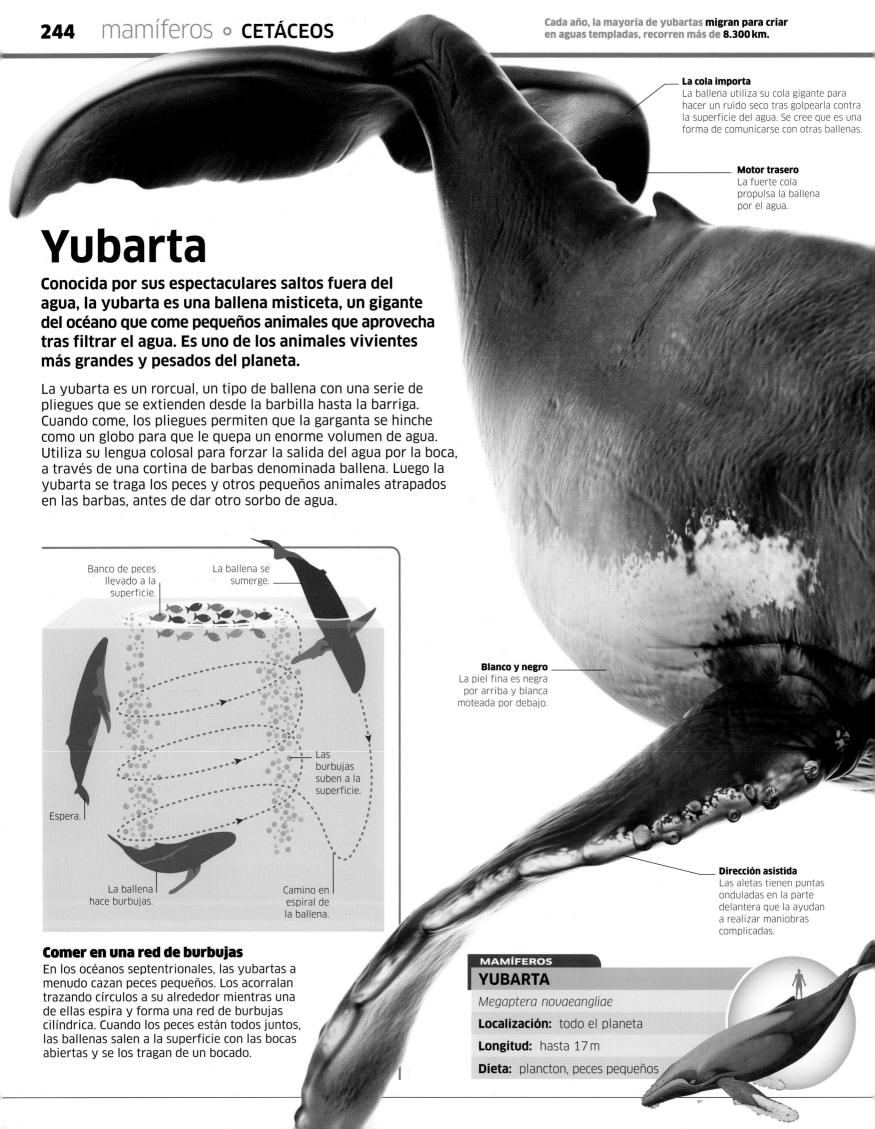

La cola importa
La ballena utiliza su cola gigante para hacer un ruido seco tras golpearla contra la superficie del agua. Se cree que es una forma de comunicarse con otras ballenas.

Motor trasero
La fuerte cola propulsa la ballena por el agua.

Yubarta

Conocida por sus espectaculares saltos fuera del agua, la yubarta es una ballena misticeta, un gigante del océano que come pequeños animales que aprovecha tras filtrar el agua. Es uno de los animales vivientes más grandes y pesados del planeta.

La yubarta es un rorcual, un tipo de ballena con una serie de pliegues que se extienden desde la barbilla hasta la barriga. Cuando come, los pliegues permiten que la garganta se hinche como un globo para que le quepa un enorme volumen de agua. Utiliza su lengua colosal para forzar la salida del agua por la boca, a través de una cortina de barbas denominada ballena. Luego la yubarta se traga los peces y otros pequeños animales atrapados en las barbas, antes de dar otro sorbo de agua.

Banco de peces llevado a la superficie.

La ballena se sumerge.

Las burbujas suben a la superficie.

Espera.

La ballena hace burbujas.

Camino en espiral de la ballena.

Blanco y negro
La piel fina es negra por arriba y blanca moteada por debajo.

Comer en una red de burbujas

En los océanos septentrionales, las yubartas a menudo cazan peces pequeños. Los acorralan trazando círculos a su alrededor mientras una de ellas espira y forma una red de burbujas cilíndrica. Cuando los peces están todos juntos, las ballenas salen a la superficie con las bocas abiertas y se los tragan de un bocado.

Dirección asistida
Las aletas tienen puntas onduladas en la parte delantera que la ayudan a realizar maniobras complicadas.

MAMÍFEROS
YUBARTA

Megaptera novaeangliae

Localización: todo el planeta

Longitud: hasta 17 m

Dieta: plancton, peces pequeños

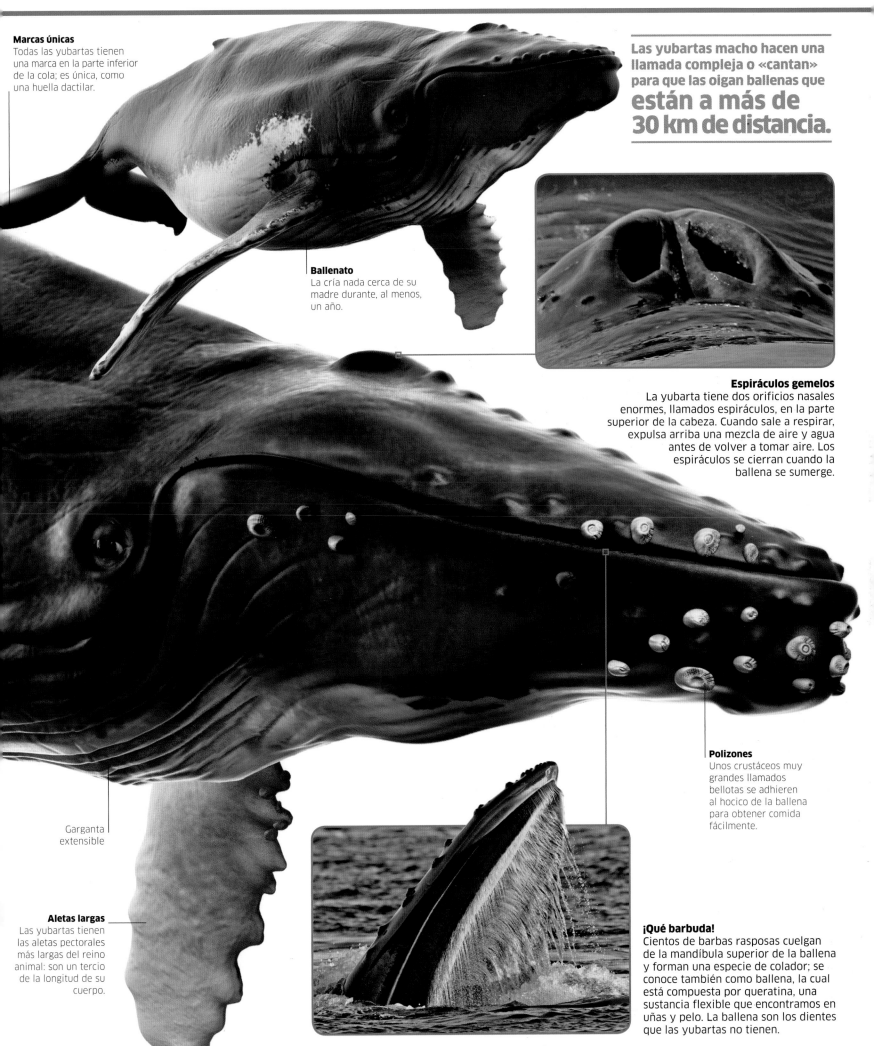

34 toneladas **pesa una yubarta**, más del triple que un **elefante africano adulto.**

Una **yubarta adulta come más de 1.000 kg** de **peces pequeños y kril** al día.

245

Marcas únicas
Todas las yubartas tienen una marca en la parte inferior de la cola; es única, como una huella dactilar.

Las yubartas macho hacen una llamada compleja o «cantan» para que las oigan ballenas que están a más de 30 km de distancia.

Ballenato
La cría nada cerca de su madre durante, al menos, un año.

Espiráculos gemelos
La yubarta tiene dos orificios nasales enormes, llamados espiráculos, en la parte superior de la cabeza. Cuando sale a respirar, expulsa arriba una mezcla de aire y agua antes de volver a tomar aire. Los espiráculos se cierran cuando la ballena se sumerge.

Polizones
Unos crustáceos muy grandes llamados bellotas se adhieren al hocico de la ballena para obtener comida fácilmente.

Garganta extensible

Aletas largas
Las yubartas tienen las aletas pectorales más largas del reino animal: son un tercio de la longitud de su cuerpo.

¡Qué barbuda!
Cientos de barbas rasposas cuelgan de la mandíbula superior de la ballena y forman una especie de colador; se conoce también como ballena, la cual está compuesta por queratina, una sustancia flexible que encontramos en uñas y pelo. La ballena son los dientes que las yubartas no tienen.

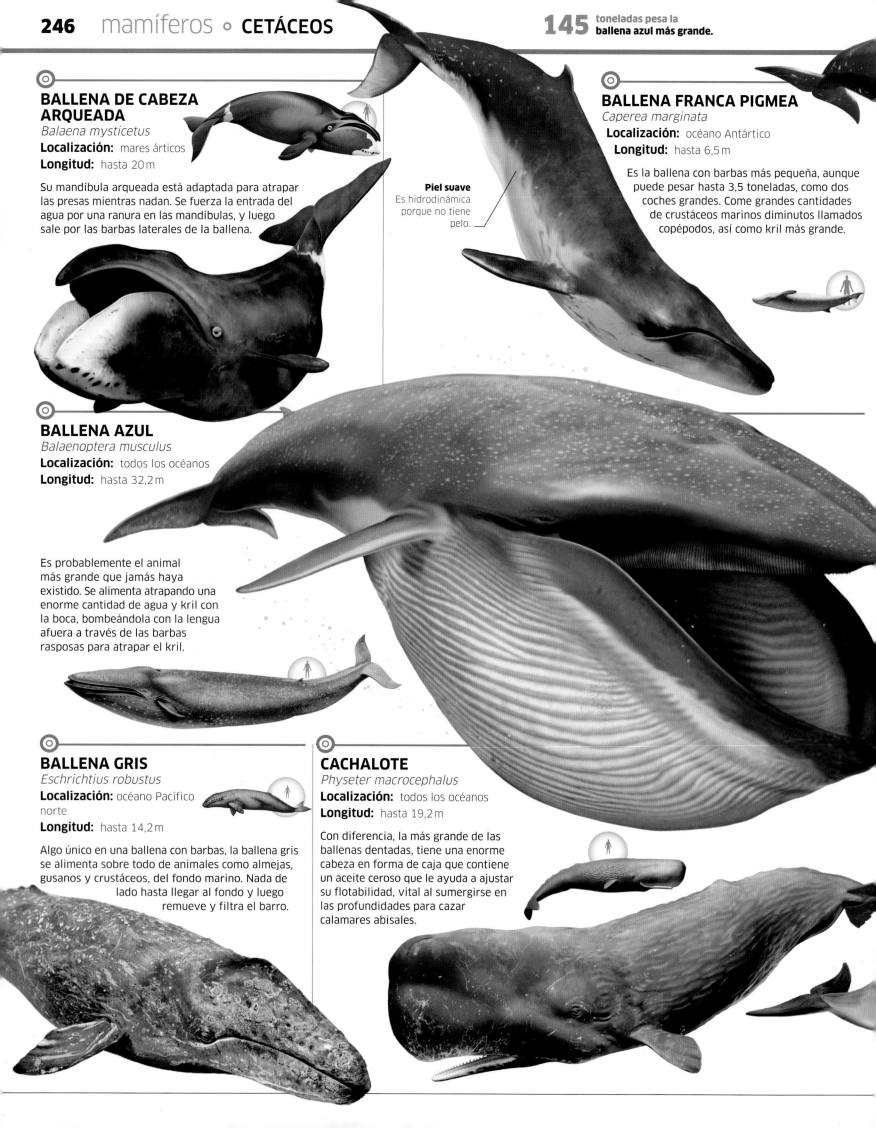

BALLENA DE CABEZA ARQUEADA
Balaena mysticetus
Localización: mares árticos
Longitud: hasta 20 m

Su mandíbula arqueada está adaptada para atrapar las presas mientras nadan. Se fuerza la entrada del agua por una ranura en las mandíbulas, y luego sale por las barbas laterales de la ballena.

Piel suave
Es hidrodinámica porque no tiene pelo.

BALLENA FRANCA PIGMEA
Caperea marginata
Localización: océano Antártico
Longitud: hasta 6,5 m

Es la ballena con barbas más pequeña, aunque puede pesar hasta 3,5 toneladas, como dos coches grandes. Come grandes cantidades de crustáceos marinos diminutos llamados copépodos, así como kril más grande.

BALLENA AZUL
Balaenoptera musculus
Localización: todos los océanos
Longitud: hasta 32,2 m

Es probablemente el animal más grande que jamás haya existido. Se alimenta atrapando una enorme cantidad de agua y kril con la boca, bombeándola con la lengua afuera a través de las barbas rasposas para atrapar el kril.

BALLENA GRIS
Eschrichtius robustus
Localización: océano Pacífico norte
Longitud: hasta 14,2 m

Algo único en una ballena con barbas, la ballena gris se alimenta sobre todo de animales como almejas, gusanos y crustáceos, del fondo marino. Nada de lado hasta llegar al fondo y luego remueve y filtra el barro.

CACHALOTE
Physeter macrocephalus
Localización: todos los océanos
Longitud: hasta 19,2 m

Con diferencia, la más grande de las ballenas dentadas, tiene una enorme cabeza en forma de caja que contiene un aceite ceroso que le ayuda a ajustar su flotabilidad, vital al sumergirse en las profundidades para cazar calamares abisales.

El **colmillo en espiral** de un **narval** puede medir hasta **3 m**.

En 2011, un **zifio de Cuvier** se sumergió a **2.992 m**, la **inmersión más profunda** hecha jamás por un mamífero.

247

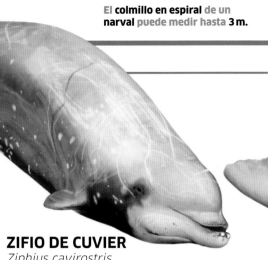

ZIFIO DE CUVIER
Ziphius cavirostris

Localización: todos los océanos excepto el Ártico

Longitud: hasta 7 m

Con un hocico similar a un pico, el misterioso zifio de Cuvier vive en océano abierto y no suele avistarse. De las 22 especies, es la más extendida, y tiene una mandíbula inferior protuberante que los machos adultos adornan con dientes parecidos a pinzas.

DELFÍN AMAZÓNICO
Inia geoffrensis

Localización: cuenca del Amazonas

Longitud: hasta 2,5 m

Uno de los pocos delfines de agua dulce, vive en aguas pantanosas, donde caza sobre todo por ecolocalización. Su largo hocico está alineado con dos tipos de dientes para atrapar distintas presas como peces, cangrejos y tortugas.

NARVAL
Monodon monoceros

Localización: mares árticos

Longitud: hasta 5 m

El narval es conocido por su colmillo en espiral, que proyectan los machos desde su mandíbula superior. Se cree que es un órgano sensorial que detecta cambios en el entorno, pero también se utiliza para luchar y atraer a la hembra.

BELUGA
Delphinapterus leucas

Localización: mares árticos

Longitud: hasta 4,5 m

Cetáceos

Este grupo (ballenas, delfines y marsopas) incluye los animales más grandes del planeta. El predador marino más grande y poderoso, la orca (pp. 242-243) pertenece a este grupo, así como algunos de los animales más inteligentes.

Los cetáceos son los mamíferos marinos más especializados, y se alimentan y reproducen en el mar. Hay dos tipos: las ballenas gigantes con barbas, que filtran pequeños animales del agua, y el grupo de las ballenas con dientes, más pequeñas, que incluye a delfines y marsopas, y que caza peces más grandes y calamares.

Protuberancia llamada «melón»

Muy cercana al narval, la beluga es única entre las ballenas por su piel de color blanco. Muy sociable, vive en grupos en los que se congregan cientos de ejemplares, o incluso miles, durante la época de cría en verano.

MARSOPA DEL PACÍFICO
Phocoena sinus

Localización: golfo de California

Longitud: hasta 1,5 m

La marsopa más pequeña y rara se encuentra en aguas muy poco profundas y se alimenta de peces y calamares. Ya que solo se encuentra en el golfo de California, es el mamífero marino más gravemente amenazado.

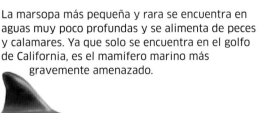

DELFÍN MULAR
Tursiops truncatus

Localización: todos los océanos templados

Longitud: hasta 3,8 m

Los delfines son pequeñas ballenas con dientes que están adaptados para nadar rápido y cazar presas. Esta es la especie más conocida, un animal muy sociable e inteligente con un lenguaje complejo y una impresionante capacidad para aprender.

CALDERÓN DE ALETA LARGA
Globicephala melas

Localización: océanos Atlántico norte y Antártico

Longitud: hasta 6,7 m

Es un delfín grande con una frente protuberante llamada «melón». Contiene una estructura que, en todas las ballenas con dientes, se encarga de producir clics ecolocalizadores que le permiten detectar presas en aguas oscuras.

CIENCIA ANIMAL

Todo lo que define un animal (aspecto, comportamiento y funciones corporales) es resultado de la selección natural. Tras millones de años de evolución, los animales se han adaptado a su entorno de muchas formas. El resultado es un reino animal que es hoy extraordinariamente diverso.

Formas

Se calcula que existen 7,8 millones de especies de animales en la Tierra, de las cuales se han identificado ya cerca de 1,4 millones. Cada una presenta una forma perfectamente adaptada a su entorno y tipo de vida. Los animales tienen que poder moverse (aunque sea solo un poco), encontrar comida y absorber oxígeno. Los cuerpos de especies tan diferentes como el coyote, el coral y la cucaracha pueden hacer estas funciones igual de bien, a pesar de ser muy diferentes por dentro y por fuera.

SIMETRÍA CORPORAL

Puede agruparse a los animales según su simetría corporal, cómo se distribuyen sus cuerpos. La mayoría presenta simetría bilateral, en la que una parte del cuerpo es la imagen reflejada de la otra. Pocos animales tienen forma radial o circular, con sus elementos ordenados alrededor de un área central. Los animales más simples no presentan simetría alguna.

Bilateral

Un cuerpo con simetría bilateral tiene la cabeza, con la boca y los sentidos principales, en un extremo. Las patas y otros apéndices siempre aparecen por parejas, con el mismo número a cada lado del cuerpo. Los animales simétricos bilaterales incluyen vertebrados, artrópodos, moluscos y gusanos.

ESCARABAJO DE ORO

Radial

Las medusas, corales y sus parientes presentan simetría radial. No tienen cabeza y el cuerpo tiene la boca en el centro. Estos animales no suelen tener ano, sino que todo entra o sale del cuerpo por la misma abertura. Los adultos de estrella de mar, erizo de mar y animales parecidos también tienen simetría radial, pero se desarrollan a partir de larvas con simetría bilateral.

ANÉMONA DE MAR

Asimétricos

Las disposiciones más simples y primitivas son las de las esponjas y placozoos, animales marinos sin simetría. Los cuerpos de las esponjas crecen en forma de tubos y canales, mientras que los placozoos son solo dos capas de células. Estos animales absorben oxígeno y partículas de comida a través de su superficie.

ESPONJA TUBULAR

FISONOMÍA

Más del 99 % de los animales tienen el cuerpo simétrico bilateral, como mínimo durante una parte de su ciclo de vida. Sin embargo, continúa habiendo mucha variedad. La evolución ha adaptado el cuerpo animal bilateral a diferentes hábitats y estilos de vida.

Cuerpo segmentado · Tentáculo · Ojo · Caparazón · Boca · Pie

Lombriz
La lombriz, una especie de anélido, tiene un cuerpo capaz de cavar sin patas ni otros apéndices. Su cuerpo está compuesto por segmentos repetidos.

Caracol
El caracol, del filo de los moluscos, se desplaza sobre su pie carnoso. Su caparazón impermeable le protege el cuerpo o manto.

Ojos a cada lado · La columna recorre el cuerpo y la cola. · Cola larga · Extremidad

Lagarto
Como cualquier vertebrado, este lagarto tiene el cuerpo dispuesto alrededor del esqueleto interno. Este lagarto es un ejemplo de reptil. En una punta está la cabeza (y el cerebro) y, en la mayoría de vertebrados, en la otra está la cola.

Cefalotórax · Mandíbulas con pedipalpos · Abdomen

Araña
La araña, un ejemplo de arácnido, tiene dos secciones: el cefalotórax, que comprende la cabeza y el tórax, y el abdomen. Las ocho patas y los pedipalpos están conectados al cefalotórax.

El ala es una extremidad modificada. · Cola

Paloma
Las aves tienen cuatro extremidades, como casi todos los vertebrados terrestres. Las dos primeras son las alas. El plumaje aumenta las áreas de ala y cola sin añadir apenas peso.

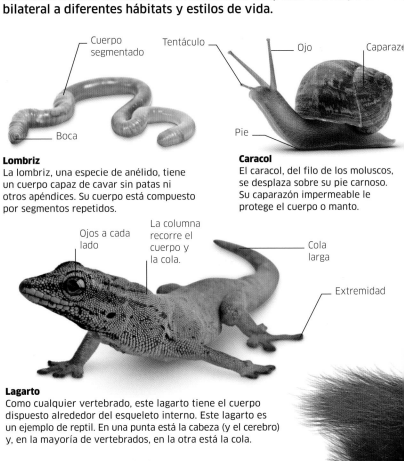

Cangrejo

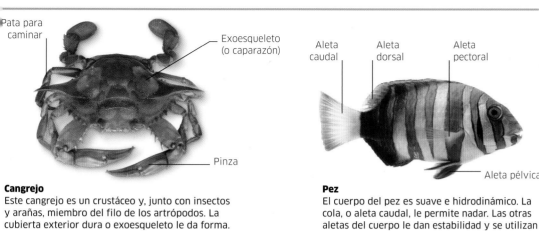

Pata para caminar

Exoesqueleto (o caparazón)

Pinza

Este cangrejo es un crustáceo y, junto con insectos y arañas, miembro del filo de los artrópodos. La cubierta exterior dura o exoesqueleto le da forma.

Pez

Aleta caudal

Aleta dorsal

Aleta pectoral

Aleta pélvica

El cuerpo del pez es suave e hidrodinámico. La cola, o aleta caudal, le permite nadar. Las otras aletas del cuerpo le dan estabilidad y se utilizan para virar.

Libélula

Patas articuladas

Ala anterior

Ala posterior

Este tipo de insectos fueron los primeros que pudieron volar. La mayoría de insectos tiene dos pares de alas funcionales, que desarrollan por separado de sus tres pares de patas.

Orangután

Los mamíferos, como este simio, suelen ser vertebrados con cuatro extremidades. Como cualquier simio, este orangután no tiene cola, igual que los humanos.

Brazos largos

Los simios tienen los brazos más largos que las piernas.

SISTEMAS CORPORALES

La mayoría de animales tiene sus órganos organizados en sistemas, con tareas especiales. Cada sistema se coordina con el resto para que el cuerpo funcione correctamente. Los sistemas principales son: esquelético, muscular, nervioso, circulatorio, digestivo, excretor, reproductor y respiratorio. Estos sistemas se ordenan de diferentes modos para ajustarse a los diferentes animales.

Invertebrados simples

El platelminto es uno de los animales más simples, pero su anatomía interna ya está compuesta por órganos y sistemas. No obstante, no tiene cerebro que dirija el sistema nervioso, ni corazón o sistema circulatorio. El sistema digestivo está muy ramificado.

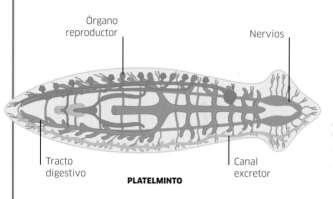

Órgano reproductor

Nervios

Tracto digestivo

Canal excretor

PLATELMINTO

Vertebrados

Todos los vertebrados terrestres, desde las ranas y aves hasta los mamíferos, comparten los mismos sistemas, aunque modificados para adaptarse a cada tamaño, vida y hábitat. Por ejemplo, los que cazan a la carrera como el perro o el guepardo tienen unos pulmones más grandes en comparación con otros animales más lentos del mismo tamaño.

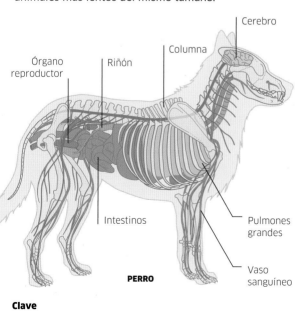

Cerebro

Columna

Órgano reproductor

Riñón

Intestinos

Pulmones grandes

Vaso sanguíneo

PERRO

Clave

- Sistema circulatorio
- Sistema excretor
- Sistema digestivo
- Sistema nervioso
- Sistema respiratorio
- Sistema reproductor

Ciclos de vida

El ciclo de vida de un animal es su progreso desde que nace hasta que es adulto, cuando puede producir sus crías. El ciclo de vida puede durar solo semanas o años. Muchas crías son solo versiones reducidas de sus padres. Otras son muy diferentes de los adultos en su primera etapa, en cuanto a aspecto y modo de vida. Para transformarse en adultos, estos animales sufren un proceso de cambio que se denomina metamorfosis. Es lo que ocurre cuando una oruga se transforma en mariposa o cuando los renacuajos se convierten en ranas.

DESARROLLO DIRECTO

Las aves, reptiles y mamíferos, como estos zorros, crecen por desarrollo directo. Cuando nacen o salen del huevo, la cría tiene los mismos sistemas y rasgos anatómicos que el adulto, aunque aún no pueden reproducirse. Al principio los padres les alimentan y les cuidan, hasta que llega el momento en que pueden hacerlo solos. La mayoría desarrolla rápidamente los hábitos de alimentación y conducta de los adultos.

METAMORFOSIS INCOMPLETA

Muchos insectos, como los saltamontes, tienen un ciclo de vida conocido como metamorfosis incompleta. El insecto inmaduro (joven), o ninfa, crece por etapas a medida que cambia (muda) su esqueleto externo diversas veces. Parece un adulto pequeño y come lo mismo.

Botón del ala

1 NINFA
Tras salir del huevo, la ninfa diminuta empieza a comer. No tiene alas, solo botones donde crecerán más adelante. A medida que crece, la ninfa muda su esqueleto exterior en cinco etapas.

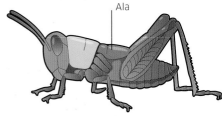

Ala

2 SIN ALAS
En esta etapa el animal es inmaduro. Las alas empiezan a crecer, pero aún no puede volar. Salta con sus largas patas traseras.

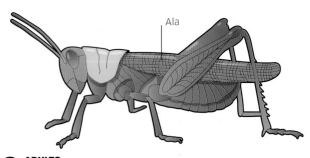

Ala

3 ADULTO
Tras la muda final, el saltamontes se ha convertido en adulto y tiene alas largas para volar. Ahora se apareará y pondrá sus propios huevos. Este ciclo de vida entero se completa en unas seis semanas.

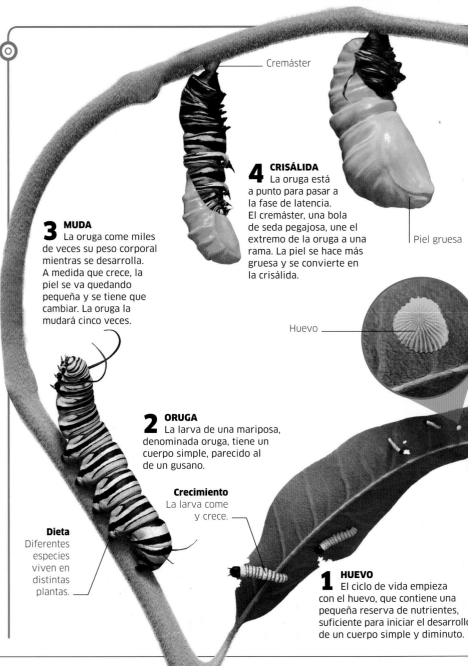

Cremáster

3 MUDA
La oruga come miles de veces su peso corporal mientras se desarrolla. A medida que crece, la piel se va quedando pequeña y se tiene que cambiar. La oruga la mudará cinco veces.

4 CRISÁLIDA
La oruga está a punto para pasar a la fase de latencia. El cremáster, una bola de seda pegajosa, une el extremo de la oruga a una rama. La piel se hace más gruesa y se convierte en la crisálida.

Piel gruesa

Huevo

2 ORUGA
La larva de una mariposa, denominada oruga, tiene un cuerpo simple, parecido al de un gusano.

Crecimiento
La larva come y crece.

Dieta
Diferentes especies viven en distintas plantas.

1 HUEVO
El ciclo de vida empieza con el huevo, que contiene una pequeña reserva de nutrientes, suficiente para iniciar el desarrollo de un cuerpo simple y diminuto.

MUDA

La capa externa de algunos animales no crece. En un proceso denominado muda, similar a la metamorfosis incompleta de los insectos jóvenes, pierden la capa exterior para poder crecer más. Los crustáceos, como los bogavantes y los cangrejos, son animales que mudan, pues cambian su caparazón y el caparazón blando nuevo se endurece al cabo de poco. Las serpientes también mudan la piel, a menudo de una sola pieza.

DIVISIÓN DE GENERACIONES

Cuando los animales tienen un número elevado de crías de golpe, los adultos se encuentran compitiendo por la comida y el espacio con la generación más joven. Para evitarlo, algunas especies tienen un ciclo de vida en el que las crías empiezan como larvas que viven y se alimentan de manera muy diferente a la de los padres.

Renacuajo
Cuando eclosionan los huevos de rana, salen los renacuajos. El renacuajo vive exclusivamente en el agua y come plantas o animales pequeños. Las patas le crecen cuando pasa a ser adulto.

Rana
Al contrario que sus renacuajos, la rana adulta puede sobrevivir y alimentarse en tierra y en el agua. La mayoría de especies de ranas cazan insectos y pequeños animales terrestres.

Crisálida

El capullo se seca
Se ven los colores de las alas del adulto.

5 METAMORFOSIS
Dentro de la crisálida, el cuerpo de la oruga sufre muchos cambios. El cuerpo se descompone y se vuelve a formar como adulto.

6 ADULTO
Cuando se ha completado la metamorfosis, la crisálida se seca. La antigua piel se hace transparente y la mariposa se deshace de ella.

7 SALIDA
La transformación dura dos semanas y es posible gracias a la comida almacenada en el cuerpo de la oruga. Ahora la crisálida se abre por la parte de la cabeza y sale el adulto.

Alas blandas
Las alas son blandas al salir.

UNA MARIPOSA PUEDE COMENZAR A **VOLAR DOS HORAS DESPUÉS DE** HABER SALIDO DE **LA CRISÁLIDA.**

8 VUELO
La mariposa estaba muy estrecha en la crisálida, pero las alas arrugadas se despliegan rápidamente al llegarles la sangre. Cuando el esqueleto externo se seque y endurezca, el insecto se irá volando.

A punto para volar
Las alas arrugadas se abren y se endurecen rápidamente.

METAMORFOSIS COMPLETA

Los ciclos de vida más elaborados se producen en insectos como mariposas, escarabajos y moscas. Estos animales se desarrollan por metamorfosis completa. Cuando salen del huevo son larvas, muy diferentes al adulto, y crecen rápido antes de pasar a la fase latente en forma de pupa o, en el caso de mariposas y polillas, de crisálida. Durante esta etapa, el cuerpo de la larva se reorganiza por completo hasta su forma adulta.

Movimiento

Todos los animales, incluso los más simples, tienen que poder moverse en algún momento de su ciclo de vida. Se mueven para encontrar comida, buscar cobijo, escapar del peligro o aparearse y criar. Los animales pueden moverse por el suelo o bajo tierra, por el agua o por el aire; algunos se mueven bien en más de un entorno. El tamaño y la forma del cuerpo de un animal revelan el tipo de esqueleto que tiene y sus distintas maneras de moverse.

Ala arriba, a punto para empezar a batir

Plumas de vuelo
Las plumas de vuelo, anchas y planas, aumentan la superficie de ala para dar una sustentación máxima.

MOVERSE POR EL AIRE

Diversos animales, como ardillas, serpientes y ranas, pueden planear por el aire. Pero solo tres grupos pueden volar: aves, murciélagos e insectos. Todos tienen alas, que cuando las baten producen una fuerza de sustentación que los levanta por el aire. Algunas aves, como este cernícalo, se pueden mantener estáticas en el aire mientras buscan presas en el suelo.

TIPOS DE ESQUELETO

Los músculos, fibras que se contraen para tirar del cuerpo, son los responsables del movimiento animal. Los músculos no funcionan solos: necesitan algún tipo de esqueleto del que tirar. Existen tres tipos de esqueleto.

Esqueleto hidrostático
El cuerpo de la lombriz contiene líquido y por ello puede cambiar de forma. El gusano tiene dos capas de músculo que actúan en direcciones diferentes: una estruja el cuerpo y lo estira a lo largo. La otra, en cambio, lo contrae y hace que sea más corto y grueso. El gusano avanza alternando estas dos acciones.

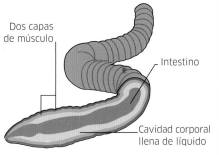

Dos capas de músculo

Intestino

Cavidad corporal llena de líquido

CUERPO DE LA LOMBRIZ

Exoesqueleto
Los artrópodos tienen un esqueleto externo duro pero flexible. Los músculos tiran del interior del esqueleto para hacerlo mover. Los músculos solo tiran y no empujan, por eso funcionan en parejas opuestas.

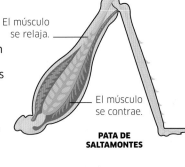

El músculo se relaja.

El músculo se contrae.

PATA DE SALTAMONTES

Endoesqueleto
Los vertebrados, como los gorilas, tienen un esqueleto dentro del cuerpo compuesto por docenas de huesos conectados. Los tendones unen las parejas de músculos a los huesos. Cuando un músculo se contrae, el músculo opuesto se relaja.

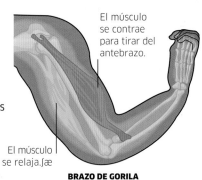

El músculo se contrae para tirar del antebrazo.

El músculo se relaja.

BRAZO DE GORILA

A la carrera
Los animales rápidos suelen tener patas largas. En los solípedos, como estas cebras, solo la punta de los dedos toca el suelo. Estas puntas están protegidas por una pezuña dura.

MOVERSE POR EL AGUA

Los animales se pueden mover por el agua arrastrándose por el lecho marino, flotando a la deriva de la corriente o nadando. La forma esbelta de los animales nadadores les ayuda a moverse con eficiencia por el agua.

Cómo nada un pez
La mayoría de peces utiliza la aleta caudal (cola) para impulsarse. Esta aleta se suele mover realizando un movimiento de onda con todo el cuerpo.

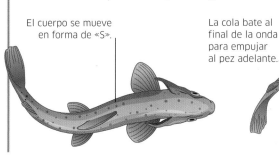

El cuerpo se mueve en forma de «S».

La cola bate al final de la onda para empujar al pez adelante.

El movimiento de la cabeza empieza una onda nueva.

Vuelo
Para volar, el ave bate sus alas. Cuando las baja, empuja el aire abajo y atrás, lo que desplaza el cuerpo del ave arriba y adelante. A continuación sube las alas para tenerlas a punto para volver a empezar.

Alas de insecto
Las alas de ave y murciélago son extremidades anteriores modificadas para volar. En cambio, los insectos tienen dos o cuatro alas finas y rígidas unidas al tórax (cuerpo).

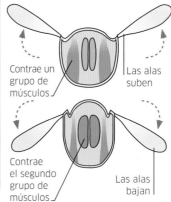

DESPEGUE DE LA MOSCA COMÚN

Plumas más pequeñas
Crean un contorno fino para que el aire pase mejor por el ala.

El ala bate abajo por el aire

Contrae un grupo de músculos

Las alas suben

Contrae el segundo grupo de músculos

Las alas bajan

Vuelo de insecto
Algunos insectos baten las alas cambiando la forma del tórax. Un grupo de músculos tira del tórax abajo y hace así que las alas suban. A continuación otro conjunto se contrae y tira de los lados del tórax, lo que empuja la parte superior hacia arriba y hace que las alas bajen.

MOVERSE POR TIERRA
Los animales terrestres se mueven de muchas formas: algunas especies están adaptadas y corren muy rápido, otras cavan, trepan o saltan por el suelo. La mayoría de animales terrestres tienen patas, lo que implica cambiar el peso de una extremidad a otra de manera controlada para desplazarse.

Columpios en la jungla
Todos los simios, como estos chimpancés, tienen articulaciones muy flexibles en los hombros. Así pueden moverse rápidamente por los árboles columpiándose de rama en rama.

Reptar
Los animales sin patas, como las serpientes, se mueven de manera diferente gracias a los músculos y las costillas. El movimiento en acordeón, a la derecha, es útil en espacios estrechos.

Primero se pliega el cuerpo

A continuación avanza la cabeza

La cola sigue a la cabeza

Propulsión a chorro
Algunos animales marinos, como la sepia (izquierda), el calamar y los pulpos, utilizan la propulsión a chorro para escapar del peligro. La sepia saca agua del cuerpo a mucha presión a través del sifón, lo que la impulsa atrás a gran velocidad.

COMENSALES SÉSILES
Muchos animales acuáticos son sésiles, es decir, que pasan su vida adulta anclados en un sitio del lecho marino. Mueven partes del cuerpo para recoger comida, pero no pueden cambiar de sitio tras asentarse. Esta pluma de mar parece una alga, pero realmente es un pariente sésil de las medusas.

Alimentación

Todos los seres vivos necesitan comida para convertirla en energía para moverse, crecer o reparar el cuerpo. Las plantas se hacen su propia comida a partir de la energía del sol, pero para sobrevivir todos los animales tienen que consumir otros seres vivos o sus restos, ya sea hierba, algas y plantas o insectos, peces o mamíferos. Algunos animales pueden comer diferentes tipos de comida, pero otros están adaptados para encontrar y consumir un tipo concreto de comida.

EL COMBUSTIBLE DE LA VIDA

Los animales obtienen la energía en un proceso denominado respiración interna. Primero se digiere la comida y esta se convierte en glucosa, que se mezcla con el oxígeno respirado, que la lleva con la sangre a las células. Este proceso produce energía para que la utilice el animal, además de dióxido de carbono y agua como desechos.

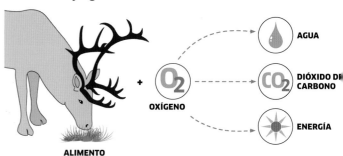

AGUA

O_2 OXÍGENO

CO_2 DIÓXIDO DE CARBONO

ENERGÍA

ALIMENTO

DIFERENTES DIETAS

Algunos animales simples, como las esponjas, están ancladas en un lugar y filtran la comida del agua en la que viven. Los herbívoros solo se alimentan de plantas, mientras que los carnívoros comen otros animales. Algunos animales, como los humanos, son omnívoros: comen animales y plantas.

LA CAPACIDAD DEL MAPACHE DE COMÉRSELO TODO LE HA CONVERTIDO EN **UN SUPERVIVIENTE,** CAPAZ DE VIVIR EN DIFERENTES **HÁBITATS, COMO CIUDADES, DESIERTOS Y MONTAÑAS.**

Omnívoros sin manías
El mapache se come todo lo que encuentra: plantas, insectos, peces o restos de comida humana. Los dedos flexibles de las patitas le permiten agarrar y manipular todo tipo de comida.

Dieta líquida
La dieta de este colibrí consiste únicamente en el néctar líquido de las flores. Sus veloces alas le permiten mantenerse en el aire mientras introduce su largo pico dentro de la flor y liba el dulce néctar.

Vegetarianos
Los animales que comen plantas son herbívoros. Estos ciervos comen hierba, hojas, cortezas... Las plantas son de digestión difícil, por lo que los herbívoros suelen comer durante mucho tiempo para obtener los nutrientes que necesitan.

Alimentación por filtración
El tiburón ballena se alimenta llenando su enorme boca con grandes cantidades de agua. Los filtros de la boca del tiburón atrapan los peces pequeños y otras criaturas marinas, que el tiburón acaba tragándose.

Recicladores
El escarabajo pelotero encuentra una excelente fuente de comida en los excrementos de los rumiantes, ricos en materia vegetal sin digerir, que transforma en una pelota para llevársela rodando al nido para alimentar a las larvas.

DIETA Y DIENTES

La disposición de los dientes de un animal dice mucho de lo que come. Las serpientes venenosas utilizan colmillos afilados para envenenar a las presas antes de tragárselas. Los dientes de los mamíferos están especializados según tengan que morder, partir, cortar, mascar o moler. La gran mayoría tiene diferentes tipos de dientes, cuya forma varía según la dieta.

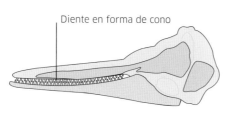

Diente en forma de cono

Delfín
Los dientes del delfín son perfectos para atrapar peces escurridizos. Todos los dientes comparten tamaño y forma, algo muy raro en un mamífero.

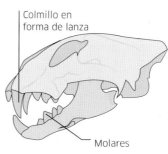

Colmillo en forma de lanza

Molares

León
El león tiene unos caninos largos y afilados para atrapar presas, y molares como tijeras para cortarlas en trozos que poder tragarse.

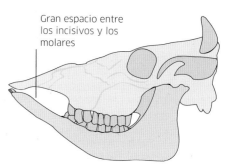

Gran espacio entre los incisivos y los molares

Vaca
Los animales de pastoreo, como las vacas, comen hierba, de difícil digestión, por lo que tienen molares grandes y planos para convertirla en pulpa digerible.

El chacal en acción
Un chacal de lomo negro se abalanza sobre una ganga que bebe en un abrevadero.

Caza extenuante
Los predadores son carnívoros que matan y comen otros animales. La carne es muy nutritiva, pero tienen que gastar mucha energía en perseguir, cazar y matar sus presas.

VISIÓN

La vista es importante para casi todos los animales, predadores y presas, aunque los pocos que viven en la oscuridad total, como los topos, no necesitan una buena visión. Hay diferentes tipos de ojo en los grupos de animales. Los artrópodos, como los insectos y las arañas, suelen tener dos tipos de ojo: ocelos, que son simples detectores de luz; y ojos compuestos para una visión periférica. En los vertebrados, humanos incluidos, los ojos se colocan mirando adelante o en los lados de la cabeza.

Ocelos
Las arañas y otros artrópodos suelen tener ojos simples denominados ocelos, además de otros ojos más complejos. Los ocelos detectan cambios de luz y en alguna especie sirven para calcular distancias. Tienen un único cristalino.

Ojo compuesto
Los artrópodos tienen ojos compuestos, divididos en miles de compartimentos separados, cada uno con su cristalino. Estos ojos detectan el movimiento, pero no captan detalles. Están muy desarrollados en insectos voladores, como esta mosca predadora.

Ojo de vertebrado
Los mamíferos, reptiles, aves, peces y algunos invertebrados como el pulpo tienen dos ojos. Estos funcionan como una cámara: el cristalino (la lente) enfoca la luz sobre las células de la parte trasera del ojo. Detectan la luz, el movimiento y el color.

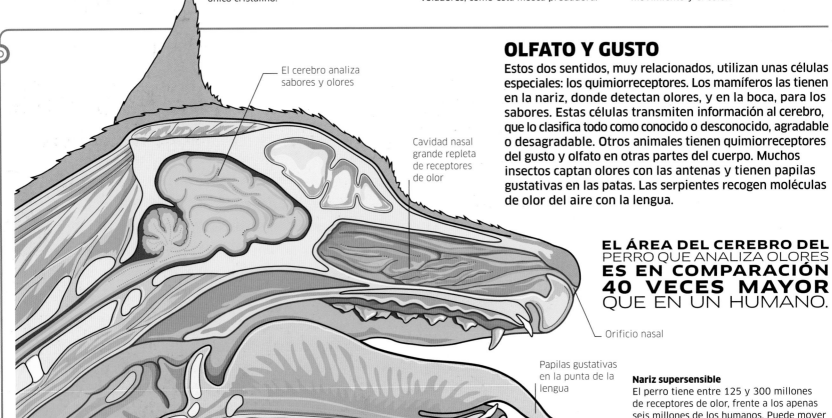

El cerebro analiza sabores y olores

Cavidad nasal grande repleta de receptores de olor

Orificio nasal

Papilas gustativas en la punta de la lengua

OLFATO Y GUSTO

Estos dos sentidos, muy relacionados, utilizan unas células especiales: los quimiorreceptores. Los mamíferos las tienen en la nariz, donde detectan olores, y en la boca, para los sabores. Estas células transmiten información al cerebro, que lo clasifica todo como conocido o desconocido, agradable o desagradable. Otros animales tienen quimiorreceptores del gusto y olfato en otras partes del cuerpo. Muchos insectos captan olores con las antenas y tienen papilas gustativas en las patas. Las serpientes recogen moléculas de olor del aire con la lengua.

EL ÁREA DEL CEREBRO DEL PERRO QUE ANALIZA OLORES **ES EN COMPARACIÓN 40 VECES MAYOR** QUE EN UN HUMANO.

Nariz supersensible
El perro tiene entre 125 y 300 millones de receptores de olor, frente a los apenas seis millones de los humanos. Puede mover cada orificio nasal de manera independiente para discernir así la dirección concreta de la que viene un olor.

Antenas afinadas
Esta polilla emperador macho tiene quimiorreceptores en las antenas plumadas. Son tan sensibles que llegan a detectar las feromonas que emite la hembra a 5 km de distancia.

Sibarita
Los delfines no tienen olfato, pero sí papilas gustativas, situadas en la base de la lengua. Si hay mucha comida disponible, tienen preferencia por un determinado tipo de peces.

El gusto en las patas
Las mariposas y otros insectos tienen quimiorreceptores en las patas. Funcionan más o menos como las papilas gustativas de la lengua de otros animales y les indican qué flores ofrecen la mejor comida.

Sentidos

Los animales necesitan los sentidos para encontrar comida o pareja, mantener vínculos con su grupo social y evitar predadores. En muchos animales, la vista, el oído, el olfato, el gusto y el tacto son más eficientes que en los humanos. Además, algunos animales tienen sentidos adicionales para cubrir sus necesidades concretas. Existen serpientes nocturnas que cazan a oscuras detectando la radiación infrarroja de los cuerpos calientes de las presas. Las aves pueden «leer» el campo magnético de la Tierra, crucial para navegar durante la migración. Los tiburones captan la señal eléctrica que emiten otros animales.

◎ TACTO

Un sentido preciso del tacto es fundamental para los que se mueven a oscuras. Los felinos, grandes y pequeños, tienen bigotes sensibles que les ayudan a desplazarse de noche. De forma similar, el siluro utiliza los bigotes que tiene alrededor de la boca para encontrar comida en las aguas turbias. El premio al mejor sentido del tacto es para el topo estrellado, casi ciego: su hocico lleno de tentáculos contiene unos 25.000 receptores del tacto.

◎ OÍDO

Los animales utilizan el sentido del oído para escuchar en busca de presas o predadores al acecho, y para captar llamadas de apareamiento u otros mensajes sonoros. Las ballenas y elefantes hablan a larga distancia entre sí con sonidos por debajo del umbral del oído humano. Los murciélagos cazan insectos en la oscuridad enviando ondas de sonido de muy alta frecuencia que rebotan cuando encuentran algo. El murciélago escucha el eco y lo utiliza para ubicar la fuente.

ALGUNOS MURCIÉLAGOS OYEN SONIDOS DE **MÁS DE 100 KHZ,** CINCO VECES MÁS AGUDOS DE LO QUE DETECTA UN HUMANO.

A la escucha de sonidos subterráneos
El zorro orejudo tiene un oído agudo para localizar los animales pequeños, como los insectos, que caza en la sabana africana. Las orejas descomunales captan los sonidos más mínimos de las presas bajo tierra.

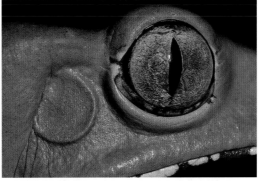

Tímpano externo
Los tímpanos de la rana están justo por debajo de la superficie del cuerpo. En algunas especies se puede ver el tímpano: una membrana fina al lado del ojo de la rana, visible arriba.

Orejas en sitios sorprendentes
Las langostas verdes de antenas largas tienen las orejas en la articulación de la rodilla, mientras que las de antenas cortas tienen el tímpano en el abdomen. Las langostas reconocen los sonidos de su especie.

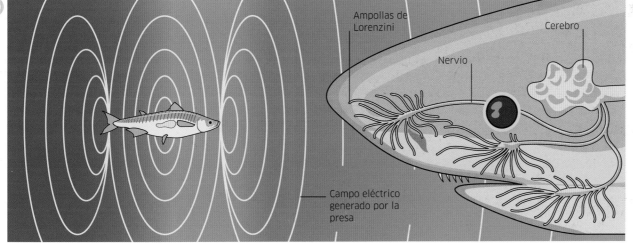

Ampollas de Lorenzini

Cerebro

Nervio

Campo eléctrico generado por la presa

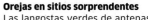

SUPERSENTIDO

Los tiburones tienen una habilidad especial: detectar la señal eléctrica más mínima que produce cualquier animal. Este sentido, la electrorrecepción, les permite localizar presas. Los sensores eléctricos del tiburón, las ampollas de Lorenzini, consisten en células electrorreceptoras ubicadas en unos poros del morro. Las células captan las señales eléctricas del agua y envían mensajes por vía nerviosa al cerebro del tiburón.

Comunicación

Incluso los animales más solitarios a veces tienen que encontrarse con otros. Quizás para mostrar su presencia, solucionar alguna disputa territorial o, lo más habitual, atraer a una pareja. Algunos animales se comunican con sonidos u olores reconocibles para sus vecinos. Otros a través de señales visuales, como el lenguaje corporal o los cambios de color. La buena comunicación es muy importante dentro de un grupo, ya que así se garantiza la seguridad de todos y se evitan peleas.

SEÑALES VISUALES

Los animales pueden comunicarse sin emitir sonido alguno. Lo hacen mediante señales visuales: lenguaje corporal con un significado claro para sus iguales. Desde asustar a rivales hasta dar la alarma o atraer a una pareja, se pueden decir muchas cosas con la cola, los dientes y unos colores vivos.

Comportamiento sumiso
Lo único que quiere este licaón es evitar problemas: mantiene la cabeza baja para mostrar que no es una amenaza para el líder de la manada.

LLAMADAS Y CANTOS

Los animales son especialmente ruidosos durante la temporada de apareamiento, cuando muchas especies intentan atraer a sus parejas. Sin embargo, durante todo el año hay sonidos, ya que muchos animales los utilizan para dar órdenes o avisos. El cercopiteco verde, por ejemplo, tiene una gran diversidad de alarmas para explicar exactamente qué amenaza detecta.

Cercopiteco verde
Los cercopitecos verdes, muy sociables, tienen una gama de sonidos para advertir de cualquier amenaza a otros miembros de su manada. Un alarido gutural avisa de un ataque por arriba. Una llamada aguda avisa al grupo de que se acercan felinos grandes. Un cascabeleo repetitivo alerta al resto de que se acerca una serpiente.

Trinar
Los trinos potentes demuestran que el macho está sano y que es un buen partido. Este petirrojo europeo canta para marcar su territorio de cría.

Croar
Muchas ranas croan para atraer a una pareja, con cantos graves o muy agudos. Esta rana verde de ojos rojos hincha su saco vocal para amplificar el sonido.

Chicharrear
Los insectos hacen ruidos con el cuerpo con una técnica denominada estridulación. Las langostas estridulan rascando las patas traseras sobre las alas anteriores.

Alerta de cola
Cuando algo lo asusta, el ciervo de cola blanca se aleja brincando con la cola en alto y lanza así una señal blanca y peluda de advertencia a otros ciervos.

Cortejo
El ave del paraíso macho muestra su plumaje vivo. La extravagancia y colores de sus plumas muestran a las hembras que será una pareja saludable.

Cambios de color
Los camaleones cambian el color de su piel según sea su estado de ánimo. Los colores más vivos indican miedo o enfado. Los diseños más llamativos indican que el lagarto busca pareja.

De par en par
Esto no es un bostezo de hipopótamo, sino que el animal está mostrando su gran mandíbula y colmillos enormes, una advertencia para que nadie se meta con él.

EL BAILE DEL PANAL

Las abejas recolectoras explican al resto de la colmena dónde han encontrado néctar y polen realizando una danza. La dirección y velocidad del baile detalla la distancia, ubicación y calidad de la comida.

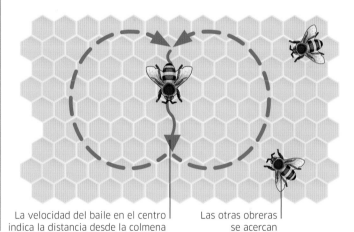

La velocidad del baile en el centro indica la distancia desde la colmena

Las otras obreras se acercan

MARCAS

Los animales territoriales dejan señales para advertir que el área está a su cargo. Estas señales incluyen excrementos, zarpazos y mechones de pelo, a menudo regados con orín. Cualquier animal que ignore estas señales se arriesga a tener que pelear con el amo del territorio.

Zarpazo de oso
Un oso pardo es el autor de este zarpazo. La altura de los cortes en el tronco muestra a sus rivales el tamaño del oso.

USO DE OLORES

El olor es la forma más habitual de comunicación entre animales: muchos tienen un olfato muy desarrollado. Cada animal tiene un olor único que lo identifica. Para los miembros de la misma especie, los cambios en el olor corporal aportan información sobre su estado de ánimo, salud o reproducción.

Uso de feromonas
Las feromonas son mensajes químicos que modifican el comportamiento del animal. Estas hormigas guerreras liberan feromonas al desplazarse, para que las hormigas que vengan detrás encuentren el camino.

Marcas de olor
Muchos mamíferos tienen glándulas que secretan aceites con olor en cara, trasero o vientre. El animal refriega esas glándulas en cualquier objeto de su hábitat para dejar su marca. Este lémur de cola anillada se levanta sobre sus patas delanteras para marcar un árbol con las glándulas que tiene bajo la cola. Los lémures macho también tienen glándulas en las muñecas y el pecho.

LOS LÉMURES DE COLA ANILLADA MACHO LIBRAN APESTOSAS LUCHAS EN TEMPORADA DE **APAREAMIENTO** REFREGANDO LA COLA EN SUS **GLÁNDULAS ODORÍFERAS** PARA APESTAR DESPUÉS A SUS RIVALES.

Encontrar pareja

Buscar pareja es un tema importante en el reino animal. El éxito de una especie depende del apareamiento entre machos y hembras. Eso se puede resolver eligiendo directamente a una pareja, o parejas, del sexo opuesto, pero muchos machos realizan muestras de cortejo elaboradas para atraer a las posibles parejas. Algunos de ellos realizan pruebas violentas de fuerza luchando entre ellos por ganarse el derecho de tener a las hembras. El tiempo es oro: la mayoría de animales cuenta con una temporada de apareamiento corta para encontrar pareja.

LA DECISIÓN CORRECTA

Los animales conocen por instinto por qué una pareja es mejor que otra. Por ejemplo, el ciervo con los cuernos más grandes o el pavo real con la cola más espléndida tienen más números de atraer a las hembras. Su aspecto sugiere una buena salud y una gran capacidad para sobrevivir: cualidades que su descendencia tiene posibilidades de heredar.

Cuello largo
Cuanto más largo es el cuello del gorgojo jirafa macho, más opciones de quedarse con una hembra.

TODO TIENE SU PORQUÉ

En muchas especies, existen muchas diferencias de color, tamaño y forma entre sexos. Estas diferencias, conocidas como dimorfismo sexual, aparecen cuando una característica útil para una especie se hereda entre generaciones. Por ejemplo, podría ser el tamaño muy grande en machos o el colorido de camuflaje en hembras.

Variación de color
El macho y la hembra de trambollo peludo, una pequeña especie de pez de agua templada, tienen diseños y colores diferentes. El macho, a la izquierda, también desarrolla un tono rojo durante el cortejo para atraer a las hembras.

COLONIA DE CRÍA

Muchas aves, especialmente las marinas como estos frailecillos, forman colonias para encontrar pareja y reproducirse. Los cientos de aves de la colonia también ofrecen una mayor protección contra predadores mientras las hembras empollan los huevos o cuidan los polluelos.

A POR TODAS

El cortejo sirve para impresionar a una posible pareja, o incluso a diversas. Muchos machos se exhiben ante las hembras haciendo maravillas para cortejarlas: las aves cantan y algunas bailan, como las gangas y las grullas. Las ballenas y las ranas también cantan. Los monos y las palomas se dan empujones durante el cortejo. Algunas arañas e insectos se hacen regalos. Las ratonas construyen nidos para mostrar su habilidad. Otros, finalmente, se pelean.

Arena
En primavera, el urogallo de las artemisas macho se pasea por una especie de «arena» para mostrarse ante un público de hembras. Estas tienden a elegir a los machos más impresionantes.

Llamadas
Las ranas macho croan hinchando el saco vocal para atraer a las hembras. Si la hembra se acerca, el macho croa más alto, más rápido o cambia de tono para demostrar que quiere aparearse.

Baile
Los machos de ave del paraíso tienen los ejemplos de cortejo más elaborados. Abren y sacuden su colorido plumaje para ponerse a bailar por las ramas o en el suelo.

REFUERZO DE LA PAREJA

La mayoría de aves y pocos mamíferos tienen una única pareja durante como mínimo parte de la temporada de reproducción. Este tipo de vínculo de pareja a menudo dura hasta que se ha creado la familia y las crías son independientes. Algunas especies renuevan votos y refuerzan la pareja año tras año, o incluso están juntas de por vida.

Sí, quiero
El macho y la hembra de somormujo lavanco muestran su voluntad de aparearse intercambiando algas como regalo. Realizan una ceremonia elaborada en la que bailan con las algas para confirmar la unión.

Lucha
Los machos de elefante marino chocan deliberadamente entre sí en una batalla por la supremacía. El vencedor tendrá acceso al conjunto de las focas hembra disponibles.

Construcción
Los machos de ave de emparrado construyen estructuras con palos en el suelo, que decoran con flores, bayas y demás. Las hembras eligen al macho con el mejor emparrado.

POLIGAMIA

La poligamia es cuando los animales se reproducen con diferentes parejas durante una única temporada de cría. Los babuinos, como ilustra el macho y su grupo de hembras de la foto, son polígamos. También lo son los ciervos y algunos antílopes, reptiles y algunas aves. La pareja con un macho y una hembra se denomina monogamia.

Reproducción

Todos los animales tienen que reproducirse: a no ser que creen nuevas generaciones de su propia especie, esta se extinguirá rápidamente. La mayoría de los animales tienen descendencia mediante reproducción sexual, en la que un macho y una hembra adultos se aparean para tener crías. Con este método, la descendencia hereda características de los dos progenitores, lo que dota a la especie de variación y resiliencia. Pero hay otros animales capaces de reproducirse solos y crear descendientes que sean copias exactas del padre.

Fertilización externa
En la mayoría de peces y animales acuáticos, la fertilización tiene lugar fuera del cuerpo de la hembra. Machos y hembras liberan esperma y huevos directamente en el agua, donde se mezclan y se produce la fertilización. En esta imagen, el salmón macho libera su esperma sobre una postura.

⊚ ES COSA DE DOS

Para la reproducción sexual son necesarios un macho y una hembra. Cada uno produce células sexuales: las del macho se denominan esperma y las de la hembra, huevos u óvulos. En un proceso que se conoce como fertilización, las células del esperma y el huevo u óvulo se unen y forman una célula nueva. La fertilización puede producirse dentro o fuera del cuerpo de la madre.

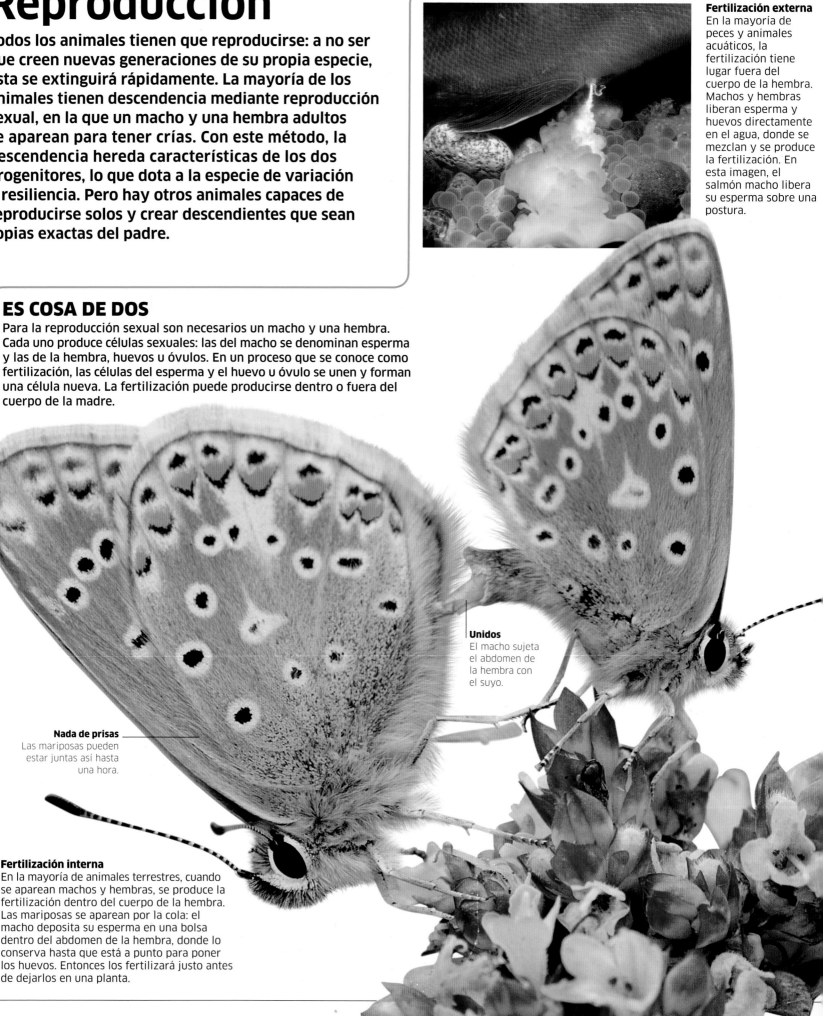

Unidos
El macho sujeta el abdomen de la hembra con el suyo.

Nada de prisas
Las mariposas pueden estar juntas así hasta una hora.

Fertilización interna
En la mayoría de animales terrestres, cuando se aparean machos y hembras, se produce la fertilización dentro del cuerpo de la hembra. Las mariposas se aparean por la cola: el macho deposita su esperma en una bolsa dentro del abdomen de la hembra, donde lo conserva hasta que está a punto para poner los huevos. Entonces los fertilizará justo antes de dejarlos en una planta.

CRÍAS VIVAS

Tras la fertilización, la nueva célula se va dividiendo hasta convertirse en un embrión. En algunos animales, especialmente en mamíferos, el embrión se queda dentro de la madre hasta que está preparado para nacer. Crece dentro de la matriz, donde recibe nutrientes del cuerpo de la madre y continúa desarrollándose hasta el momento del parto.

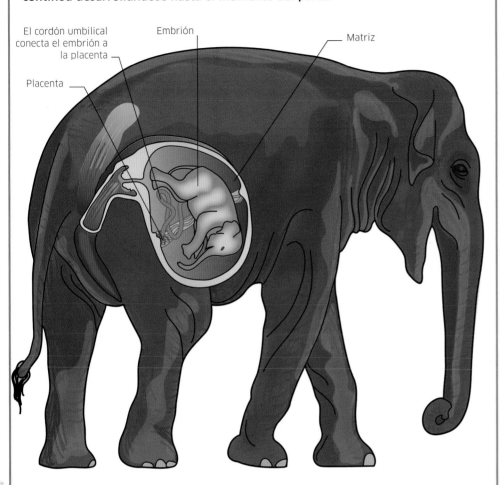

El cordón umbilical conecta el embrión a la placenta

Embrión

Matriz

Placenta

Un lugar seguro para crecer
En los mamíferos placentarios, como este elefante, el embrión recibe los nutrientes de la madre y se deshace de los residuos mediante un órgano temporal, la placenta, que crece en la matriz.

EL BEBÉ DE ELEFANTE CRECE **DENTRO DE LA MATRIZ** DE LA MADRE 22 MESES. EL EMBARAZO DEL ELEFANTE ES **EL MÁS LARGO DE LOS MAMÍFEROS.**

PUESTA DE HUEVOS

La mayoría de animales pone huevos en los que el embrión se desarrolla fuera del cuerpo de la madre. Algunos tienen cáscara protectora, pero otros, como los de la rana, no. Algunas especies vigilan los huevos hasta que eclosionan, mientras que otras los abandonan inmediatamente después de ponerlos.

Asistencia vital
El huevo de ave (derecha) contiene todo lo necesario para que el embrión pueda desarrollarse. La cáscara dura exterior ofrece protección y permite el paso del aire. La yema proporciona nutrientes al embrión en desarrollo.

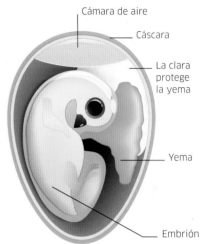

Cámara de aire

Cáscara

La clara protege la yema

Yema

Embrión

Babosa viscosa
Los huevos de babosa son suaves y gelatinosos.

Eclosión de la oruga
Los huevos de mariposa tienen una cáscara fina y frágil.

Por fin libre
Los cocodrilos tienen un diente especial para romper la cáscara.

Cáscara transparente
Los huevos de pez son suaves y casi transparentes.

CUANDO ESCASEAN LAS PAREJAS

Algunos caracoles, babosas y gusanos pueden producir huevos y esperma y por lo tanto pueden reproducirse sin pareja, si no encuentran. Otros animales pueden empezar la vida perteneciendo a un sexo y cambiando a otro al madurar.

Cambio de sexo
El loro cabeza azul es un ejemplo de pez capaz de cambiar de sexo. La mayoría nace hembra, pero cambiará de color y se convertirá en macho más adelante si no hay machos suficientes para la reproducción.

LORO CABEZA AZUL HEMBRA

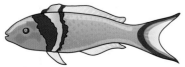

LORO CABEZA AZUL MACHO

A SOLAS

La reproducción asexual es cuando un animal tiene crías exactamente iguales que él. Algunos animales pueden hacerlo bajo determinadas circunstancias, para aumentar de número rápidamente, pero la mayoría también se reproducirá sexualmente.

Pulgón hembra adulto

Cría hembra naciendo

Clonación en masa
El pulgón verde hembra es capaz de tener crías sin utilizar esperma. La hembra puede producir hasta 40 generaciones de crías, todas clones hembra de ella misma, en una temporada.

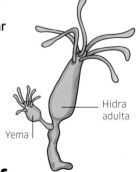

Hidra adulta

Yema

Yemas
Algunos animales, como la hidra, se reproducen a través de yemas en el cuerpo, que después se rompen para formar un individuo nuevo e idéntico.

Crianza

Para que las especies de animales puedan sobrevivir, sus miembros deben cerrar el ciclo de vida y producir crías que a su vez se reproduzcan. Las diferentes especies tienen maneras distintas de criar a la siguiente generación. Muchos animales dedican mucho tiempo y energía a alimentar y proteger a sus crías cuando son muy jóvenes y les enseñan habilidades a medida que crecen. Otros dedican todos sus esfuerzos a tener una cantidad descomunal de crías. Después del apareamiento estas especies no hacen nada por sus hijos. Se fían de que una pequeña cantidad de crías sobrevivirá a todas las amenazas y acabarán siendo adultos.

ESTRATEGIAS DE CRÍA

Existen diversas estrategias para mantener a su población estable. Algunos producen miles de crías de bajo mantenimiento para garantizar uno o dos supervivientes. Otros con una única cría dedican esfuerzos a largo plazo para que esta llegue a ser adulta.

En el número está la fuerza
La rana pone miles de huevos para asegurarse de que sobrevivan algunas crías, aunque no los cuide en absoluto. La mayoría de huevos o sus renacuajos acaba en el estómago de algún predador, pero quizás sobreviva un número pequeño de nuevas ranas.

De una en una
Los koalas suelen tener a las crías de una en una, cada año o cada dos. Cada bebé recibirá toda la protección posible. Con tan pocas crías para sustituir a la generación anterior, las poblaciones de koala crecen lentamente y su supervivencia está muy amenazada.

PADRES ATENTOS

Ocuparse de las crías puede ser agotador. Las aves suelen dedicar todos los esfuerzos y energías a ello. En ocasiones, ambos progenitores comparten la crianza, pero en la mayoría de los casos suele ser la hembra la única encargada de ello. Muchas madres se quedan con las crías para enseñarles cómo sobrevivir. En algunas especies, la mayoría peces, los padres se encargan de las crías sin la ayuda de una pareja.

Hermanos rivales
Estos polluelos compiten entre ellos para sobrevivir piando continuamente para que su madre les dé comida. Esta alimentará primero al polluelo más chillón, ya que el ruido es un peligro para el nido. A menudo la madre ignora al polluelo más débil y silencioso, que acaba muriendo de hambre.

Padre sacrificado
Este pejepeine macho guarda los huevos en la boca para protegerlos. Tras poner los huevos, la hembra se va y el macho los fertiliza y queda como cuidador único. No podrá comer hasta que los huevos eclosionen.

Protección
Los cocodrilos ponen los huevos en la parte alta del banco del río, dentro de nidos en el suelo. La madre protege con fiereza el nido hasta la eclosión. Después utiliza sus mandíbulas para ayudar a las crías a salir y las lleva al agua.

HIJOS DE TODOS

En algunos grupos sociales, los animales comparten la responsabilidad de criar: realizan el cuidado aloparental. Por ejemplo, un langur plateado hembra cargará y alimentará a cualquier cría del grupo, sea o no sea suya. En esta especie, las crías tienen el pelo dorado para que los adultos los vean rápidamente.

EN BOLSA

Los mamíferos marsupiales, como los canguros y los opósums, llevan sus crías en una bolsa (marsupio) en el vientre de la madre. Los bebés nacen minúsculos e indefensos. Pasan diversas semanas en la bolsa, unidos al pezón de la madre y bebiendo su leche antes de ser lo bastante fuertes para salir al mundo exterior.

Canguro rojo
La cría de canguro rojo vive en la bolsa de la madre durante 70 días. A medida que crece, la leche es menos azucarada y más grasa para desarrollarse mejor.

Grandullón
Como se puede apreciar en la ilustración, este apenas cabe en la bolsa.

La escuela de la vida
Estos cachorros de guepardo persiguen a una gacela bebé mientras la madre se lo mira. Cuando crezcan más, irán con su madre de caza y mirarán cómo acecha a las presas antes de perseguirlas y matarlas. Los guepardos jóvenes practicarán esta técnica y cuando tengan un año podrán conseguir su propia comida.

Hábitats y ecosistemas

El entorno en el que vive un animal se denomina hábitat. Los animales se han adaptado para sobrevivir en todo tipo de hábitats. Cualquier rasgo de un animal (anatomía, conducta y ciclo de vida) está vinculado a sus condiciones de vida. En cada hábitat diversos factores influyen en el estilo de vida del animal. Estos factores incluyen la temperatura, precipitación y horas de luz solar. La supervivencia de un tipo de animal también se ve afectada por otros organismos existentes en su hábitat. Dentro de los hábitats, los seres vivos interactúan entre sí y su entorno para formar comunidades denominadas ecosistemas.

◎ BIOMAS

El estudio de los hábitats se denomina ecología. Los ecólogos dividen el planeta en diferentes regiones, o biomas, según el clima (condiciones meteorológicas y temperatura). Los animales y las plantas de un bioma son parecidos, pero en cada bioma hay un gran número de ecosistemas diferentes.

Regiones polares
Son los lugares más fríos de la Tierra: están a oscuras gran parte del invierno y, a pesar del hielo, llueve con muy poca frecuencia. Las condiciones son tan extremas que contados animales pueden pasar ahí todo el año.

Tundra
En las áreas que lindan con las regiones polares, el invierno es largo y el suelo está congelado, allí no pueden crecer árboles. Durante el corto verano, llegan predadores como el lince para cazar la gran diversidad de animales que vienen a comerse las plantas que brotan.

Pradera
La hierba llena las grandes regiones donde la precipitación es escasa para que crezcan muchos árboles. Las praderas son el hogar de rebaños de grandes rumiantes y de mamíferos pequeños de madriguera.

Desierto
Las tierras con una precipitación anual inferior a 25 cm son desiertos. Aquí crecen muy pocas plantas. Pocos animales, como las serpientes, están adaptados a las temperaturas extremas y pueden sobrevivir durante tiempo sin comer ni beber.

Selva
La mayoría de selvas están en las regiones tropicales, donde la precipitación abundante y las temperaturas cálidas son ideales para las plantas. Las selvas son el hábitat terrestre con más vida animal, como monos, serpientes, aves e insectos.

Montañas
La montaña puede incluir diferentes hábitats: a mayor altura, más frío y condiciones más duras. Solo los animales más curtidos, como las cabras y las rapaces, viven a altitudes muy elevadas.

LA MITAD DE LAS ESPECIES
QUE SE CONOCEN DE PLANTAS Y DE ANIMALES VIVEN EN
LAS SELVAS.

Bosque de coníferas
Estos bosques perennes, también denominados taiga, crecen en regiones con inviernos largos y fríos. Las hojas en forma de aguja dejan caer la nieve. Los osos, rapaces y lobos viven en los bosques fríos del norte.

Bosque templado
Estos bosques se desarrollan en áreas con veranos cálidos e inviernos suaves, y lluvia todo el año. Los árboles son caducos, ahorran energía perdiendo las hojas en invierno. Los árboles dan todo tipo de bayas, frutos secos, hojas y semillas para que puedan comer los animales, como ardillas, aves y ciervos.

Arrecife de coral
Los mares poco profundos de las regiones templadas suelen contar con colonias de animales simples denominados corales. Estos arrecifes son los hábitats más variados de los océanos, hogar de una variedad extrema de crustáceos, tiburones y otros peces.

◎ ZONAS OCEÁNICAS
Los océanos cubren el 70 % de la superficie de la Tierra, pero su profundidad (3,7 km de promedio) hace que sumen más del 99 % de hábitats del planeta. Las condiciones de vida cambian al aumentar la profundidad, por lo que los océanos tienen diferentes hábitats por zona.

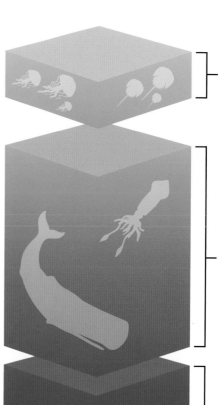

Zona de luz solar
Los primeros 200 m del océano reciben luz solar durante el día. Esta zona es, de lejos, la más rica en vida marina.

Zona crepuscular
Hasta los 1.000 m llega poca cantidad de luz, que no es suficiente para que crezcan algas. Los animales de esta zona comen organismos muertos que bajan de la zona de luz solar o migran arriba para alimentarse.

Zona oscura
Por debajo de los 1.000 m siempre es oscuro. La única luz es la bioluminiscencia, un tipo de luz que producen algunos animales o las bacterias que albergan.

Zona abisal
El área por debajo de los 2.000 m es el hábitat oceánico más grande. Sin embargo, es el que contiene menos animales: solo los adaptados a sobrevivir en oscuridad total, presión del agua increíble, comida escasa y temperaturas al borde de la congelación.

PIRÁMIDE NUTRICIONAL

La pirámide muestra cómo se transfiere la energía entre los organismos en una red alimentaria. La base está compuesta por aquellos capaces de producir su propia energía, como las plantas. La energía va subiendo cuando los animales se comen las plantas, y estos a su vez son presa de otros animales. Pero en cada etapa, los animales dedican la mayor parte de la energía a mantenerse vivos y solo queda un 10 % para el nivel superior. Es decir, que hay muchas menos especies en la cúspide de la pirámide que en su base.

Predadores alfa
En la parte superior de la pirámide están los predadores más grandes, los que no tienen predadores naturales. Reciben solo el 1 % de la energía que producen las plantas de la base de la pirámide.

1 kg

Consumidores secundarios
Estos animales siguen una dieta mixta de plantas y animales. Cada 1.000 kg de productores solo puede sustentar 10 kg de consumidores secundarios.

10 kg

Consumidores primarios
Los animales que solo comen plantas son los consumidores primarios. Por cada 1.000 kg de biomasa vegetal, solo hay 100 kg de consumidores primarios.

100 kg

1.000 kg

Productores primarios
En la base de la pirámide encontramos 1.000 kg de biomasa vegetal.

Biomasa
Esta pirámide utiliza la biomasa, la cantidad total de organismos en un área concreta, para mostrar el intercambio de energía en una red alimentaria. Indica el peso conjunto de los organismos en lugar de contar el número de organismos.

Redes alimentarias

Todos los animales necesitan alimento que les dé energía para desplazarse, crecer, reparar el cuerpo o reproducirse. Cada animal tiene una dieta distinta: algunos comen plantas mientras que otros comen otros animales. El vínculo que establecen los seres vivos según lo que comen es la cadena trófica; la interacción entre diferentes cadenas tróficas forma las redes alimentarias. La energía pasa de un organismo a otro en una red alimentaria. La fuente original suele ser el sol, cuya energía capturan la plantas durante la fotosíntesis.

Productores y consumidores

Un animal se puede definir por lo que come y dónde se ubica dentro de la red alimentaria. Todos los animales son consumidores, es decir, son organismos que obtienen la energía consumiendo comida. Las plantas son productoras: no comen (consumen), sino que producen la energía que necesitan a partir de la luz del sol a través de la fotosíntesis.

Carnívoro
El animal que come carne se denomina carnívoro. Los carnívoros tienden a concentrarse en la cúspide de la pirámide, donde queda menos energía. Esta escasez es una de las razones por las que hay menos lobos que conejos.

Omnívoro
Los animales con dieta mixta de plantas y animales se denominan omnívoros. Los omnívoros suelen ser los consumidores secundarios de la pirámide alimentaria: se alimentan de productores y de consumidores primarios.

Herbívoro
Los consumidores primarios, como los conejos, solo comen plantas. Son herbívoros. Suelen tener buen acceso a los alimentos vegetales, pero tienen que comer mucho para conseguir todos los nutrientes.

Plantas
Los productores primarios de la base de muchas pirámides alimentarias son las plantas. Las plantas convierten la energía de la luz solar en azúcares a través de la fotosíntesis. Este azúcar es la fuente de toda la energía que contiene la red alimentaria.

RED ALIMENTARIA ÁRTICA

La red alimentaria muestra qué comen los animales de un hábitat. A menudo las redes son complejas, pues algunos animales comen más de un tipo de alimento. En esta red, los productores primarios son los organismos parecidos a plantas que forman el fitoplancton, y el consumidor primario, con la mayor biomasa, es el zooplancton.

Orca
El predador máximo de los océanos, caza cualquier tipo de animal y no tiene predadores naturales.

Foca común
Esta foca captura peces de aguas costeras. Es la presa favorita de las orcas.

Foca ocelada
Carnívoro ártico que se alimenta de zooplancton, gambas y peces. Es víctima de orcas, tiburones y osos polares.

Salvelino
Pez costero que vive en aguas poco profundas. Se alimenta de alevines pequeños.

Zooplancton
Animales pequeños, como medusas, gambas y criaturas microscópicas que comen fitoplancton.

Bacalao ártico
Pez de aguas profundas que come todo tipo de plancton. A veces nada bajo el hielo y es presa de las focas.

Foca de Groenlandia
Foca que pasa casi toda la vida en el mar, solo abandona el agua para descansar sobre el hielo. Come peces y es la víctima de orcas y osos polares.

Capelán
Pequeño pez que come plancton y vive en grandes cardúmenes. Es una fuente de alimento importante para los carnívoros árticos.

Oso polar
Uno de los predadores alfa de los gélidos océanos árticos, caza focas sobre el hielo. El oso polar no tiene predadores.

Fitoplancton
Organismos vegetales que son los productores primarios del océano profundo. Son casi todos microscópicos y flotan en la soleada capa superior del agua.

Charrán ártico
Ave que come peces. Los adultos suelen estar a salvo de predadores, pero los mamíferos y otras aves pueden comer sus polluelos y huevos.

RED ALIMENTARIA MARINA

En las profundidades marinas, donde no hay luz solar, los productores primarios no son organismos vegetales, sino bacterias. Viven cerca de fuentes hidrotermales, donde los volcanes submarinos calientan el agua, y extraen los nutrientes del agua. El zooplancton consume estas bacterias y, a su vez, es presa de otros animales más grandes.

Chimenea mineralizante
La fuente hidrotermal también se denomina chimenea mineralizante, ya que echa agua oscura rica en minerales. Las bacterias que viven alrededor obtienen la energía del agua y no de la luz del sol, igual que otros productores primarios.

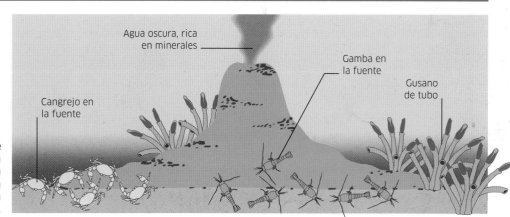

Agua oscura, rica en minerales

Gamba en la fuente

Gusano de tubo

Cangrejo en la fuente

Ataque y defensa

El predador caza y ataca otras criaturas, sus presas, para comer. Para obtener el máximo de presas, los predadores suelen tener sentidos agudos, reflejos rápidos, cuerpos fuertes y ágiles, y armas de caza como dientes o picos afilados y uñas largas. Algunos predadores utilizan su gran velocidad para atrapar las presas. Otros se ocultan entre las hojas o la hierba alta, quizás bien camuflados, antes de acechar a sus víctimas. Pero las presas han desarrollado técnicas de defensa para sobrevivir, como la capacidad de escaparse a toda velocidad o de luchar por su vida.

BIEN ARMADOS

Los animales han desarrollado diversas armas para capturar y descuartizar las presas, desde las pinzas de un bogavante hasta el pico ganchudo de una rapaz. Muchos animales también tienen armas para defenderse, como los colmillos del elefante o los cuernos del búfalo. Los pelos de algunas orugas se pegan a los predadores y provocan irritación; el escarabajo bombardero dispara toxinas para ahuyentar a los atacantes.

COLMILLOS

CUERNOS

AL ATAQUE

Muchos animales cazan en solitario, se aprovechan de su velocidad para atrapar las presas u ocultándose, totalmente quietos, a punto para saltar sobre la presa inocente. Otros construyen trampas o se sirven de trucos para atrapar sus víctimas. Algunos animales colaboran para conseguir presas más grandes o difíciles de atrapar si actuaran solos.

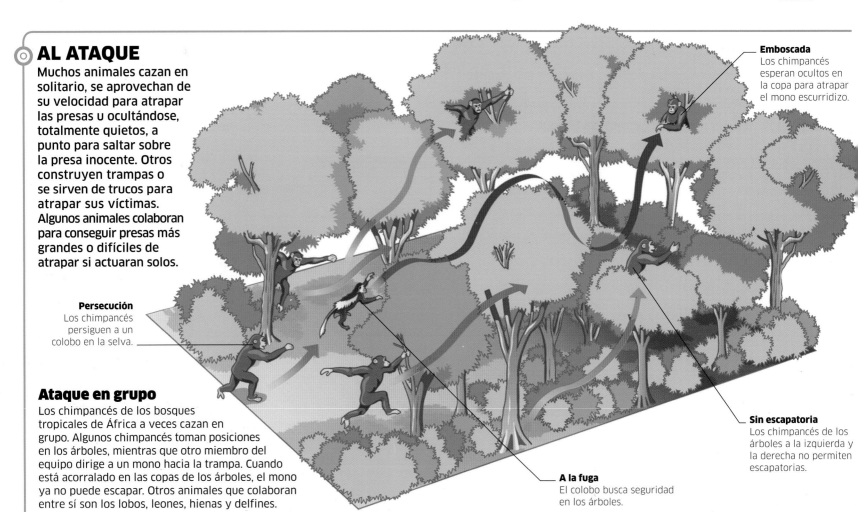

Emboscada
Los chimpancés esperan ocultos en la copa para atrapar el mono escurridizo.

Persecución
Los chimpancés persiguen a un colobo en la selva.

Sin escapatoria
Los chimpancés de los árboles a la izquierda y la derecha no permiten escapatorias.

A la fuga
El colobo busca seguridad en los árboles.

Ataque en grupo

Los chimpancés de los bosques tropicales de África a veces cazan en grupo. Algunos chimpancés toman posiciones en los árboles, mientras que otro miembro del equipo dirige a un mono hacia la trampa. Cuando está acorralado en las copas de los árboles, el mono ya no puede escapar. Otros animales que colaboran entre sí son los lobos, leones, hienas y delfines.

Reacciones rápidas
El camaleón está a la espera hasta que dispara su lengua pegajosa para atrapar un insecto.

La tentación
El rape tiene un señuelo luminoso para atraer a peces pequeños. Cuando se acerque lo suficiente, el rape lo atrapará.

Atrapada
La telaraña ha atrapado un insecto volador. La araña la envolverá con más seda para inmovilizarla por completo.

Sigilo y velocidad
El leopardo acecha, sin ser visto, hasta que casi toca a su presa. Entonces la ataca como un rayo para matarla.

PINZAS

UÑAS

AGUIJÓN

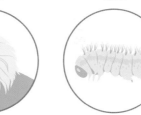
PICO

PELOS

CHORRO TÓXICO

ARMAMENTO QUÍMICO

Muchos animales utilizan armas químicas para atacar o defenderse. Los escorpiones y las avispas tienen veneno en los aguijones, igual que lo tienen algunas arañas y serpientes en los dientes. Sirve para paralizar a la presa, para que el predador pueda matar y comerse a la víctima. Los animales también usan el veneno para defenderse, aunque antes suelen avisar. La cascabel, como esta, agita su cola, por ejemplo, porque tiene una reserva limitada de veneno que no va a utilizar a menos que sea necesario.

DEFENSA PERSONAL

Cuando reciben el ataque de algún predador, los animales pueden defenderse de diferentes maneras. Los que tienen cuernos, colmillos o veneno van a enzarzarse en la lucha. Pero hay muchos otros métodos: algunos animales se confunden con el entorno o buscan la seguridad del grupo; otros se separan de la multitud de manera deliberada.

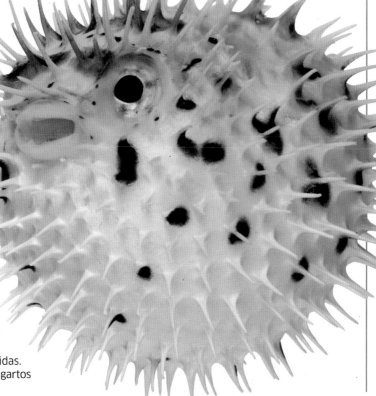

Hinchado y con pinchos
El pez globo traga tanta agua que aumenta de tamaño y saca las espinas para ser un bocado poco atractivo. Hay otros animales con tácticas parecidas. Los gatos erizan el pelo y los sapos y lagartos se hinchan para parecer más grandes.

Camuflaje
El camuflaje sirve para las presas que se ocultan y los predadores al acecho. Un animal cuyos colores se confundan con el entorno, como este autillo africano, es menos probable que sea detectado.

Imitación
La mantis de las orquídeas se oculta muy bien sobre esta orquídea. Con su forma y color imita a la flor para camuflarse de las presas.

Advertencia y veneno
Algunas ranas arborícolas tienen carne venenosa o de mal sabor. Sus colores vivos son un aviso para que los predadores no se acerquen.

Todos juntos
El rebaño de ñus tiene miles de ojos y orejas atentos a detectar peligros. Los animales en rebaño tienen menos probabilidades de recibir ataques.

Vivir juntos

A veces los animales viven en grupos, o cerca de otros ejemplares de su misma especie. Algunos grupos de animales son sociables y sus miembros cooperan entre sí para sobrevivir. Otros grupos son mucho más flexibles: sus miembros no colaboran entre sí, pero sacan provecho de vivir como vecinos. Algunos viven juntos con otras especies y forman relaciones simbióticas, que pueden ser beneficiosas o neutras. Pero algunas relaciones pueden llegar a ser perjudiciales, como cuando un animal vive como parásito de otro.

GRUPOS DE ANIMALES

Las agrupaciones grandes de animales son más frecuentes en hábitats como océanos y praderas, donde la comida está muy distribuida. En otros hábitats los animales prefieren cazar solos. Los animales forman a menudo grandes grupos para migrar, para mayor eficiencia o por seguridad.

Banco
Un banco de peces ofrece seguridad: dado que cada pez se mueve en la misma dirección, el banco parece un animal grande.

Vuelo en V
Algunas aves migratorias vuelan en V para reducir el roce del viento de cara durante los vuelos largos.

Animal solitario
Los animales de bosque suelen vivir solos, pues los árboles donde se alimentan pueden estar dispersos, con lo que cuentan con una fuente de comida limitada.

TRABAJO EN EQUIPO

Las colonias de hormigas, avispas, termitas y abejas son los grupos de animales más organizados. Siguen un sistema denominado eusocialidad, en que cada miembro trabaja para que una hembra (o una pareja) se reproduzca. La mayoría del grupo, las obreras, declina reproducirse para que la reina produzca crías.

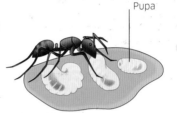

Pupa

Pierde las alas tras aparearse

Recolector
Una obrera mayor recoge hojas para criar hongos y alimentar a la colonia.

Obrera
Una obrera más pequeña se ocupa de las crías del nido.

Reina
La reina es la madre de todas las trabajadoras de la colonia.

Macho
Los machos alados se aparean con las reinas jóvenes pero no se unen a la colonia.

TRABAJOS EN UNA COLONIA DE HORMIGAS CORTADORAS DE HOJAS

GRUPOS SOCIALES

Para que una agrupación sociable sea real, sus miembros tienen que cooperar entre sí para encontrar comida, criar a los jóvenes y defenderse. Los mamíferos son los animales más sociables: los leones forman manadas, igual que los licaones; las ballenas viven en comunidad y los grupos de chimpancés son tropas. Es habitual que los miembros de estos grupos sean parientes. Los individuos ayudarán a los otros miembros del grupo para asegurarse de que la descendencia sobrevive.

Familia de elefantes
Los grupos sociales a menudo presentan alguna jerarquía, con miembros más dominantes que otros. Los elefantes viven en grupos familiares capitaneados por una hembra. Los machos abandonan la familia al entrar en la edad adulta, y casi siempre vivirán solos.

SIMBIOSIS

Cuando un animal vive junto con otra especie se denomina simbiosis, que significa «vivir juntos». En algunos casos ambos sacan partido de esta relación, pero en otros solo es beneficiosa para una parte.

LOS LÁBRIDOS LIMPIADORES TIENEN **«TÚNELES DE LAVADO»** A LOS QUE ACUDEN OTROS PECES **PARA QUE LOS LIMPIEN.**

Anémona y pez payaso
El pez payaso vive entre los tentáculos venenosos de una anémona. Los tentáculos mantienen alejados a los predadores del pez y, a cambio, este elimina suciedad y parásitos de los tentáculos de la anémona.

Impala y picabuey
El picabuey es un ave que se alimenta de garrapatas y piojos de la impala. La impala lo tolera porque le limpia el pelo y la piel, pero el ave también puede abrirle heridas para chuparle la sangre.

Lábrido limpiador
El pequeño lábrido limpiador, azul y amarillo, vive en arrecifes de coral. Recibe visitas frecuentes de peces más grandes, a menudo predadores, que dejan que se coma la piel muerta y los parásitos irritantes.

PARÁSITOS

El parasitismo es otro tipo de simbiosis. El parásito tiene una relación unilateral con su huésped, en la que solo el parásito se beneficia, mientras que el huésped se debilita o muere. Los parasitoides ponen los huevos en un animal huésped que se va a convertir en la fuente de alimentación de las crías.

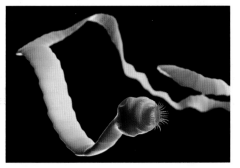

Endoparásito
El cestodo es un endoparásito, es decir, que vive dentro del cuerpo del huésped. Se pega en el interior de los intestinos y absorbe la comida digerida del huésped directamente a través de la piel.

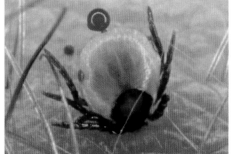

Ectoparásito
La garrapata es un ectoparásito, es decir, que vive fuera del huésped. La garrapata chupa la sangre del huésped y se separa para digerirla. Su picada puede contagiar algunas enfermedades.

Parasitoide
Esta oruga está cubierta de huevos de una avispa parasitoide. Cuando eclosionen los huevos, las larvas se comerán a la oruga. Este tipo de avispas utilizan una especie de huésped concreta como comida mientras son larvas, que acaban matando.

PARÁSITOS DE PUESTA

Algunos parásitos se aprovechan de una especie huésped para que les suba las crías. Este tipo de parasitismo se denomina de puesta. El huésped invierte tiempo y energía en alimentar crías que no son suyas, que puede llegar a perder durante el proceso. El parásito de puesta más conocido es el cuco común.

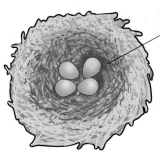

El tamaño y la forma del huevo coinciden con los del huésped.

Otro huevo
El cuco hembra espera que el huésped ponga huevos, para después poner uno ella cuando el nido está solo. Cuando el huésped vuelve, no se percata de que hay un huevo de más.

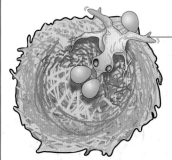

El cuco echa del nido a los otros huevos.

Limpieza
El polluelo de cuco sale a los 12 días. Echará del nido a cualquier otro huevo entero. Siempre es mayor que los polluelos huéspedes y les robará la comida.

A los 14 días, el tamaño del polluelo de cuco es el triple que el de su huésped.

Cuco en el nido
El polluelo de cuco copia la llamada de los polluelos huéspedes y recibirá más comida que estos, que pronto mueren de hambre.

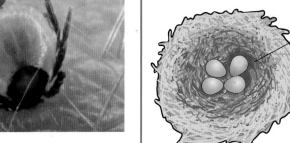

Migración

La migración es el viaje que hace un animal de manera regular entre zonas diferentes. Normalmente se realiza cada año, aunque también se puede hacer cada día, y a menudo se sigue la misma ruta. La mayoría de animales forman grandes grupos y viajan juntos. Las migraciones implican viajes peligrosos sobre tierra o agua, o cruzar cordilleras, ríos llenos de predadores o desiertos con poca comida. Algunas especies se detienen para descansar o aparearse durante el trayecto. Es decir, algunos de los animales que empiezan el viaje quizás no lo acaben, y su descendencia será la encargada de llegar a destino.

POR QUÉ MIGRAN LOS ANIMALES

Aunque la migración implica muchos peligros, sus beneficios superan a sus riesgos. Por ejemplo, más comida, mejores condiciones de cría y condiciones meteorológicas menos extremas.

Comida
La ruta migratoria siempre lleva a algún sitio repleto de comida. El desencadenante puede ser la abundancia en un área, o la escasez en otra.

Reproducción
Los animales solitarios a veces migran cada año hasta una zona de reproducción en masa, idónea para encontrar pareja y tener crías.

RUTAS MIGRATORIAS

En general, los animales migratorios siguen la misma ruta cada año. Muchos la han aprendido siguiendo a sus padres en la primera migración, aunque algunos como el salmón y la monarca hacen el viaje una sola vez en toda su vida. Este mapa y las fotografías que lo acompañan muestran las rutas migratorias principales y los animales que las acometen.

Caribú
Este ciervo grande, también denominado reno, pasa el verano en las llanuras frías y sin árboles de Norteamérica. A medida que se acerca el invierno, los rebaños se fragmentan y los animales se dirigen hacia los bosques del sur para cobijarse del frío del invierno extremo. Vuelven al norte para aparearse.

Monarca
Desde los lugares de cría de Estados Unidos y Canadá meridional, la migración masiva de monarcas viaja hacia el sur en otoño para pasar el invierno en California y México. Los vientos las empujan en su viaje de 4.800 km a una velocidad de hasta 130 km/h.

Yubarta
Estas ballenas pasan el verano comiendo en aguas polares. Al llegar el invierno se dirigen hacia lugares de cría más templados en aguas tropicales para dar a luz y aparearse otra vez. Después, ballenas y ballenatos vuelven a los polos para engordar.

MOVIMIENTOS MASIVOS

Tras un verano suave es posible que haya escasez de semillas y bayas en invierno. Las zonas con comida quedan hacinadas, lo que obliga a las aves, como estos ampelis europeos, a volar mucho más al sur para encontrar comida. Esto se conoce como irrupción y puede hacer que las aves vuelen hasta 1.500 km más allá de su territorio habitual. Las nubes de langostas son otro ejemplo de irrupción.

Condiciones climáticas
Las migraciones suelen ir vinculadas a las temporadas climatológicas. Un cambio meteorológico hacia mejor, o de lluvioso a seco, puede desencadenar los viajes.

Hacinamiento
Algunos animales, como las langostas, escapan de fuentes de comida hacinadas. Las nubes que producen se estimulan por el contacto corporal al chocar entre ellas.

Salmón atlántico
El salmón realiza una única migración. Nace en el río, donde pasa un año o dos antes de dirigirse al mar y convertirse en adulto. Entonces el pez vuelve al mismo río, lo remonta hasta la zona de cría, se aparea, pone huevos y muere.

Charrán ártico
Esta ave marina realiza la migración más larga entre los animales: ida y vuelta del Ártico al Antártico cada año. Se aparea durante el verano ártico y a continuación se va al antártico para comer durante el verano austral. El viaje consta de unos 75.000 km.

MIGRACIÓN VERTICAL

Algunos organismos marinos migran cada 24 horas, de la superficie a las profundidades de los océanos. De día, la superficie recibe mucha luz y los animales como las medusas se ocultan en las profundidades oscuras para evitar predadores. Cuando llega la noche estos animales suben a la superficie para comer, pero al amanecer volverán a bajar.

DÍA / NOCHE

Caballa

De día, se ocultan en las aguas profundas.

Por la noche toda el agua es oscura, así que los animales se dirigen a la superficie.

Medusas

Tiburón

Calamar   Pez linterna

MIGRACIÓN DIARIA EN LOS OCÉANOS

Ñu azul de barba blanca
Cada año 1,5 millones de ñus migran por las praderas del Serengueti, al este de África. Los ñus están adaptados para comer hierba baja y necesitan mucha agua, por lo que los rebaños siguen las lluvias, que hacen que crezca la hierba. Esta crece en diferentes zonas durante el año.

Golondrina común
Es habitual ver golondrinas en Europa, Asia y Norteamérica a principios de verano, cuando migran de los territorios invernales de África y Sudamérica para pasar la temporada templada en el hemisferio norte. Anidan y crían antes de volar hacia el sur otra vez en otoño.

EL KRIL BAJA A UNA PROFUNDIDAD DE MÁS DE 900 M CADA DÍA PARA QUE NO SE LO COMAN.

Animales en peligro

Para los animales, lo natural es comer o ser comido, o sufrir desastres naturales como terremotos o fuegos forestales. Sin embargo, ahora los animales están ante una amenaza nueva y urgente: los humanos. A medida que desaparecen hábitats naturales para tener más espacio para nuestras ciudades o se contaminan con agentes químicos y basura, también se van miles de especies cada año.

AMENAZADOS

Muchos animales están en peligro urgente: cada año hasta 30.000 especies están en riesgo de extinción. La UICN (Unión Internacional para la Conservación de la Naturaleza) publica la «lista roja» anual de animales vulnerables o en peligro de extinción, pero muchas especies, en particular anfibios y reptiles, aún no se han evaluado.

Clave

◼ Porcentaje aproximado de especies evaluadas por la UICN clasificadas como «amenazadas».

PECES
19 % de las especies evaluadas

ANFIBIOS
37 % de las especies evaluadas

REPTILES
27 % de las especies evaluadas

AVES
23 % de las especies evaluadas

MAMÍFEROS
28 % de las especies evaluadas

AMENAZAS DIVERSAS

El problema principal de muchas especies es la pérdida del hábitat. Si los animales no hallan territorios que les den cobijo, comida y la posibilidad de encontrar pareja, desaparecen rápidamente.

LOS VERTEBRADOS ESTÁN EXTINGUIÉNDOSE A GRAN **VELOCIDAD DESDE HACE 65 MILLONES DE AÑOS.**

Contaminación

Se puede contaminar la tierra, el agua y el aire del planeta de muchas maneras diferentes: por ejemplo, con vertidos químicos y agrícolas, con aguas residuales o con los gases que emiten los vehículos. Los vertidos de crudo, que se producen en accidentes de petroleros o limpiando los depósitos en el mar, matan aves y la vida marina (a la derecha) y pueden provocar daños durante décadas en la costa.

Deforestación

Cuando se talan árboles para conseguir combustible o para levantar granjas, ciudades o carreteras, los animales se van. Así se altera la red alimentaria, una amenaza para todos los animales de la zona.

Cambio climático

La Tierra cada vez está más caliente, y este proceso se acelera por la contaminación y la deforestación. Los casquetes polares se funden, sube el nivel del mar y los desiertos crecen: los hábitats desaparecen.

Invasión de extranjeros

Los animales que introducen los humanos en hábitats ajenos, como esta ardilla gris, pueden ser perjudiciales para los nativos: pueden ser su presa o competir por la comida o el espacio para anidar.

ESPERANZA FUTURA

Proteger la fauna salvaje es crucial para el futuro del planeta. Una buena biodiversidad (todos los animales y plantas de un hábitat) beneficia a los animales amenazados y a los humanos. Dependemos de ecosistemas sanos para obtener lo esencial: comida, agua, cobijo y medicinas. Para mantener la biodiversidad debemos encontrar maneras de proteger las especies amenazadas y sus hábitats.

Áreas protegidas

Los parques nacionales y las reservas naturales son áreas apartadas para que los animales vivan en estado salvaje, sin interferencias humanas. La Zona de conservación de Ngorongoro en Tanzania aloja unos 25.000 animales grandes.

Contra la caza ilegal

Algunos animales son víctimas de la caza ilegal porque se utilizan su piel u otras partes del cuerpo para moda, joyería o remedios médicos. En Kenia, se confiscan y destruyen toneladas de colmillos de elefante cada año, para ahuyentar a los cazadores ilegales que trafican con marfil.

Cría en cautividad

A veces se capturan animales en peligro de extinción para reproducirlos en cautividad. Después se liberarán las crías en la naturaleza. Un programa mundial de cría en cautividad ha conseguido aumentar la población de tamarino león dorado, con lo que la especie tiene más probabilidades de sobrevivir.

REGISTRO DE DATOS

Para conservar las poblaciones de animales, tenemos que conocer más sobre su vida. Se puede equipar a animales como este elefante marino con transmisores o cámaras para seguir sus movimientos cuando comen, se aparean o migran. Este conocimiento de costumbres y comportamiento ayuda a los científicos a tomar decisiones para protegerlos mejor.

SIN RETORNO

El reino animal vive en constante cambio, aparecen nuevas especies y otras desaparecen; no obstante, cada vez son más frecuentes las extinciones causadas por los humanos. Hemos barrido centenares de especies en los dos últimos siglos, desde el dodo, un ave incapaz de volar de la isla Mauricio, hasta el oso del Atlas, el único oso autóctono de África.

Lobo marsupial

El lobo marsupial o lobo de Tasmania era un marsupial que vivía en la isla australiana de Tasmania. Los granjeros lo cazaban porque creían que atacaba a las ovejas; también lo perjudicó la competencia de perros salvajes. El último ejemplar (en la imagen) murió en un zoo de Tasmania en 1936.